高等职业教育土木建筑大类专业系列规划教材

园林规划设计

任有华 主 编
王勤华 管 虹 李蒙杉 副主编

清华大学出版社
北 京

内 容 简 介

本书阐述了园林规划设计的基本理论和设计手法，注重园林艺术基本知识的介绍和学生审美能力的培养，并简明介绍了一些小型园林绿地的规划设计。本书在编写中力求重点突出、图文并茂、言简意赅。模块1为理论部分，包括城市园林绿地系统、中外园林概述、园林艺术、园林空间艺术原理和园林造景共5节内容。模块2~模块7按项目化编写，按知识和技能要求、情境设计、任务分析、相关知识点、典型案例分析、任务实施方法和步骤、巩固训练和自我评价来进行编写。模块8为创新创业教育内容，选取典型案例对创新、创业方法进行阐述。本书紧扣园林类专业毕业生的实际工作，结构体系合理，内容符合工作需要。

本书为高等职业院校园林类专业教学用书，也可作为风景园林、规划设计、园林绿化等专业化方向教材，还可供园林工作者参考。

图书在版编目（CIP）数据

园林规划设计 / 任有华主编 . — 北京：清华大学出版社，2020.5（2023.1 重印）
高等职业教育土木建筑大类专业系列规划教材
ISBN 978-7-302-54224-7

Ⅰ. ①园…　Ⅱ. ①任…　Ⅲ. ①园林—规划—高等职业教育—教材 ②园林设计—高等职业教育—教材　Ⅳ. ①TU986

中国版本图书馆 CIP 数据核字（2019）第 247671 号

责任编辑：杜　晓
封面设计：刘艳芝
责任校对：赵琳爽
责任印制：朱雨萌

出版发行：清华大学出版社
网　　址：http://www.tup.com.cn, http://www.wqbook.com
地　　址：北京清华大学学研大厦 A 座　　**邮　　编**：100084
社 总 机：010-83470000　　**邮　　购**：010-62786544
投稿与读者服务：010-62776969, c-service@tup.tsinghua.edu.cn
质量反馈：010-62772015, zhiliang@tup.tsinghua.edu.cn
课件下载：http://www.tup.com.cn，010-83470410
印 装 者：三河市龙大印装有限公司
经　　销：全国新华书店
开　　本：185mm × 260mm　　**印　　张**：16　　**字　　数**：333 千字
版　　次：2020 年 7 月第 1 版　　**印　　次**：2023 年 1 月第 3 次印刷
定　　价：59.00 元

产品编号：083189-01

前 言

园林规划设计技能是园林设计人员、景观设计人员等职业岗位必备的核心技能之一。

本书在编写过程中，精心组织编写人员，根据人才培养目标和社会岗位群的需求，深入行业、企业开展调研；根据专业岗位需求和职业资格标准，重构教学内容。本书按照培养技术技能型园林人才的具体要求，本着基础知识学习以“必需、够用”为度，岗位基本技能培养以“实际、实用”为目的的原则，重点进行操作技能和案例实战的训练，希望通过典型案例的具体分析，使学生掌握更多的实用知识和技能。

本书由任有华担任主编，王勤华、管虹、李蒙杉担任副主编，于真真、张俊丽、王磊、刘建华、孙芳等参加编写。

本书各部分编写分工如下：任有华编写模块 1 和模块 2；李蒙杉编写模块 3；孙芳编写模块 4；王勤华编写模块 5；于真真、管虹编写模块 6；刘建华、张俊丽编写模块 7；王磊编写模块 8。

本书由山东省潍坊市园林处吴祥春研究员主审。另外，本书在编写过程中参阅了大量的相关著作、论文等图文资料，潍坊市园林设计院、潍坊瑞秋园林科技有限公司、潍坊绿达园林工程公司等企业为本书提供了宝贵的设计图纸等资料，在此一并表示衷心的感谢。

由于编者水平有限，书中不足之处再所难免，敬请广大读者批评指正并提出宝贵意见。

编　者

2020 年 1 月

扫描二维码下载
全书课件

前言

目　录

模块 1 园林规划设计概述

学习园林规划设计，要学习城市园林绿地系统的相关知识和园林艺术的基本理论，了解几千年来中国园林的发展史及各时代的园林成就，借鉴中外园林发展过程中积累的宝贵经验，掌握如何进行园林的整体布局和园林造景的各种手法。本模块内容包括城市园林绿地系统、中外园林概述、园林艺术、园林空间艺术原理和园林造景。学生通过学习，能够对园林规划设计的原理有初步的了解，懂得如何去欣赏园林，如何进行园林规划设计。

知识和技能要求

1. 知识要求

（1）了解城市园林绿地系统的功能；掌握城市园林绿地的分类及特征；熟悉城市园林绿地的评价指标；掌握城市园林绿地系统布局和城市园林绿化树种规划。

（2）了解中国园林发展经历的几个历史阶段和我国传统园林艺术特点；了解国外园林发展概况及其造园特点和世界园林的发展趋势。

（3）掌握园林美、形式美和园林布局的形式。

（4）熟悉园林静态空间艺术构图和园林动态空间布局方法；掌握园林色彩艺术构图以及色彩在园林中的应用。

（5）掌握园林造景的各种手法。

2. 技能要求

（1）能进行园林形式的识别；能进行小型园林绿地规则式、自然式和混合式等形式的规划设计。

（2）能运用园林静态空间的视觉视距规律进行造景设计。

（3）能运用园林空间艺术布局的基本理论进行小型绿地的空间布局设计。

（4）能实际测绘古典园林里的典型风景，进行园林造景手法的学习。

1.1 城市园林绿地系统

城市园林绿地系统是由各类绿地相互联系、相互作用而组成的绿色有机整体。它具有城市其他系统不能代替的特殊功能，并为其他系统服务。它的作用是改善城市环境，抵御自然灾害，为市民提供生活、生产、工作和学习的良好环境。

1.1.1 城市园林绿地的功能

微课：城市园林绿地效益

1. 生态功能

城市园林绿地是“城市的肺脏”，它既能调节城市的温度、湿度，又能净化空气、水体和土壤；既能促进城市通风，又能减少风害，降低噪声。城市园林绿地对改善城市环境、维护城市的生态平衡起着巨大的作用。

1）净化空气

（1）吸收二氧化碳，放出氧气。城市中人口聚集，石化燃料消耗多，造成氧气消耗过多，二氧化碳增加。二氧化碳浓度增加、氧气减少时，会威胁人的身心健康，而城市绿地中的植物通过光合作用吸收二氧化碳，放出氧气。二氧化碳是植物光合作用的主要原料，随着二氧化碳浓度的增大，植物光合作用强度相应增加，所以植物是二氧化碳的消耗者和氧气的制造者。植物的生长和人类的活动保持着生态平衡的关系。

（2）吸收有害气体。城市中对人体有害的主要气体有二氧化硫、氯气、氟化氢等。一些园林植物能够吸收有害气体，降低大气中有害气体浓度，起到净化空气的作用。植物吸收有毒气体的能力因植物种类不同而异，如槐树、银杏、臭椿对硫的同化转移能力较强；喜树、梓树、接骨木等树种具有较强的吸苯能力；樟树、悬铃木、连翘等树种具有良好的吸臭氧能力。另外，植物吸收有害气体的能力还与植物叶片、树龄、生长季节、大气中有害气体的浓度、接触污染时间以及其他环境因素等有关。

（3）减少粉尘污染。减少粉尘污染的原因：一方面由于树木具有降低风速的作用，风速减慢会使空气中携带的大量灰尘随着下降；另一方面由于树叶表面不平，多绒毛，且能分泌黏性油脂及汁液，吸附大量飘尘。植物的滞尘量大小与叶片形态结构、叶面粗糙程度、叶片着生角度，以及树冠大小、树叶疏密等因素有关，如刺楸、榆树、朴树、刺槐、臭椿、悬铃木、女贞、泡桐、侧柏、圆柏、梧桐、构树、桑树等树种对防尘效果较好。草坪具有吸尘杀菌的能力，草地比光地的吸尘能力大 70 倍。蒙尘的植物经雨水冲洗，又能恢复其吸尘能力，所以城市园林植物被称为“天然的净化器”，可见，在城市中扩大绿地面积、种植树木、铺设草坪，是减少粉尘污染的有效措施。

（4）减弱噪声污染。园林树木对减弱噪声有一定的作用。树木之所以能减弱噪声，一方面是因为噪声被树叶向各个方向不规则反射而使其减弱；另一方面是因为噪声造成树叶枝条微振而消耗声音的能量。因此，噪声的减弱与树冠和树叶的形状、大小、厚薄及林带的宽度、高度、位置、配置方式等因素有密切关系。一般认为，分枝低的乔木比分枝高的乔木减弱噪声效果大，枝繁叶茂的树群能产生复杂的声散射，其减弱噪声的作用非常明显。

（5）杀死病菌。园林绿地中有树木、草、花等植物覆盖，其上空的灰尘相应减少，因而也减少了黏附其上的病原菌。另外，许多园林植物还能分泌出抗生素，具有杀菌作用。例如，1hm^2 柏树林每天能分泌 30kg 的杀菌素，可以杀死白喉、肺结核、伤寒、痢疾等病菌，桦木、桉树、梧桐、冷杉、毛白杨、臭椿、核桃、白蜡等植物也都具有很好的杀菌能力。

2）调节温度

城市园林绿地中的树木在夏季能为树下游人遮挡阳光，并通过它本身的蒸腾和光合作用消耗许多热量。据测定，盛夏树林下气温比裸地低 3~5℃。绿色植物在夏季能吸收 60%~80% 日光能和 90% 辐射能，使气温降低 3℃左右；园林绿地的地面温度比空旷地面低 10~17℃，比柏油路面低 8~20℃，有垂直绿化的墙面温度比没有绿化的墙面温度低 5℃左右。

3）调节湿度

人们感觉舒适的空气相对湿度为 30%~60%，而园林植物可通过叶片蒸发大量水分从而增加空气湿度。据测定，公园的空气湿度比其他绿化少的地区高，行道树也能提高空气相对湿度。绿地中的风速小，气流交换较弱，土壤和树木蒸发水分不易扩散，所以其空气相对湿度比空旷地面高 10%~20%。由于空气湿度的增加，大大改善了城市小气候，使人们在生理上具有舒适感。

4）净化水体

有些城市及其郊区的水体，由于工矿废水和居民生活污水的污染而威胁环境卫生与人们的身体健康。研究证明，树木可以吸收水中的溶解质，减少水中含菌数量。水葱可吸收污水中的有机化合物，水葫芦能从污水里吸取汞、银、金、铅等重金属物质。

5）净化土壤

园林植物的根系能吸收土壤中的有害物质，起到净化土壤的作用。植物根系能分泌使土壤中大肠杆菌死亡的物质，并促进好氧微生物增多，故能使土壤中的有机物迅速无机化，不仅净化了土壤，也提高了土壤肥力。

6）通风、防风

城市中的水系、道路等带状绿地是城市中的通风渠道，特别是带状绿地与该地区夏季的主导风向一致时，可将该城市郊区的气流引入城市中心地区，大大改善市区的通风条件。在夏季建筑群和路面受到太阳辐射增热，加之燃料的燃烧、人的呼吸等因素影响，造成热空气上升，而大片绿地气温低，造成冷空气下降，由于温差造成的气体回流不断向市区吹进凉爽的新鲜空气。在冬季，大片树林可以降低风速，具有防风作用，在冬季寒风方向的垂直方向种植防护林，可以大大降低冬季的寒风和风沙对市区的不良影响。若在城市四周种植环城防护林，其防护效果则更加明显。

2. 社会功能

城市园林绿化不仅可以改善城市环境、维护生态平衡，还可以美化城市、陶冶情操、防灾避难，具有明显的社会效益。

1）美化城市

园林绿化植物是美化市容、增强建筑艺术效果、丰富城市景观的主要素材。它可以丰富城市中僵硬的建筑轮廓线，使千差万别的建筑物得以协调。城市中的花园广场、滨河绿带、林荫道绿化带，既衬托了街旁建筑，又增强了艺术效果。

2）陶冶情操

园林绿地由植物与建筑、山水等构成，给城市增添了生机与活力，能陶冶人们的情操，给人以精神上的享受。城市园林绿地，特别是公园、小游园和一些公共设施的专用绿地，是一个城市或单位的宣传橱窗，是向群众进行文化宣传、科普教育的场所，使人们在游玩中增长知识，提高文化素养。在各种游憩娱乐活动中，体力劳动者可消除疲劳，恢复体力；脑力劳动者可调剂生活，振奋精神，提高工作效率；可培养儿童勇敢、活泼、伶俐的性格；老年人可享受阳光、新鲜空气，延年益寿。所以，城市园林绿化对于陶冶情操、提高人们的素质和促进精神文明建设具有重要作用。

3）防灾避难

城市园林绿化具有防灾避难、保护城市居民生命安全的作用。园林绿地对于蓄水保土有显著的功能；树叶可防止暴雨直接冲击土壤；草地覆盖地表，可减少地表径流；盘根错节的根系，长在山坡能防止水土流失，有效地保持水土。城市园林绿地还能过滤、吸收和阻隔放射性物质，降低光辐射的传播和冲击杀伤，也能阻挡弹片的飞射，对重要的军事建筑设施、保密装置等起到隐蔽作用。例如，第二次世界大战时，欧洲的某些城市，凡绿化苗木比较茂密的地段所受的损失要轻得多。所以，城市绿地对战争来说是不可缺少的防御措施之一。

由此可见，园林绿地具有蓄水保土、防御备战、防震防火、保护城市居民生命财产安全的作用。

3. 经济功能

城市园林绿地的经济效益与其他产业的经济效益有所不同，是指为城市提供的公益功能数量和质量。有直接经济效益和间接经济效益之分。

1）直接经济效益

直接经济效益是指园林绿化产品、门票、服务等所得的直接经济收入，以及“产业”效应。

园林与旅游业相结合，可实现它的“产业”效应。我国幅员辽阔，风景资源丰富，历史悠久，文物古迹众多，园林艺术久负盛名。各类主题文化园、游乐园、微缩景园、科普园、体育公园、民族风情园和海滨休闲园等出现在各大中型城市，甚至一些小城市也建起了大公园。随着国家政策的扶持和“假日经济”的出现，我国的旅游业迅速发展，园林投资可迅速收回，直接经济效益较为可观。

园林商业服务和水平质量较高的游乐设施的引进，为园林业带来了可观的经济效益。

2）间接经济效益

间接经济效益是指园林绿化所形成的良性生态环境效益和社会效益。

城市园林绿化的间接经济效益比直接经济效益大得多，它是城市基础设施的一个生态系统，并服务于城市生态平衡，其效益是综合的、广泛的、人所共享的和无法替代的。

城市的街头绿地、居住区绿地和城市公园，为城市居民提供方便的、经常性的游憩活动空间，具有实用价值。姿态美丽、色彩各异的园林植物，不但衬托了城市建筑，增强了艺术效果，而且美化了市容。现代城市的发展、市民的身心健康、经济的繁荣均离不开优美的环境。城市园林的间接经济效益也同时影响人们精神文明素质的提高。

1.1.2 城市园林绿地的分类及特征

1. 城市园林绿地的分类方法

目前，世界各国对城市园林绿地类型尚无统一的分类方法。我国城市园林绿地分类的研究起步较晚。为了满足城市规划工作的需要，城市园林绿地的分类方法要与城市用地分类有相对应的关系，以利于城市总体规划及与各专业规划配合；绿地的分类要按绿地的主要功能及使用对象区分，以有利于绿地的详细规划与设计工作；绿地的分类尽量与绿地建设的管理体制和投资来源相一致，以有利于业务部门的经营管理。城市绿地计算口径要统一，使城市规划的经济论证具有可比性。

2. 各类绿地的主要特征

我国目前作为城市园林绿地系统规划及城市园林绿化工作的主要依据是 2017 年 11 月 28 日住房和城乡建设部颁发的《城市绿地分类标准》(CJJ/T 85—2017)，该标准于 2018 年 6 月 1 日起实施。绿地分类应与《城市用地分类与规划建设用地标准》(GB 50137—2011) 相对应，该标准包括城市建设用地内的绿地与广场用地和城市建设用地外的区域绿地两部分。

绿地应按主要功能进行分类，采用大类、中类、小类 3 个层次。绿地类别应采用英文字母组合表示，或采用英文字母和阿拉伯数字组合表示。绿地分类和代码应符合表 1-1 和表 1-2 的规定。

表 1-1　城市建设用地内的绿地分类和代码

类别代码			类别名称	内　容	备　注
大类	中类	小类			
	G1		公园绿地	向公众开放，以游憩为主要功能，兼具生态、景观、文教和应急避险等功能，有一定游憩和服务设施的绿地	
		G11	综合公园	内容丰富，适合开展各类户外活动，具有完善的游憩和配套管理服务设施的绿地	规模宜大于 10hm²
		G12	社区公园	用地独立，具有基本的游憩和服务设施，主要为一定社区范围内居民就近开展日常休闲活动服务的绿地	规模宜大于 1hm²
		G13	专类公园	具有特定内容或形式，有相应的游憩和服务设施的绿地	

续表

类别代码			类别名称	内　容	备　注
大类	中类	小类			
	G13	G131	动物园	在人工饲养条件下，移地保护野生动物，进行动物饲养、繁殖等科学研究，并供科普、观赏、游憩等活动，具有良好设施和解说标识系统的绿地	
		G132	植物园	进行植物科学研究、引种驯化、植物保护，并供观赏、游憩及科普等活动，具有良好设施和解说标识系统的绿地	
		G133	历史名园	体现一定历史时期代表性的造园艺术，需要特别保护的园林	
		G134	遗址公园	以重要遗址及其背景环境为主形成的，在遗址保护和展示等方面具有示范意义，并具有文化、游憩等功能的绿地	
		G135	游乐公园	单独设置，具有大型游乐设施，生态环境较好的绿地	绿化占地比例应大于或等于65%
		G139	其他专类公园	除以上各种专类公园外，具有特定主题内容的绿地。主要包括儿童公园、体育健身公园、滨水公园、纪念性公园、雕塑公园以及位于城市建设用地内的风景名胜公园、城市湿地公园和森林公园等	绿化占地比例宜大于或等于65%
	G14		游园	除以上各种公园绿地外，用地独立，规模较小或形状多样，方便居民就近进入，具有一定游憩功能的绿地	带状游园的宽度宜大于12m；绿化占地比例应大于或等于65%

续表

类别代码			类别名称	内容	备注
大类	中类	小类			
	G2		防护绿地	用地独立，具有卫生、隔离、安全、生态防护功能，游人不宜进入的绿地。主要包括卫生隔离防护绿地、道路及铁路防护绿地、高压走廊防护绿地、公用设施防护绿地等	
	G3		广场用地	以游憩、纪念、集会和避险等功能为主的城市公共活动场地	绿化占地比例宜大于或等于35%；绿化占地比例大于或等于65%的广场用地计入公园绿地
	XG		附属绿地	附属于各类城市建设用地（除“绿地与广场用地”）的绿化用地。包括居住用地、公共管理与公共服务设施用地、商业服务业设施用地、工业用地、物流仓储用地、道路与交通设施用地、公用设施用地等用地中的绿地	不再重复参与城市建设用地平衡
		RG	居住用地附属绿地	居住用地内的配建绿地	
		AG	公共管理与公共服务设施用地附属绿地	公共管理与公共服务设施用地内的绿地	
		BG	商业服务业设施用地附属绿地	商业服务业设施用地内的绿地	
		MG	工业用地附属绿地	工业用地内的绿地	
		WG	物流仓储用地附属绿地	物流仓储用地内的绿地	
		SG	道路与交通设施用地附属绿地	道路与交通设施用地内的绿地	
		UG	公用设施用地附属绿地	公用设施用地内的绿地	

表 1-2　城市建设用地外的绿地分类和代码

类别代码			类别名称	内　容	备　注
大类	中类	小类			
EG			区域绿地	位于城市建设用地之外，具有城乡生态环境及自然资源和文化资源保护、游憩健身、安全防护隔离、物种保护、园林苗木生产等功能的绿地	不参与建设用地汇总，不包括耕地
	EG1		风景游憩绿地	自然环境良好，向公众开放，以休闲游憩、旅游观光、娱乐健身、科学考察等为主要功能，具备游憩和服务设施的绿地	
		EG11	风景名胜区	经相关主管部门批准设立，具有观赏、文化或者科学价值，自然景观、人文景观比较集中，环境优美，可供人们游览或者进行科学、文化活动的区域	
		EG12	森林公园	具有一定规模，且自然风景优美的森林地域，可供人们进行游憩或科学、文化、教育活动的绿地	
		EG13	湿地公园	以良好的湿地生态环境和多样化的湿地景观资源为基础，具有生态保护、科普教育、湿地研究、生态休闲等多种功能，具备游憩和服务设施的绿地	
		EG14	郊野公园	位于城区边缘，有一定规模、以郊野自然景观为主，具有亲近自然、游憩休闲、科普教育等功能，具备必要服务设施的绿地	
		EG19	其他风景游憩绿地	除上述外的风景游憩绿地，主要包括野生动物园、植物园、遗址公园、地质公园等	

续表

类别代码			类别名称	内　容	备　注
大类	中类	小类			
	EG2		生态保育绿地	为保障城乡生态安全，改善景观质量而进行保护、恢复和资源培育的绿色空间。主要包括自然保护区、水源保护区、湿地保护区、公益林、水体防护林、生态修复地、生物物种栖息地等各类以生态保育功能为主的绿地	
	EG3		区域设施防护绿地	区域交通设施、区域公用设施等周边具有安全、防护、卫生、隔离作用的绿地。主要包括各级公路、铁路、输变电设施、环卫设施等周边的防护隔离绿化用地	区域设施是指城市建设用地外的设施
	EG4		生产绿地	为城乡绿化美化生产、培育、引种试验各类苗木、花草、种子的苗圃、花圃、草圃等圃地	

1.1.3　城市园林绿地的评价指标

微课：城市园林绿地指标计算方法

1. 城市园林绿地指标的作用

城市园林绿地指标是指城市中平均每个居民所占的城市园林绿地面积和城市绿地面积与城市其他用地面积的比例。该指标可以反映一个城市绿化数量和质量的好坏，评价一个时期的城市经济发展，城市居民生活福利保健水平的高低，也标志着一个城市的环境质量和城市居民精神文明的程度，它为城市规划学科提供了数据。

2. 影响城市园林绿地指标的因素

随着国民经济的发展、物质文化生活的改善和提高，人们对环境的质量要求越来越高。城市规模的大小也影响着绿地指标的高低。大城市的人口密集、工业多、建筑密度高、居民远离郊区自然环境，因此绿地指标相应高些，每人应占 10~12m^2。人口在 5 万人左右的城市，郊区自然环境好，绿地指标可适当低些。以风景旅游、休疗养性质为主的城市以及钢铁、化工工业及交通枢纽的城市和干旱地区的城市，其绿地指标都应适当增加以利于改善、美化环境，适应城市发展的需要。

3. 城市绿地计算原则与方法

1）城市绿地计算原则

计算现状绿地和规划绿地的指标时，应分别采用相应的人口数据和用地数据；规划年限、城市建设用地面积、人口统计口径应与城市总体规划一致，统一进行汇总计算。用地面积应按平面投影计算，每块用地只应计算一次。用地计算所用的图纸比例、计算单位和统计数字精确度均应与城市规划相应阶段的要求一致。

2）城市绿地计算方法

绿地的主要统计指标为绿地率、人均绿地面积、人均公园绿地面积、城乡绿地率，应按下式计算。

（1）绿地率

$$\lambda g = [(Ag1 + Ag2 + Ag3' + Axg)/Ac] \times 100\%$$

式中：λg——绿地率（%）；

$Ag1$——公园绿地面积（m^2）；

$Ag2$——防护绿地面积（m^2）；

$Ag3'$——广场用地中的绿地面积（m^2）；

Axg——附属绿地面积（m^2）；

Ac——城市的用地面积（m^2），与上述绿地统计范围一致。

（2）人均绿地面积

$$Agm = (Ag1 + Ag2 + Ag3' + Axg)/Np$$

式中：Agm——人均绿地面积（m^2/人）；

$Ag1$——公园绿地面积（m^2）；

$Ag2$——防护绿地面积（m^2）；

$Ag3'$——广场用地中的绿地面积（m^2）；

Axg——附属绿地面积（m^2）；

Np——人口规模（人），按常住人口进行统计。

（3）人均公园绿地面积

$$Ag1m = Ag1/Np$$

式中：$Ag1m$——人均公园绿地面积（m^2/人）；

$Ag1$——公园绿地面积（m^2）；

Np ——人口规模（人），按常住人口进行统计。

（4）城乡绿地率

$$\lambda G = [(Ag1 + Ag2 + Ag3' + Axg + Aeg)/Ac] \times 100\%$$

式中：λ G ——城乡绿地率（%）；

Ag1 ——公园绿地面积（m^2）；

Ag2 ——防护绿地面积（m^2）；

Ag3′ ——广场用地中的绿地面积（m^2）；

Axg ——附属绿地面积（m^2）；

Aeg ——区域绿地面积（m^2）；

Ac ——城市的用地面积（m^2），与上述绿地统计范围一致。

（5）城市绿地统计表

绿地的数据统计应按表 1-3 的规定进行汇总。

表 1-3 城市绿地统计表

类别代码	类别名称	面积 /hm^2		占城市建设用地比例 /%		人均面积 /（m^2/ 人）		占城乡用地比例 /%	
		现状	规划	现状	规划	现状	规划	现状	规划
G1	公园绿地								
G2	防护绿地								
G3	广场用地								
	其中：广场用地中的绿地								
XG	附属绿地								
小计									
EG	区域绿地								
合计									

________年现状城市建设用地____hm^2，现状人口____万人；

________年规划城市建设用地____hm^2，规划人口____万人；

________年城市总体规划用地____hm^2，现状总人口____万人；规划总人口____万人。

1.1.4 城市园林绿地系统规划

微课：城市园林绿地系统布局的原则与方法

1. 城市园林绿地系统规划的目的

城市园林绿地系统规划的最终目的：创造优美自然、清洁卫生、安全舒适、科学文明的现代城市的最佳环境系统。具体目的：保护与改善城市的自然环境，调节城市的小气候，保持城市生态平衡，增加城市景观与增强审美功能，为城市提供生产、生活、娱乐、健康所需要的物质与精神方面的优越条件。

2. 城市园林绿地系统规划的原则

为了使城市绿地能对城市环境的改善起到明显的作用，就要对城市中的绿地系统进行研究，研究它的用地比例、布局方式及绿地的生态效应，所以要对城市的绿地进行系统布局，并置于城市总体规划之中。

1）综合考虑，全面安排

城市园林绿地系统规划应结合城市其他各组成部分的规划，综合考虑，统筹安排。由于城市用地紧张，而且用于城市绿地建设的投资有限，再加上树木本身不断生长的特性，所以园林绿地规划要与城市其他用地详细规划密切配合，全面安排，不能孤立进行。

2）结合实际，因地制宜

城市园林绿地系统规划必须从实际出发，结合当地特点，因地制宜。我国地域辽阔，各城市的自然条件差异很大，城市的绿地基础、习惯、特点也各不相同。所以，各类绿地的布置方式、面积大小、指标高低，要从实际需要出发，切忌生搬硬套，片面追求某种形式。

3）均衡分布，功能多样

我国多数城市的市级公园绿地很难做到均匀分布，但对区级公园及居住区游园，要求做到均匀分布，并使其服务半径合理，方便居民活动。城市各种绿地的分布要做到点、线、面相结合，大、中、小相结合，集中与分散相结合，重点与一般相结合，构成有机整体。规划时应将园林绿地的环保、防灾、娱乐与审美等多种功能综合考虑，充分发挥绿地的最佳生态效益、经济效益和社会效益。

4）远近结合，创造特色

根据城市的经济实力、施工技术条件及项目的轻重缓急，制定长远目标，做出近期安排，使总体规划得到逐步实施。如远期规划为公园的地段，近期可作为苗圃，既为将来改造为公园创造条件，又可起到控制用地的作用。各类城市的园林绿化应各具特色，才能反映出各城市的不同风俗，如北方城市的园林绿地规划，以防风沙为主要目的，应突出防护功能的特色；南方城市则以通风、降温为主要目的，应突出透、秀的特色；风景疗养城市以自然、秀丽、幽雅为主要特色；文化名城，以名胜古迹、传统文化及相应的绿地造型、环境配置为主要特色。

3. 城市园林绿地系统布局的形式和方法

1）城市园林绿地系统布局的形式

城市园林绿地系统布局的形式根据各城市不同条件，常有块状、环状、楔形、混合式等几种，如图 1-1 所示。

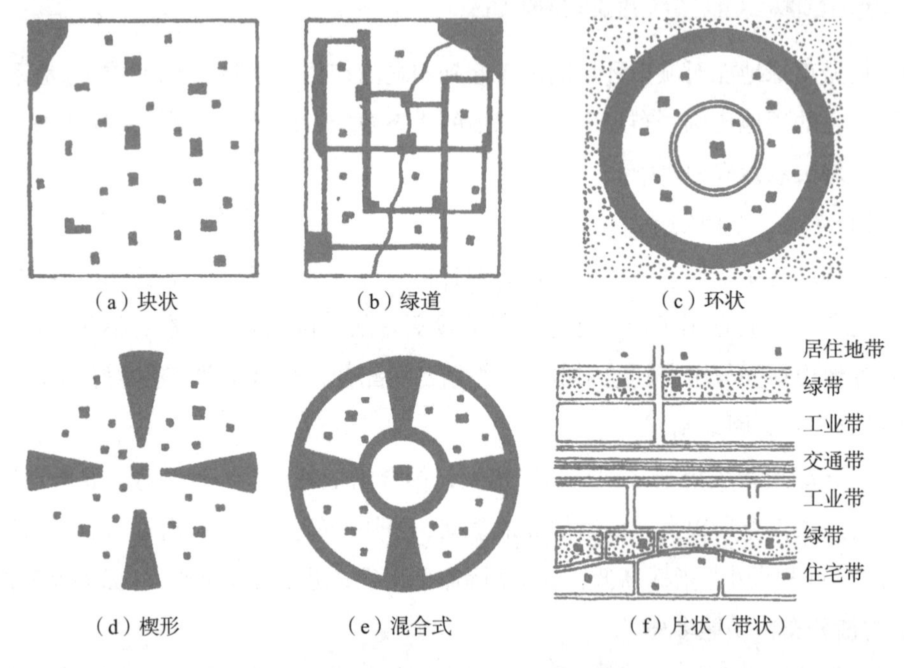

❖ 图 1-1　城市园林绿地系统布局的形式

（1）块状绿地布局。多数出现在旧城改建中，在城市规划总图上，公园、花园、广场绿地呈块状、方形、不等边多角形等均匀分布于城市中，其优点是可以做到均衡分布，方便居民使用，但因其分散独立，不成一体，对综合改善城市小气候作用不明显。我国的上海、天津、武汉等城市均属块状绿地布局。

（2）环状绿地布局。围绕全市形成内外数个绿色环带，将公园、花园、林荫道等绿色统一在环带中，使城市在绿色环带包围之中，但环与环之间联系不够，略显孤立，居民使用也不方便。

（3）楔形绿地布局。城市中通过林荫道、广场绿地、公园绿地的联系从郊区伸入市中心的由宽到狭的绿地，如合肥市。这种绿地布局可以将市区和郊区联系起来，使绿地深入市中心，改善城市小气候，但它把城市分割成放射状，不利于横向联系。

（4）混合式绿地布局。将前3种绿地系统布局配合，使全市绿地呈网状布置，与居住区接触面最大，方便居民使用，市区的带状绿地与郊区绿地相连，有利于城市通风和输送新鲜空气，有利于表现城市的艺术面貌。

（5）片状（带状）绿地布局。将市内各地区绿地相对加以集中，形成片状、适于大城市、以各种工业为系统形成的工业区带状绿地；生产与生活相结合，组成相对完整地区的片状绿地；结合市区的道路、河流水系、山地等自然地形现状，将城市分为若干区，各区外围以带状绿地环绕，这种绿地布局灵活，可起到分割城区的作用，具有混合式的优点。

以上5种布局，每个城市应根据各自特点和具体条件，认真探讨，选择最合理的布局形式，如图1-2所示。

（a）郑州市园林绿地系统布局（带状）

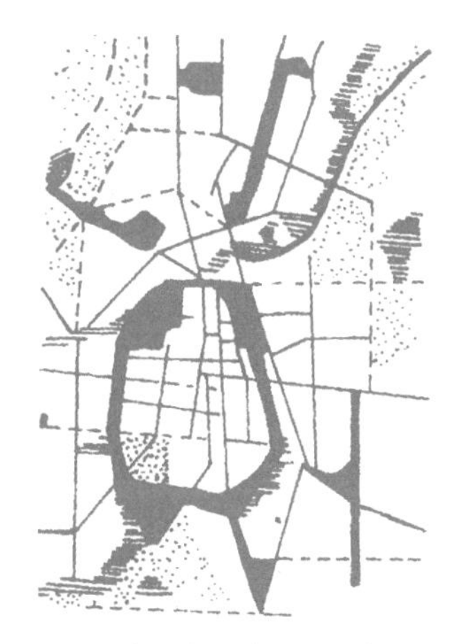

（b）合肥市园林绿地系统布局（环状、楔形）

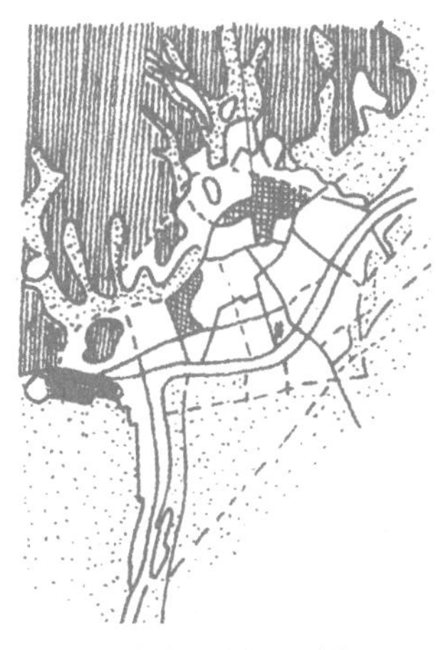

（c）会城园林绿地系统布局（片状）

❖ 图1-2　城市园林绿地系统布局

2）城市园林绿地系统布局的方法

城市中有各种类型绿地，每种绿地所发挥的功能作用有所不同，但在绿地布局中只有采取点、线、面相结合的形式，将城市绿地形成一个完整的统一体，才能充分发挥其群体的环境效益和社会效益，如图1-2所示。

（1）点。主要是指城市中的公园、小花园布局，其面积不大，而绿化质量要求较高，是市民游览、休憩、开展各种游乐活动的场所。区级公园在规划中要均匀分布于城市的各个区域，服务半径以居民步行10~20min到达为宜。儿童公园应安排在居住区附近，动物园要稍微远离城市，以免污染城市和传染疾病。在街道两旁、湖滨河岸，可适当多布置一些小花园，供人们就近休息。

（2）线。主要是指城市街道绿化、游憩林荫带、滨河绿带、工厂及防护林带等的布局，将这些带状绿地相互联系组成纵横交错的绿带网，以美化城市街道，起到保护路面、防风、防尘、防噪、促进空气流通等作用。

（3）面。主要是指城市的居住区、工厂、机关、学校、医院等单位附属绿地的布局。它是由小块绿地组成的分布最广、面积最大的城市绿地。作好市区内每个机关、企事业单位的绿化工作，对整个城市的环境影响十分重要。对城郊绿化布局应与农、林、牧的规划相结合，将郊区土地尽可能地用来绿化植树，使城市包围在绿色环带之中。

1.1.5 城市园林绿化树种规划

树种规划是城市园林绿地系统规划的一个重要内容，它关系到绿化建设的成败、绿化成效的快慢、绿化质量的高低、绿化效应的发挥等问题。树种规划做好了，可以有计划地加速育苗，提高绿化速度。如果树种规划不当，树木种后不易成活或生长不良，不仅造成经济上的浪费，还耽误绿化建设的时间，影响绿化效益的发挥。

1. 树种规划的依据

（1）遵守国家、省市有关城市园林绿化的文件、法规。

（2）遵照本市自然气象、土壤、水文等自然条件，因地制宜。

（3）从本市的环境污染源及污染物的实际出发进行规划。

（4）参照本市园林绿化现状，现有绿化树种生产、生长的实际情况进行规划。

2. 树种规划的一般原则

我国土地幅员辽阔，南方和北方、沿海和内陆、高山和平原的气候条件各不相同，土壤情况更是复杂。而树木种类繁多、生态特性各异，因此树种选择要从本地实际情况出发，根据树种特性和不同的生态环境情况，因树制宜地进行规划。

1）应选择本地区乡土树种

乡土树种最适应当地的自然条件，具有抗性强、耐旱、抗病虫害等特点，为本地群众所喜闻乐见，也能体现地方风格。但是为了避免单调，创造丰富多彩的绿化景观，还要注意对外来树种的引种驯化和研究，只要对当地生态条件比较适应，实践证明是好的树种，就可以积极地采用。

2）要注意选择树形美观、卫生、抗性较强的树种

从乔、灌木的比例来说，应以乔木为主，乔、灌结合形成复层绿化；从速生和慢长的

比例来说，应着眼于慢长树，积极采用快长树合理配合，以便早日取得绿化效果，又能保证绿化长期稳定；从常绿树和落叶树的比例来说，应以常绿树为主，以达到一年四季常青，又富于变化的目的。

3）注意选择经济树种

在提高各类绿地质量和充分发挥其各种功能的情况下，还要注意选择经济价值较高的树种，以获得木材、果品、油料、香料等经济收益。

3. 树种规划的方法

1）调查研究

调查的范围应以本城市中各类园林绿地为主。调查的重点是各种绿化植物的生态习性、对环境污染物及病虫害的抗性和在园林绿化中的用途等。具体内容有城市乡土树种调查、古树名木调查、外来树种调查、边缘树种调查、特色树种调查、抗性树种调查、临近的“自然保护区”森林植被调查，或附近城市郊区山地农村野生树种调查。

2）树种选定

在以上调查研究的基础上，应进一步准确、稳妥、合理地选定重点树种、一般树种和适宜各类园林绿地的树种。重点树种有基调树种、骨干树种。

3）制定主要树种比例

由于各个城市所处的自然气候带条件不同，土壤水文条件各异，各城市的植物选择的数量比例也应有所差异，以利于创造各自的特色。如乔木、灌木、藤本、草本地被植物之间的比例，落叶树与常绿树的比例，阔叶树与针叶树的比例等。

4）树种规划文字编制

（1）前言。

（2）城市自然地理条件概述。

（3）城市绿化现状。

（4）城市园林绿化树种调查。

（5）城市园林绿化树种规划。

5）编制附表

（1）古树名木调查表。

（2）树种调查统计表（乔木、灌木、藤本）。

（3）草坪地被植物调查统计表。

4. 树种选择的原则

（1）符合本城市所处的自然气候带森林植物的生长规律。

（2）选择乡土树种或多年来适应本市自然条件的外来树种。

（3）选择抗逆性强的树种。

（4）满足城市各类园林绿地多功能的要求，并在可能情况下解决好园林结合生产的问题。

（5）应考虑近期和远期相结合、快长树与长寿树的交替衔接。

（6）能反映本市在植物栽植方面的地方特色和历史文化传统。

5. 我国不同区域代表性树种

1）东北地区

东北地区的主要树种有红松、樟子松、鱼鳞云杉、辽东冷杉、紫杉、落叶松、山杨、蒙古栎、水曲柳、春榆、胡桃楸、紫椴、糠椴、黄菠萝、大青杨、茶条槭、槭、大果榆、白榆、悬钩子、西伯利亚杏、毛山荆子、稠李、文冠果、沙柳等。

2）华北地区

华北地区的主要树种有华山松、油松、赤松、白皮松、侧柏、桧柏类、银杏、栎类、枫杨、白榆、国槐、刺槐、泡桐、臭椿、毛白杨、健杨、楸树、香椿、黄连木、苹果、梨、枣、柿、核桃、板栗、桃、杏、桑树、柳、元宝枫、栾树、白蜡、蒙椴、黑弹树、黄檀、悬铃木、楝树、杞柳、花椒等。

3）华东、华中地区

华东、华中地区的主要树种有雪松、黄山松、巴山松、湿地松、龙柏、铅笔柏、马尾松、柏木、铁杉、水杉、红豆杉、池杉、柳杉、孝顺竹、慈竹、淡竹、紫竹、斑竹、桂竹、毛竹、刚竹、箬竹、矢竹、大明竹、唐竹、油茶、山茶、漆树、粗榧、杜鹃、檫木、棕榈、女贞、苦槠、紫楠、重阳木、栲树、木荷、石槠、榧树、红楠、木莲、黄山木兰、厚朴、桤木、红豆树、杨梅、柑橘、小叶杨、柳类、白榆、槐树、桑、皂荚、枫杨、梧桐、桉树、刺楸、珊瑚朴、七叶树、槲栎、三角枫、湖北花楸、乌桕、杜仲、泡桐、枫香、茅栗、灯台树、椴树、榔榆、糙叶树、朴树、流苏、鹅耳栎、糯米条、梓树、悬铃木、大叶榉、薄壳山核桃、浙江紫荆、黄葛树、白辛树等。

4）华南地区

华南地区的主要树种有苏铁、南洋杉、假槟榔、散尾葵、蒲葵、海南五针松、罗汉松、麻竹、绿竹、青皮竹、栲栗、米槠、岭南青冈、厚壳桂、木荷、山杜英、橄榄、黄桐、火力楠、竹柏、桉树、木麻黄、秋茄树、擎天树、榕树、银桦、南洋楹、水松、夜合花、荷花玉兰、白兰、黄兰、杨桃、海桐、山茶、木棉、木芙蓉、榅树、银合欢、羊蹄甲、凤凰木、柠檬、九里香、鸡蛋花、橡皮树、柚木、蝴蝶树、大叶胭脂、黄樟、刺栲、海桑、芒果、木菠萝、番木瓜、荔枝等。

5）西南地区

西南地区的主要树种有云南松、高山松、云南红豆杉、珙桐、白皮石栎、昆明榆、山玉兰、毛果栲、高山栲、油桐、漆树、蓝桉、毛叶合欢、滇楸、山茶花、桂花、杜鹃、昆明朴、苍山冷杉、云南铁杉、连香树、金钱槭、糙皮桦、木荷、川桂、香叶树、乌药、厚朴、桢楠、箭竹等。

6）西北地区

西北地区的主要树种有华山松、油松、侧柏、桧柏、冷杉、西伯利亚云杉、西伯利亚落叶松、苦杨、新疆杨、银白杨、胡杨、崖柳、白柳、新疆大叶榆、白榆、沙枣、白蜡、桑树、沙棘、沙柳、槲栎、虎榛子、大果、胡枝子、锦鸡儿、杠柳、辽东栎、苹果、杏、楸树等。

7）青藏高原地区

青藏高原地区的主要树种有雪松、乔松、西藏红杉、西藏冷杉、巨柏、西藏长叶松、喜马拉雅红杉、苹婆、羽叶楸、木棉、四数木、光叶桑、八宝树、红栲、印度栲、野桐、紫珠、毛叶黄桤、西藏石栎、罗青冈、大叶杨、绿毛杨、林芝云杉、黄牡丹、杜鹃、花楸、西藏忍冬、刺毛忍冬等。

1.2 中外园林概述

园林是人类社会发展到一定阶段的产物。由于文化传统的差异，东西方园林发展的进程也不相同。国际风景园林师联合会（International Federation of Landscape Architects）1954 年在维也纳召开第四次大会，英国著名风景园林师杰里科提出世界风景园林有三大体系，即东方园林体系、西亚园林体系、欧洲园林体系。东方园林以中国古典园林为代表，中国园林已有数千年的发展历史，有优秀的造园艺术传统及造园文化传统。从崇尚自然的思想出发，发展出山水园林，突出抒发了中华民族对于自然和美好生活环境的向往与热爱。其中，江南园林是最能代表中国古典园林艺术成就的一个类型，它凝聚了中国知识分子和能工巧匠的勤劳与智慧，蕴涵了儒、释、道等哲学、宗教思想及山水诗画等传统艺术，自古以来就吸引着无数游人。西方古典园林以意大利台地园和法国园林为代表，把园林看作建筑的附属和延伸，强调轴线、对称，发展出具有几何图案美的园林。到了近代，东西方文化交流增多，园林风格互相融合渗透。

1.2.1 中国园林的发展经历阶段

微课：中国古典园林简述

中国古典园林艺术是指以江南私家园林和北方皇家园林为代表的中国山水园林形式。其造园手法已被西方国家所推崇和模仿，在西方国家掀起了一股“中国园林热”。中国的造园艺术以追求自然精神境界为最终和最高目的，从而达到“虽由人作，宛自天开”的审美旨趣。它是中国5000年文化史造就的艺术珍品，是一个民族内在精神品格的生动写照，是我们今天需要继承与发展的瑰丽事业。

1. 园林的生成期——商、周、秦、汉

中国园林的兴建是从商朝开始的，当时商朝国势强大，经济发展也较快。文化上，甲骨文是商朝巨大的成就，文字以象形字为主。在甲骨文中就有了园、囿、圃等字，而从园、囿、圃的活动内容，可以看出囿最具有园林的性质。在商朝，帝王、奴隶主盛行狩猎游乐。《史记》中记载了银洲王“益广沙丘苑台，多取野兽蛮鸟置其中……乐戏于沙丘”。囿的娱乐活动不只是供狩猎，同时也是欣赏自然界动物活动的一种审美场所。因此，中国园林萌芽于殷周时期。最初的形式“囿”，是就一定的地域加以范围，让天然的草木和鸟兽生长繁育，还挖池筑台，供帝王们狩猎和游乐。

春秋战国时期，出现了思想领域“百家争鸣”的局面，其中主要有儒、道、墨、法、杂家等。当时神仙思想最为流行，其中东海仙山和昆仑山最为神奇，流传也最广。东海仙山的神话内容比较丰富，对园林的影响也比较大。于是模拟东海仙山成为后世帝王苑囿的主要内容。

秦始皇统一六国后，建立了中央集权的秦王朝，开始以空前的规模兴建离宫别苑。这些宫室营建活动中也有园林建设如《阿房宫赋》中描述的阿房宫“覆压三百余里，隔离天日……长桥卧波，未云何龙，复道形空，不霁何虹”。

汉朝在囿的基础上发展出新的园林形式——苑，其中分布着宫室建筑。苑中养百兽，供帝王涉猎取乐，保存了囿的传统。苑中有观、有宫，成为建筑组群为主体的建筑宫苑。汉武帝时，国力强盛，政治、经济、军事都很强大，此时大造宫苑，把秦的旧苑上林苑加以扩建。汉上林苑地跨5县，周围300里，“中有苑三十六，宫十二，观三十五”。建章宫是其中最大、最重要的宫城，“其北治大池，渐台高二十余丈，名曰太液池，中有蓬莱、

方丈、瀛洲、壶梁象海中神山，龟鱼之属”。这种“一池三山”的形式，成为后世宫苑中池山之筑的范例。

到东汉时，私家园林见于文献记载的已经比较多了。《后汉书·梁统列传》所记载的梁翼的两处私园——“园圃”和“菟园”，其中园林假山的构筑方式，可能是中国古典园林中见于文献记载的最早的例子。

园林的功能由早先的狩猎、通神、求仙、生产为主，逐渐演化为后期的游憩、观赏为主。但无论是天然山水园还是人工山水园，建筑物只是简单的散步、铺陈、罗列在自然环境中。建筑作为造园要素之一，与其他要素之间的联系还不是很大。在这一时期，园林建设总体比较粗犷，造园活动并未完全达到艺术创作的境地。

2. 园林的转折期——魏、晋、南北朝时期

魏、晋、南北朝时期的园林属于园林史上的转折期。这一时期是历史上的一个大动乱时期，是思想、文化、艺术上有重大变化的时期。小农经济受到豪族庄园经济的冲击，北方少数民族南下入侵，国家处于分裂状态。而在意识形态方面则突破了儒学的正统地位，呈现为百家争鸣、思想活跃的局面。民间的私家园林异军突起，佛教和道教的流行，使寺观园林开始兴盛，奠定了中国风景式园林大发展的基础。这些变化引起园林创作的变革。西晋时已出现山水诗和游记。最初，对自然景物的描绘，只是用山水形式来谈玄论道。到了东晋，例如在陶渊明的笔下，自然景物的描绘已是用来抒发内心的情感和志趣。反映在园林创作中，则追求再现山水，有若自然。南朝地处江南，由于气候温和，风景优美，山水园别具一格。这个时期的园林穿池构山而有山有水，结合地形进行植物造景，因景而设园林建筑。北朝对于植物、建筑的布局也发生了变化。如北魏官吏茹皓营华林园，“经构楼馆，列于上下。树草栽木，颇有野致”。从这些例子可以看出南北朝时期园林形式和内容的转变。园林形式从粗略的模仿真山真水转到用写实手法再现山水；园林植物由欣赏奇花异木转到种草栽树，追求野致；园林建筑不再徘徊连属，而是结合山水，列于上下，点缀成景。南北朝时期园林是山水、植物和建筑相互结合组成山水园。这时期的园林可称作自然（主义）山水园或写意山水园。

佛寺丛林和游览胜地开始出现。南北朝时期佛教兴盛，广建佛寺。佛寺建筑可用宫殿形式,宏伟壮丽并附有庭园。尤其是不少贵族官僚舍宅为寺,原有宅院成为寺庙的园林部分。很多寺庙建于郊外，或选山水胜地进行营建。这些寺庙不但是信徒朝拜进香的圣地，而且逐步成为风景游览的胜区。此外，一些风景优美的胜区，逐渐有了山居、别业、庄园和聚徒讲学的精舍。这样，自然风景中就渗入了人文景观，逐步发展成为今天具有中国特色的风景名胜区。

3. 园林的全盛期——隋、唐

中国园林在隋、唐时期达到成熟，这个时期的园林主要有隋朝山水建筑宫苑、唐朝宫苑和游乐地、唐朝自然园林式别业山居、唐朝写意山水园。

1）隋朝山水建筑宫苑

隋炀帝杨广即位后，在东京洛阳大力营建宫殿苑囿。别苑中以西苑最著名，西苑的风格明显受到南北朝自然山水园的影响，采取了以湖、渠水系为主体，将宫苑建筑融于山水之中。这是中国园林从建筑宫苑演变为山水建筑宫苑的转折点。

2）唐朝宫苑和游乐地

唐朝国力强盛，长安城宫苑壮丽。大明宫北有太液池，池中蓬莱山独踞，池周建回廊四百多间。兴庆宫以龙池为中心，围有多组院落。大内三苑以西苑为最优美。苑中有假山，有湖池，渠流连环。

3）唐朝自然园林式别业山居

盛唐时期，中国山水画已有很大发展，出现了寄兴写情的画风。园林方面也开始有体现山水之情的创作。盛唐诗人、画家王维在蓝田县天然胜区，利用自然景物，略施建筑点缀，经营了辋川别业，形成既富有自然之趣，又有诗情画意的自然园林。中唐诗人白居易游庐山，见香炉峰下云山泉石胜绝，因置草堂，建筑朴素，不施朱漆粉刷。草堂旁，春有绣谷花（映山红），夏有石门云，秋有虎溪月，冬有炉峰雪，四时佳景，收之不尽。这些园林创作反映了唐朝自然式别业山居，是在充分认识自然美的基础上，运用艺术和技术手段来造景、借景而构成优美的园林境域。

4）唐朝写意山水园

从《洛阳名园记》一书中可知，唐朝宅园大都因高就低，掇山理水，表现山壑溪流之胜。点景起亭，揽胜筑台，茂林蔽天，繁花覆地，小桥流水，曲径通幽，巧得自然之趣。这种根据造园者对山水的艺术认知和生活需求，因地制宜地表现山水真情和诗情画意的园，称为写意山水园。

文人参与造园活动，将其立意通过工匠的具体操作而得以实现，“意”与“匠”的联系更为紧密。山水画、山水诗文、山水园林这 3 个艺术门类互相渗透，使中国古典园林具有了诗画的情趣。

4. 园林的成熟前期——宋朝至清初

宋朝至清初时期，我国封建社会的特征已发育定型，农村的地主小农经济稳步成长，城市的商业经济空前繁荣，市民文化的勃兴为传统的封建文化注入了新鲜血液。封建文化的发展虽已失去汉、唐的闳放风格却转化为在日益缩小的精致境界中实现着从总体到细节的自我完善。相应地，园林的发展也升华为富于创造精神的完全成熟的境地。这一时期的园林建设取得长足发展，出现了许多著名园林，私家园林达到了艺术成就的高峰，并呈现出前所未有的百花争艳的局面。

宋朝各地造园活动的兴盛情况，见诸文献记载的不胜枚举。以北宋时的东京为例，文献中所记录的私家、皇家园林的名字就有 150 余个，其中最有名气的是宋徽宗时建成的艮岳。艮岳是一座由叠山、理水、花木和建筑完美结合的、具有浓郁诗情画意而较少皇家气派的人工山水园，它代表了宋朝皇家园林的风格特征和宫廷造园艺术的最高水平。

宋朝的皇家园林集中在当时的东京和临安两地，若论园林的规模和造园的气魄，远不如隋、唐，但规划设计的精致则有过之。园林的内容比之隋、唐较少皇家气派，更多地接近于私家园林，南宋皇帝就经常把行宫御苑赏赐臣下或者把臣下的私园收归皇家作为御苑。明朝的理学强化了以“三纲五常”为核心的封建礼制，又从意识形态上巩固了皇帝至高无上的地位。宫苑建设当然也会反映这种政治体制和社会思想的变化。因而明朝的皇家园林与宋朝有所不同：一是规模趋于宏大；二是突出皇家气派，有了更多的宫廷色彩。1644 年，清朝入主中原，建立了以宗族血缘关系为纽带的君主高度集权统治的封建大帝国。皇家园林的宏大规模和皇家气派，比明朝表现得更为明显。

这一时期皇家园林受到文人园林影响，更接近私家园林，从而冲淡了园林的皇家气派；寺观园林由世俗化而更进一步文人化，与私家园林之间的差异，除了尚保留一点烘托佛国、仙界的功能之外，基本上已完全消失了；某些私家园林和皇家园林定期向社会开放，具有了公共园林的功能。

这一时期的园林有以下特点：叠石、置石均显示其高超技艺；理水已能够缩移模拟自然界全部的水体形象，与石山、土石山、土山的经营相配合而构成园林的地貌骨架；观赏植物具有丰富的品种，为成林、丛植、片植、孤植的植物造景提供了多样的选择余地；园林建筑已经具备后世所见的几乎全部形象，作为造园要素之一，对于园林的成景起着重要作用，尤其是建筑小品、建筑细部等。

这一时期的文人更广泛地参与造园，个别人甚至成为专业的造园家；丰富的造园经验不断积累，再由文人或文人出身的造园家总结为理论著作刊行于世，如明末清初计成所著的《园冶》；园林创作普遍重视造园技巧——建筑技巧、叠山技巧、植物配置技巧。

5. 园林的成熟后期——清中叶到清末

清乾隆时期是我国封建社会的最后一个繁盛时期，表面的繁盛掩盖着四伏的危机。道光、咸丰以后，随着西方帝国主义势力入侵，封建社会盛极而衰逐渐趋于解体，封建文化也呈现衰颓的迹象。园林的发展一方面继承前一时期的成熟传统而更趋于精致，表现了中国古典园林的最高成就；另一方面则暴露出某些衰颓的倾向，逐渐流于烦琐、僵化，缺乏前一时期的积极、创新精神。清末民初，封建社会完全解体，历史发生急剧变化，西方文化大量涌入，中国园林的发展也相应地产生了根本性的转变，结束了它的古典时期，开始进入现代园林的阶段。

这个时期的园林实物被大量完整地保留下来，大多数都经过修整后开放作为公众观光游览的场所。因此，一般人们所了解、看到的“中国古典园林”，其实就是成熟后期的中国园林，如颐和园（见图 1-3）。

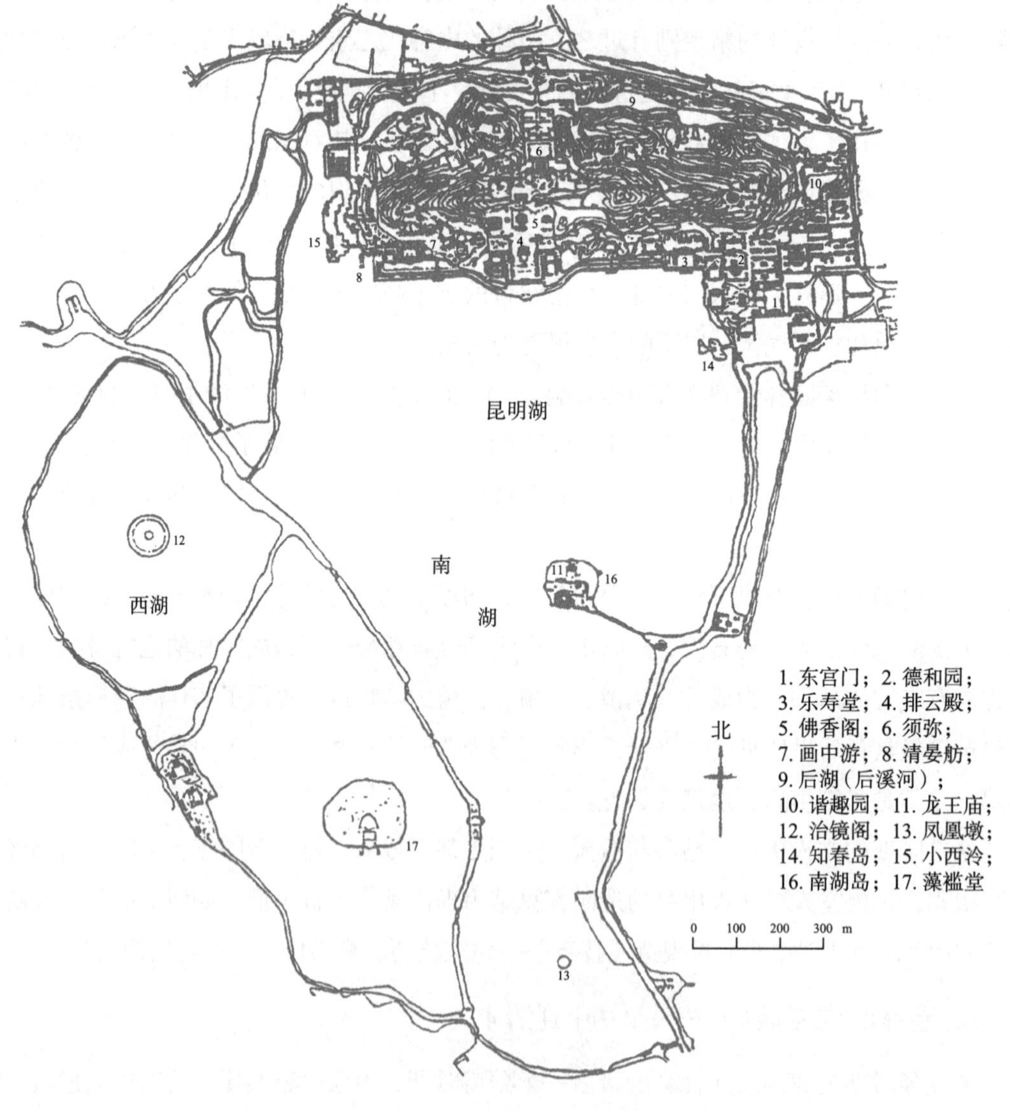

❖ 图 1-3　颐和园平面图

在这个时期里，皇家园林经历了巨大的波折，从一个侧面反映了中国封建王朝末世的盛衰消长。大型园林的总体规划、设计有许多创新，全面地引进江南民间的造园技艺，形成南北园林艺术的大融合，为宫廷造园注入了新鲜血液。离宫御苑这个类别的成就尤为突出，出现了一些优秀的、具有里程碑性质的大型园林作品，如被称“三大杰作”的避暑山庄、圆明园、颐和园。

这一时期的民间私家园林承袭上代的发展水平，形成江南、北方、岭南三大地方风格鼎峙的局面，其他地区的园林也受到了这三大地方风格的影响。此时造园理论探索停滞不前，再没有出现像明末清初那样的有关园林和园艺的略具雏形的理论著作，更谈不上进一步科学化的发展。许多精湛的造园技艺始终停留在匠师们口授心传的原始水平上，未能得到系统的总结、提高而升华为科学理论。

这一时期随着国际、国内形势变化，西方园林文化开始进入中国。乾隆年间，供职内廷如意馆的欧洲籍传教士主持修造圆明园内的西洋楼，西方的造园艺术首次引进中国宫苑。

中国园林如同文化传统一样，千百年来处在一种与外部世界交流较少的环境里，通过世世代代的摸索、探求、总结而逐步生长、完善、流传下来的。这种历史上相对孤立、闭塞的状态，一方面使中国园林长期处于一种逐步积累、相对稳定、相当保守的渐进式发展过程中；另一方面也使它创造出与其他民族迥然不同的、具有浓厚的本民族特征的园林作品，成为东方园林的典型代表。而作为后人的我们应该真正做到从中取其精华、去其糟粕，融汇于新的园林体系之中，使之发扬光大，并对今后多极化世界的园林文化的发展做出新的贡献。

6. 新兴期——新中国成立以后

这一时期的园林主要是指新中国成立以后营建、改建和整理的城市公园。新中国成立后，党和政府非常重视城市园林绿化建设事业，把它视为现代文明城市的标志。我国的城市园林绿化得到了前所未有的发展，取得了空前的成就。但是，由于认知上的原因，在发展的过程中也走过了一条曲折的道路。20 世纪 80 年代以来，园林绿化事业展现出了一派欣欣向荣的局面，走上了健康发展的道路。城市公园建设正向纵深化方向发展，新公园的建设和公园景区、景点的改造、充实、提高同步进行，小园和园中园的建设得到重视，出现了一批优秀园林作品，受到广大群众的欢迎，如北京的双秀园、雕塑公园、陶然亭公园中的华夏名亭园、紫竹院公园中的筠石园，上海的大观园，南京的药物园，洛阳的牡丹园等都取得很大成功。

在公园建设中，以植物为主造园越来越受到重视，用植物的多彩多姿塑造优美的植物景观，满足了生态、审美、游览、休息等多种功能。

我国园林绿化事业得到蓬勃发展，成果丰盛。原建设部因势利导，于 1992 年决定在全国范围内开展园林城市的创建活动，各城市政府积极响应，由此激发了城市群众的爱花护绿、发展绿色和保护环境、热爱城市的热情。许多城市政府把创建园林城市作为任期工作目标，将城市园林绿化同整个城市环境建设、城市地位的提高和促进经济的发展紧密结合起来，列入“市长工程”“民心工程”或“实事工程”，建设了一大批骨干工程，形成了一大批精品绿化广场、公园、绿地，涌现出一批省、市级园林式庭院、小区、单位、城镇，极大地促进了城市园林绿化事业的发展，造园艺术水平得到大幅度提高，市容市貌大为改观，城市环境质量明显改善，使城市园林绿化事业进入快速、健康、全面发展的新阶段，园林绿化事业呈现出前所未有的良好发展态势。截至 2020 年 1 月 23 日，共有 21 批直辖市、地级市、县级市、直辖市辖区、县城和城镇分别被评为国家园林城市、国家园林城区、国家园林县城和国家园林城镇。

2004 年 6 月 15 日，原建设部印发《关于创建“生态园林城市”实施意见》，进一步推动城市生态环境建设，实施可持续发展战略，落实“全面建设小康社会”的任务，努力为广大人民群众创造优美、舒适、健康、方便的生活环境，在创建“园林城市”的基础上，开展了创建“生态园林城市”活动。如深圳市、青岛市等城市被住房和城乡建设部（原建设部）确定为国家生态园林城市试点城市。

1.2.2 我国传统园林艺术特点

微课：传统园林艺术特点

我国的园林艺术是伴随着诗歌、绘画艺术而发展起来的，表现出诗情画意的内涵，我国人民又有着崇尚自然、热爱山水的风尚，所以又具有师法自然的艺术特征。

1. 造园之始，意在笔先

造园之始，意在笔先是由画论移植而来的。意，可译为意志、意念或意境。它强调在造园之前必不可少的意匠构思，也就是指导思想，造园意图。

2. 相地合宜，构园得体

古今中外，概不例外。凡造园林，必按地形、地势、地貌的实际情况，考虑园林的性质、规模，构思其艺术特征和园景结构。只有合乎地形骨架的规律，才有构园得体的可能。

3. 因地制宜，随势生机

通过相地，可以取得正确的构园选址，然而在一块土地上，要想创造多种景观的协调关系，还要靠因地制宜、随机应变，进行合理布局，这是中国造园艺术的又一转折点，也是中国画论中位置原则之一。

4. 巧于因借，精在体宜

“因”者，是就地审势的意思，“借”者，景不限内外，所谓“晴峦耸秀，绀宇凌空；极目所至，俗则屏之，嘉则收之，不分町疃，尽为烟景……”这种因地、因时借景的做法，大大超越了有限的园林空间。用现代语言来说，就是汇集所有的外围环境的风景信息，拿来为我所用，取得事半功倍的艺术效果。

5. 欲扬先抑，柳暗花明

在造园时，运用影壁、假山水景等作为入口屏障；利用绿化树丛作隔景；创造地形变化来组织空间的渐进发展；利用道路系统的曲折引进，园林景物的依次出现，利用虚实院墙的隔而不断，利用园中园、景中景的形式等，都可以创造引人入胜的效果。它无形中拉长了游览路线，增加了空间层次，给人们带来了柳暗花明、豁然开朗的无穷情趣。

6. 起结开合，步移景异

起结开合，步移景异就是创造不同大小的空间，通过人们在行进中的视点、视线、视距、视野、视角等变化，产生审美心理的变化，通过移步换景的处理，增加吸引力。风景园林是一个流动的游赏空间，善于在流动中造景，也是中国园林的特色之一。

7. 小中见大，咫尺山林

小中见大，就是调动内景诸要素之间的关系，通过对比、反衬，造成错觉和联想，达到扩大空间感，形成咫尺山林的效果。这多用于较小的园林空间。

8. 虽有人作，宛自天开

无论是寺观园林、皇家园林还是私家庭园，造园者都应顺应自然、利用自然和仿效自然。

9. 文景相依，诗情画意

中国园林艺术之所以经久不衰，一是符合自然规律的人文景观；二是具有符合人文情义的诗、画、文学作品。“文因景成，景借文传”的说法是有道理的。正是文、景相依，才更有生机。同时，也因为古人造园、寓情于景，人们游园又触景生情，到处充满了情景交融的诗情画意，才使中国园林深入人心、流芳百世。

10. 胸有丘壑，统筹全局

造园者必须胸有丘壑，把握总体，合理布局，贯穿始终。只有统筹兼顾、一气呵成，才有可能创造出一个完整的风景园林体系。造园者必须从大处着眼布局，小处着手理微，利用隔景、分景划分空间，又用主副轴线对位关系突出主景，用回游线路组织游览，还用统一风格和意境序列，贯穿全园。这种原则同样适用于现代风景园林的规划工作，只是现代园林的形式与内容都有较大的变化，以适应现代生活节奏的需要。

1.2.3 国外园林发展概况及其造园特点

微课：欧洲园林

世界园林除东方、西亚和欧洲三大系统外，还有古埃及和古印度园林介于三大系统之间。东方园林以中国园林为代表，影响日本、朝鲜和东南亚诸国。西亚园林以叙利亚、伊拉克为代表。欧洲园林以意大利、法国、英国和俄罗斯为代表。这些古典园林对当今各国园林艺术风格的形成有较大的影响，同时由于各国文化、历史背景、发展速度等因素的不同，导致了各国园林在长期的演变和建设中形成了各自的特色。

1. 日本庭园

日本气候湿润多雨，山清水秀，为造园提供了良好的客观条件，日本民族崇尚自然，喜好户外活动。中国的造园艺术传入日本后，经过长期实践和创新，形成了日本独特的园林艺术。

日本历史上早期虽有掘池筑岛，在岛上建造宫殿的记载，但主要是为了防御外敌和防范火灾。后来，在中国文化艺术的影响下，庭园中出现了游赏的内容。552年，佛教东传，中国园林对日本的影响扩大。日本宫苑中开始造须弥山，架设吴桥等，朝廷贵族纷纷建造宅园。20世纪60年代，平城京（日本历史名城奈良的古称）考古发掘表明，奈良时期的庭园已有曲折的水池，池中设岩岛，池边置叠石，池岸和池底敷石块，环池疏布屋宇。

平安时期前期庭园要求表现自然，贵族别墅常采用以池岛为主题的“水石庭”。到平安时期后期，贵族邸宅已由过去具有中国唐朝风格的左右对称形式发展成为符合日本习俗的“寝造殿”形式。这种住宅前面有水池，池中设岛，池周布置亭、阁和假山，是按中国蓬莱海岛（一池三山）的概念布置而成的。在镰仓时期和室町时期，武士阶层掌握政权后，武士宅园仍以蓬莱海岛式庭园为主。由于禅宗很兴盛，在禅与画的影响下，枯山水式庭园（见图1-4）发展起来。这种庭园规模一般较小，园内以石组为主要观赏对象，而用白砂象征水面和水池，或者配置以简素的树木。在桃山时期多为武士家的书院庭园和随茶道发展而兴起的茶室和茶亭。江户时期发展起来了草庵式茶亭和书院式茶亭，特点是在庭园中各茶室间用“回游道路”和“露路”连通，一般都设在大规模园林之中，如修学院离宫、桂离宫（见图1-5）等。

❖ 图 1-4 日本京都龙安寺枯山水式庭园

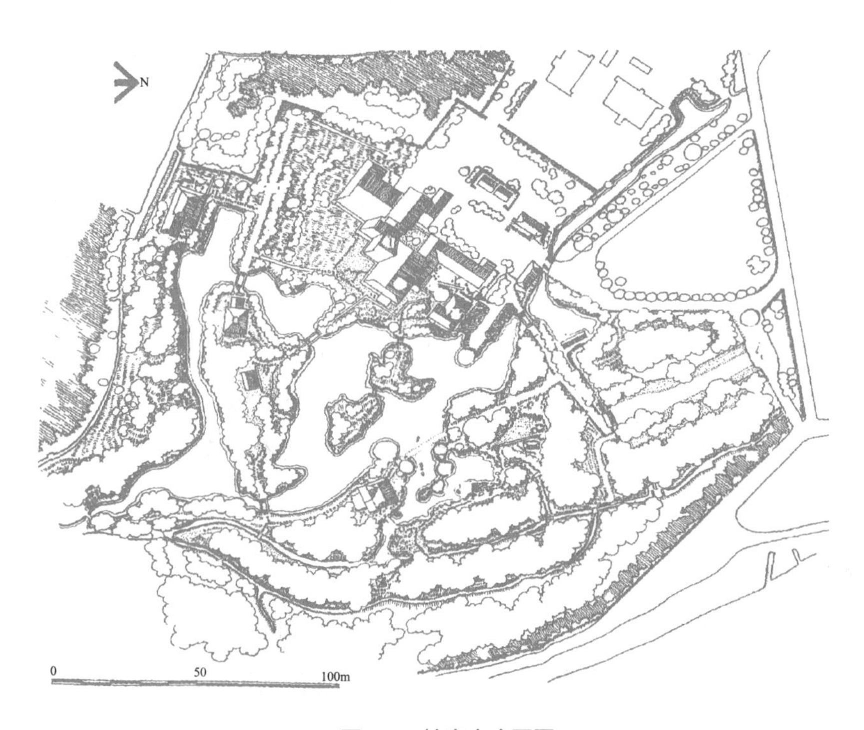

❖ 图 1-5 桂离宫庭园图

明治维新以后，随着西方文化的输入，在欧美造园思想的影响下，日本庭园出现了转折。一方面，庭园从特权阶层私有专用转为开放公有，国家开放了一批私园，也新建了大批公园；另一方面，西方的园路、喷泉、花坛、草坪等也开始在庭园中出现，使日本园林除原有的传统手法外，又增加了新的造园技艺。日本庭园的种类主要有林泉式、筑山庭、平庭、茶亭和枯山水等类型。

2. 古埃及与西亚园林

古埃及与西亚邻近，古埃及的尼罗河流域与西亚的幼发拉底河、底格里斯河流域同为人类文明的两个发源地，园林出现也很早。

古埃及在公元前4000年就进入了奴隶制社会，到公元前28—公元前23世纪，形成了法老政体的中央集权制。法老（即埃及国王）死后都兴建金字塔作为王陵，称为墓园。金字塔浩大、宏伟、壮观，反映出当时古埃及科学与工程技术已很发达。金字塔四周布置规则对称的林木；中轴为笔直的祭道，控制两侧均衡；塔前留有广场，与正门对应，造成庄严、肃穆的气氛。奴隶主的私园把绿荫和湿润的小气候作为追求的主要目标，把树木和水池作为主要内容。

西亚地区的叙利亚和伊拉克也是人类文明的发祥地之一。早在公元前3500年时，已经出现了高度发达的古代文化。奴隶主在宅园附近建造各式花园，作为游憩观赏的乐园。奴隶主的私宅和花园，一般都建在幼发拉底河沿岸的谷地草原上，引水注园。花园内筑有水池或水渠，道路纵横方直，花草树木充满其间，布置非常整齐美观。基督教《圣经》中记载的伊甸园被称为“天国乐园”，就在叙利亚首都大马士革城附近。在公元前2000年的巴比伦、亚述或大马士革等西亚地区有许多美丽的花园。尤其距今3000年前新巴比伦王国宏大的都城有5组宫殿，不但异常华丽壮观，而且宫殿上建造有被誉为世界七大奇观之一的“空中花园”。

西亚的亚述有猎苑，后来演变成游乐的林园。巴比伦、波斯气候干旱，因而很重视水的利用。波斯庭园的布局多以位于十字形道路交叉点上的水池为中心，这一手法被阿拉伯人继承下来，成为伊斯兰园林的传统，流传于北非、西班牙、印度，传入意大利后，演变为各种水法，成为欧洲园林的重要内容。

3. 欧洲园林

古希腊是欧洲文化的发源地。古希腊的建筑、园林开欧洲建筑、园林之先河，直接影响着意大利、法国、英国等国的建筑、园林风格。后来英国吸取了我国山水园的意境，融入造园之中，对欧洲造园也有很大影响。

公元前3世纪，古希腊哲学家伊壁鸠鲁在雅典建造了历史上最早的文人园，利用此园对门徒进行讲学。公元5世纪，古希腊人渡海东游，从波斯学到了西亚的造园艺术，最终发展成了柱廊园。古希腊的柱廊园改进了波斯在造园布局上结合自然的形式，变成喷水池占据中心位置，使自然符合人的意志，成为有秩序的整形园。古希腊的庭园艺术把西亚和欧洲两个系统的早期庭园形式与造园艺术联系起来，起到了过渡桥的作用。

古罗马继承了古希腊庭园艺术和亚述林园的布局特点，发展成为山庄园林。欧洲中世纪时期，封建领主的城堡和教会的修道院中建有庭园。修道院中的园地同建筑功能相结合，如在教士住宅的柱廊环绕的方庭中种植花卉，在医院前辟设药铺，在食堂、厨房前辟设菜圃，此外，还有果园、鱼池、游憩的园地等。在今天，欧洲一些国家还延续这种传统。

在文艺复兴时期，意大利的佛罗伦萨、罗马、威尼斯等地建造了许多别墅园林。以别墅为主体，利用意大利的丘陵地形，开辟成整齐的台地，逐层配置灌木，并把它修剪成图案式的植坛，顺山势利用各种水法（流泉、瀑布、喷泉等），外围是树木茂密的林园。这种园林统称为意大利台地园。台地园在地形整理、植物修剪艺术和水法技法方面都有很高的成就。

法国继承和发展了意大利的造园艺术。1638 年，法国人布阿依索编写了西方最早的园林专著《论造园艺术》(*Traite du Jardinage*)。他认为："如果不加以条理化和安排整齐，那么，人们所能找到的最完美的东西都是有缺陷的。" 17 世纪下半叶，法国造园家安德烈·勒诺特尔提出要"强迫自然接受匀称的法则"。他主持设计的凡尔赛宫苑（见图 1-6），根据法国这一地区地势平坦的特点，开辟大片草坪、花坛、河渠，创造了宏伟华丽的园林风格，被称为勒诺特尔风格，各国竞相效仿。

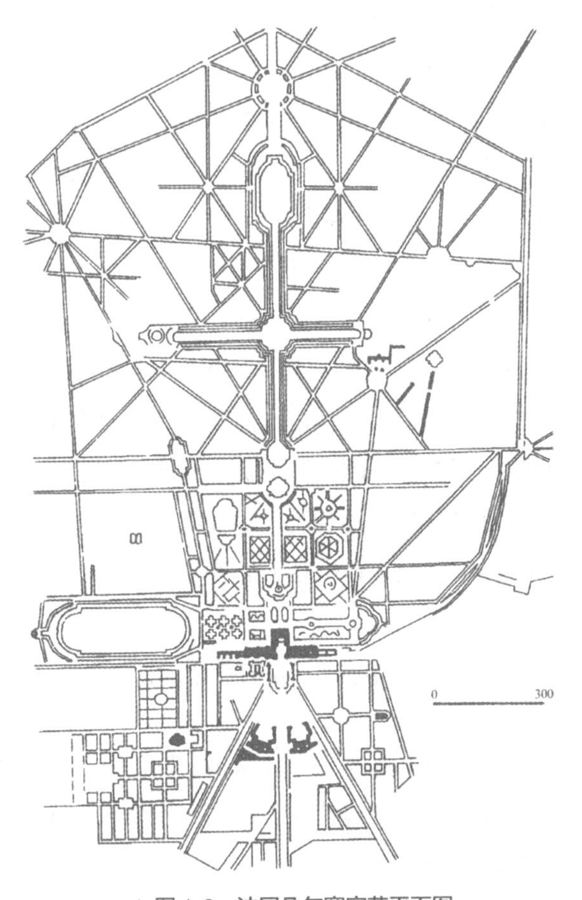

❖ 图 1-6 法国凡尔赛宫苑平面图

18 世纪欧洲文学艺术领域中兴起了浪漫主义运动。在这种思潮的影响下，英国开始欣赏纯自然之美，重新恢复传统的草地、树丛，于是产生了自然风景园。初期的自然风景园对自然美的特点还缺乏完整的认知。18 世纪中叶，中国园林造园艺术传入英国。18 世纪末，英国造园家 H. 雷普顿认为自然风景园不应任其自然，而要加工，以充分显示自然的美而隐藏它的缺陷。他并不完全排斥规则式布局形式，在建筑与庭园相接地带也使用行列栽植的树木，并利用当时从美洲、东亚等地引进的花卉丰富园林色彩，把英国自然风景园推进了一步。

自 17 世纪开始，英国把贵族的私园开放为公园。18 世纪以后，欧洲其他国家也纷纷效法。

4. 外国近现代园林

17 世纪中叶，英国爆发了资产阶级革命，武装推翻了封建王朝，建立起土地贵族与大资产阶级联盟的君主立宪制政权，宣告资本主义社会制度的诞生。不久，法国也爆发了资产阶级革命，继而，革命的浪潮席卷全欧。在资产阶级“自由、平等、博爱”的口号下，新兴的资产阶级没收了封建领主及皇室的财产，把大大小小的宫苑和私园都向公众开放，并统称为公园（Public Park）。这就为 19 世纪欧洲各大城市产生一批数量可观的公园打下了基础。

此后，随着资本主义近代工业的发展，城市逐步扩大，人口大量增加，污染日益严重。在这样的历史条件下，资产阶级对城市也进行了某些改善，新辟一些公共绿地并建设公园就是其中的措施之一。

从真正意义上进行设计和营造的公园是美国纽约的中央公园（见图 1-7）。1858 年，美国政府通过了由欧姆斯特德（Frederick Law Olmsted，1822—1903 年）和他的助手沃克斯（CalvertVaux，1824—1895 年）合作设计的公园设计方案，并根据法律在市中心划定了一块约 340hm^2 的土地作为公园用地。在市中心保留这么大的一块公园用地是基于这样一种考虑，即将来的城市不断发展扩大后，公园会被许多高大的城市建筑所包围，为了市民能够享受到大自然和乡村景色的气息，在这块较大面积的公园用地上，可创作出乡村景色的片段，并可把预想中的建筑实体隐蔽在园界之外。因此，在这种规划思想的指导下，整个公园的规划布局以自然式为主，只有中央林荫道是规则式的。纽约中央公园的建设成就受到了社会的瞩目和赞赏，从而影响了世界各国，推动了城市公园的发展。但是，由于各国地理环境、社会制度、经济发展、文化传统以及科技水平的不同，在公园规划设计的做法与要求上表现出较大的差异，呈现出不同的发展趋势。

1.2.4 世界园林的发展趋势

微课：世界园林的发展趋势

纵观近几十年来世界城市公园的发展，不难看出，由于社会经济发展以及公众对环境认知的提高，使城市公园有了较大的发展，主要表现在以下 5 个方面。

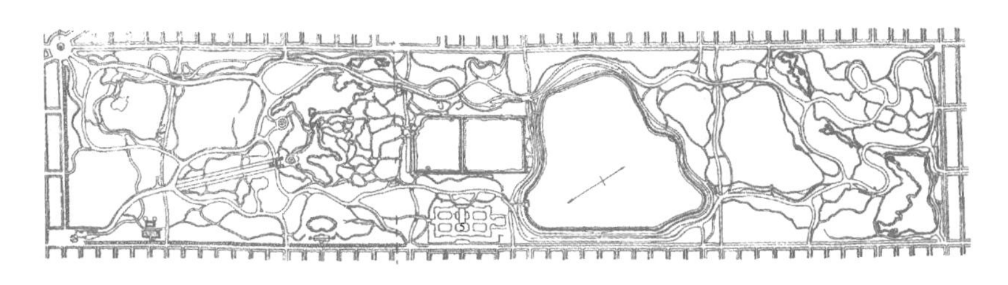

❖ 图 1-7 纽约中央公园平面图

1. 公园的数量不断增加，面积不断扩大

如日本，1950 年全国仅有公园 2596 个，而 1976 年则增加到 23477 个，数量增加了 9 倍多。

2. 公园的类型日趋多样化

近年来，国外城市除传统意义上的公园、花园以外，各种新颖富有特色的公园，如主题公园、湿地公园等不断地涌现。如美国的宾夕法尼亚州开辟了一个“知识公园”，园中利用茂密的树林和起伏的地形布置了多种多样的普及自然常识的“知识景点”，每个景点都配有讲解员为求知欲强的游客服务。此外，世界各国富有特色的公园还有丹麦的童话乐园、美国的迪士尼乐园、奥地利的音乐公园、澳大利亚的袋鼠公园等。

3. 公园布局，体现自然风貌

在公园的规划布局上，普遍以植物造景为主，建筑的比重较小，以追求真实、朴素的自然美，最大限度地让人们在自然气氛中自由自在地漫步以寻求诗意，重返大自然。

4. 进行科学的养护管理

在园容的养护管理上广泛采用先进的技术设备和科学的管理方法，植物的园艺养护、操作一般都实现了机械化，广泛运用计算机进行监控、统计和辅助设计。

5. 园林界的国际交流越来越多

随着世界性交往的日益扩大，园林界的交流也越来越多。各国纷纷举办各种性质的园林、园艺博览会、艺术节等活动，极大地促进了园林的发展。中国已经举办过“1999 昆明世界园艺博览会”（A1 类）、“2006 中国沈阳世界园艺博览会”（A2+B1 类）、“2010 台北国际花卉博览会”“2011 西安世界园艺博览会”（A2+B1 类）、“2013 中国锦州世界园林博览会”（IFLA 和 AIPH 首次合作）、“2014 青岛世界园艺博览会”（A2+B1 类）、“2016 唐山世界园艺博览会”和“2019 北京世界园艺博览会”（A1 类），将举办“2021 年扬州世界园艺博览会”。

1.3 园林艺术

微课：园林美

1.3.1 园林美

园林是一种综合大环境的概念，它是在自然景观基础上，通过人为的艺术加工和工程措施而形成的。园林艺术理论是指导园林创作的理论，进行园林艺术理论研究，应当具备美学、艺术、绘画、文学等方面的基础理论知识，尤其是美学知识的运用。

园林美源于自然，又高于自然景观，是大自然造化的典型概括，是自然美的再现。它随着文学绘画艺术和宗教活动的发展而发展，是自然景观和人文景观的高度统一。

园林美具有多元性，表现在构成园林的多元要素之中和各要素的不同组合形式之中。园林美也具有多样性，主要表现在其历史、民族、地域、时代性的多样统一之中。风景园林具有绝对性差异与相对性差异，这是因为它包含着自然美和社会美。

园林美是形式美与内容美的高度统一，其主要内容有以下几个方面。

1. 山水地形美

山水地形包括地形改造、引水造景、地貌利用、土石假山等，形成园林的骨架和脉络，为园林植物种植、游览建筑设置和视景点的控制创造条件。

2. 借用天象美

园林通常借日、月、雨、雪造景。如观云海霞光，看日出日落，设朝阳洞、夕照亭、月到风来亭、烟雨楼、听雨打芭蕉、泉瀑松涛、造断桥残雪、踏雪寻梅意境等。

3. 再现生境美

园林景观可效仿自然，创造人工植物群落和良性循环的生态环境，创造空气清新、温度适中的小气候环境。花草树木永远是生境的主题。

4. 建筑艺术美

风景园林中由于游览景点、服务管理、维护等功能的要求和造景需要，要求修建一些园林建筑。建筑不可多，也不可无，古为今用，洋为中用，简洁实用，画龙点睛，建筑艺术往往是民族文化和时代潮流的结晶。

5. 工程设施美

园林中，游道廊桥、假山水景、灯光照明、给水排水、挡土护坡等各项设施，必须成龙配套，要注意艺术处理而区别于一般的市政设施。

6. 文化景观美

风景园林常为宗教圣地或历史古迹所在地，其中的景名景序、门楹对联、摩崖石刻、字画雕塑等无不浸透着人类文化的精华。

7. 色彩音响美

风景园林是一幅五彩缤纷的天然图画，蓝天白云、花红叶绿、粉墙灰瓦、雕梁画栋、风声雨声、欢声笑语、百籁争鸣。

8. 造型艺术美

园林中常运用艺术造型来表现某种精神、象征、礼仪、标志、纪念意义，以及某种体形美、线条美，如图腾、华表、标牌、喷泉及各种植物造型等。

9. 旅游生活美

园林是一个可游、可憩、可赏、可居、可学、可食的综合活动空间，满意的生活服务，健康的文化娱乐，清洁卫生的环境，交通的便利，治安的完善，都将怡悦人们的性情，带来生活的美感。

10. 联想意境美

联想和意境是我国造园艺术的特征之一。丰富的景物，通过人们的接近联想和对比联想，达到触景生情，体会弦外之音的效果。意境就是通过意向的深化而构成心境应合、神形兼备的艺术境界，也就是主客观情景交融的艺术境界。园林就应该是这样一种境界。

1.3.2　形式美

微课：形式美法则

自然界常以其形式美取胜，各种景物都是由外形式和内形式组成的。外形式是由景物的材料、质地、体态、线条、光泽、色彩和声响等因素构成；内形式是由上述因素按不同规律而组织起来的结构形式或结构特征。如一般植物都是由根、茎、叶、花、果实、种子组成的，然而它们由于其各自的特点和组成方式的不同而产生了千变万化的植物个体和群体，构成了乔木、灌木、藤本、花卉等不同的形态。

形式美是人类社会在长期的社会生产实践中发现和积累起来的，它具有一定的普遍性、规定性和共同性。但是人类社会的生产实践和意识形态在不断改变，并且还存在着民族、地域性及阶级、阶层的差别。因此，形式美又带有相对性和差异性。但是，形式美发展的总趋势是不断提炼和升华的，表现出人类健康、向上、创新和进步的愿望。

从形式美的外形式方面加以描述，其表现形态主要有线条美、图形美、体形美、光影色彩美、朦胧美等几个方面。

人们在长期的社会劳动实践中，按照美的规律塑造景物外形，逐步发现了以下一些形式美的规律性。

1. 整齐一律

整齐一律是指景物形式中多个相同或相似部分之间的重复出现，或是对等排列与延续，其美学特征是创造庄重感、威严感、力量感和秩序感。如园林中整齐的绿篱与行道树，整齐的廊柱门窗等。

2. 对称与均衡

对称与均衡是形式美在量上呈现的美。对称是以一条线为中轴，形成左右或上下均等，及数量上的均等。它是人类在长期的社会实践活动中，通过对自身和周围环境观察而获得的规律，体现着事物自身结构的一种合规律的存在方式。而均衡是对称的一种延伸，是事物的两部分在形体布局上不相等，但双方在量上大致相当，是一种不等形但等量的特殊对称形式。也就是说，对称是均衡的，但均衡不一定对称，因此，就分出了对称均衡和不对称均衡。

1）对称均衡

对称均衡又称静态均衡，就是景物以某轴线为中心，在相对静止的条件下，取得左右（或上下）对称的形式，在心理学上表现为稳定、庄重和理性。对称均衡在规则式园林绿地中常被采用。如纪念性园林，公共建筑前的绿化，古典园林前成对的石狮、槐树，甚至路两边的行道树、花坛、雕塑等。

2）不对称均衡

不对称均衡又称动态均衡、动势均衡、疑对称均衡，其创作法一般有以下几种类型。

（1）构图中心法。即在群体景物之中，有意识的强调一个视线构图中心，而使其他部分均与其取得对应关系，从而在总体上取得均衡感。

（2）杠杆均衡法。又称动态平衡法，根据杠杆力矩的原理，使不同体量感或重量感的景物置于相对应的位置而取得平衡感。

（3）惯性心理法。或称运动平衡法，人在劳动实践中形成了习惯性重心感，若重心产生偏移，则必然出现动势倾向，以求得新的均衡。人体活动一般在立三角形中取得平衡。根据这些规律，在园林造景中就可以广泛地运用三角形构图法（见图 1-8），园林静态空间与动态空间的重心处理等，它们均是取得景观均衡的有效方法。

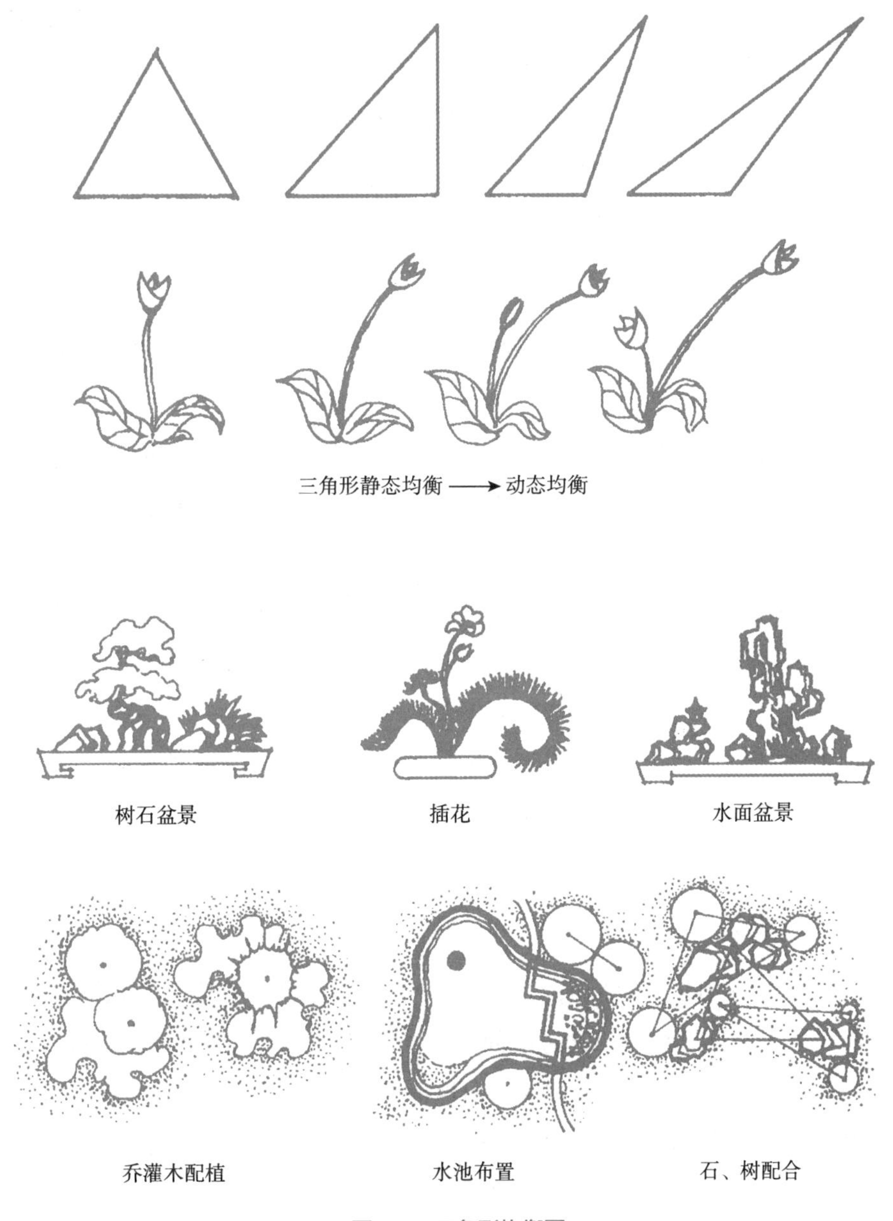

❖ 图 1-8　三角形均衡图

不对称均衡的布置小至树丛、散置山石、自然水池，大至整个园林绿地、风景区的布局。它常给人以轻松、自由、活泼、变化的感觉，所以广泛应用于一般游憩性的自然式园林绿地中。

3. 对比与协调

对比是比较心理的产物。对风景或艺术品之间存在的差异和矛盾加以组合利用，取得相互比较、相辅相成的呼应关系。协调是指各景物之间形成了矛盾统一体，也就是在事物的差异中强调了统一的一面，使人们在柔和宁静的氛围中获得审美享受。园林景象要在对比中求协调，在协调中有对比，使景观丰富多彩、生动活泼，又风格协调，突出主题。

对比与协调只存在于统一性质的差异之间，要有共同的因素，如体量的大小，空间的开敞与封闭，线条的曲直，色调的冷暖、明暗，材料质感的粗糙与细腻等，而不同性质的差异之间不存在对比与协调，如体量大小与色调冷暖就不能比较。

4. 比例与尺度

比例要体现的是事物整体与局部之间或局部与局部之间的一种关系。这种关系使人得到美感，就是合乎比例的。

与比例相关联的是尺度，比例是相对的，而尺度涉及具体尺寸。园林中构图的尺度是景物、建筑物整体和局部构件与人或人所见的某些特定标准的尺度感觉。

比例与尺度受多种因素和变化的影响，典型的例子如苏州古典园林，多是明清时期的私家宅园，各部分造景都是效法自然山水，把自然山水浓缩到园林中。建筑道路曲折有致、大小适合、主次分明、相辅相成，无论在全局上还是局部上，它们相互之间以及与环境之间的比例与尺度都是很相称的。就当时的少数人起居游赏来说，其尺度是合适的，但是现在随着旅游事业的发展，国内外游客大量增加，假山显得低而小，游廊显得矮而窄，其尺度就不符合现代游赏的需要了。所以不同的功能要求不同的空间尺度，不同的功能也要求不同的比例。

5. 节奏与韵律

节奏产生于人本身的生理活动，如心跳、呼吸、步行等。在建筑和风景园林中，节奏就是景物简单的反复连续出现，通过时间的运动而产生美感，如灯杆、花坛、行道树等。而韵律则是节奏的深化，是有规律但又自由地抑扬起伏变化，从而产生富于感情色彩的律动感，使得风景、音乐、诗歌等产生更深的情趣和抒情意味。由于节奏与韵律有着内在的共同性，故可以用节奏与韵律表示它们的综合意义。

6. 多样统一

多样统一是形式美的基本法则，其主要意义是要求在艺术形式的多样变化中，要有其内在的和谐与统一关系，既显示形式美的独特性，又具有艺术的整体性。多样而不统一，必然杂乱无章；统一而无变化，则呆板单调。多样统一还包括形式与内容的变化与统一。

风景园林是多种要素组成的空间艺术，要创造多样统一的艺术效果，可通过许多途径来达到。如形体的变化与统一、风格流派的变化与统一、图形线条的变化与统一、动势动态的变化与统一、形式内容的变化与统一、材料质地的变化与统一、线形纹理的变化与统一、尺度比例的变化与统一、局部与整体的变化与统一等。

1.4 园林空间艺术原理

园林空间艺术布局是在园林艺术理论指导下对所有空间进行巧妙、合理、协调、系统安排的艺术，目的在于构成一个既完整又开放的美好境界。而布局的关键在于设计规划布置。一般常从静态、动态、色彩等方面进行空间艺术布局与构图。

1.4.1 园林静态空间艺术构图

微课：园林静态布局

静态空间艺术是指相对固定空间范围内的内外审美感受。

1. 静态空间艺术的类型

按照活动内容可分为生活居住空间、游览观光空间、安静休息空间、体育活动空间等；按照地域特征可分为山岳空间、台地空间、谷地空间、平地空间等；按照开朗程度可分为开朗空间、半开朗空间和闭锁空间等；按照构成要素可分为绿色空间、建筑空间、山石空间、水域空间等；按照空间的大小可分为超人空间、自然空间和亲密空间。还有依其形式可分为规则空间、半规则空间和自然空间。根据空间的多少可分为单一空间和复合空间等。

2. 静态空间的视觉规律

在一个相对独立的环境中，随着诸多因素的变化，人的审美感受各不相同。有意识地进行构图处理，就会产生丰富多彩的艺术效果。

局部空间与大环境的交接面就是风景界面。风景界面是由天地及四周景物构成的。风景界面组成的各种空间感，多半是由人的视觉、触觉或习惯感觉而产生的。经过科学分析，利用人的视觉规律，可以创造出预想的艺术效果。

1）景物的最佳视距

一般正常人的清晰视距为25~30cm，能够看清景物细部的视距为30~50m，能识别景物类型的视距为250~300m，能辨认景物轮廓的视距为500m，但这已经没有最佳的观赏效果。利用人的视距规律进行造景设计，将取得事半功倍的效果。

2）景物的最佳视域

正常人的眼睛在观察静物时，垂直视角为130°、水平视角为160°，但是看清景物的最佳垂直视角为小于30°、水平视角为小于45°，即人们静观景物的最佳视距为景物高度的2倍、宽度的1.2倍，以此定位设景则景观效果最佳。但是，即使在静态空间内，也要允许游人在不同部位赏景。建筑师认为观赏景物的最佳视点有3个位置，即垂直视角为18°（景物高的3倍距离）、27°（景物高的2倍距离）、45°（景物高的1倍距离），如图1-9所示。如果是纪念雕塑，则可以在上述3个视点距离位置为游人创造较开阔平坦的游览场地。

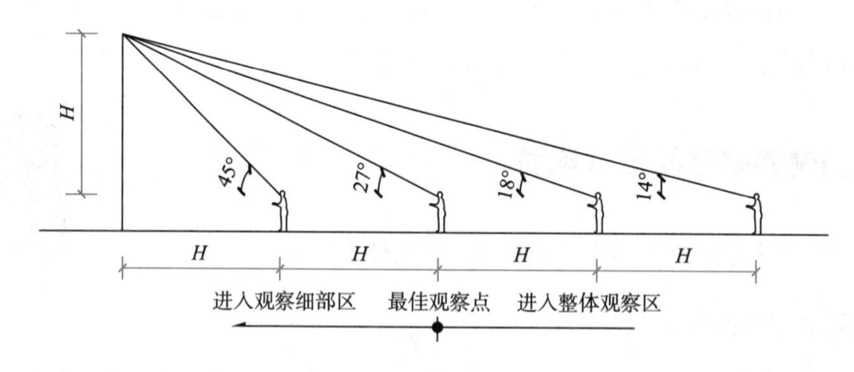

❖ 图1-9　最佳静态视距、视角示意图

3）三远视景

除了正常的静态观察景物外，还要为游人创造更为丰富的视景条件，以满足多样化需求。

（1）仰视高远。视景仰角分别为大于45°、60°、80°、90°时，由于视线的消失程度可以产生高大感、宏伟感、崇高感和危严感。若大于90°，则产生下压的危机感。这种视景法又叫虫视法，在中国皇家宫苑和宗教园林中常用此法突出皇权与神威，或在山水园中创造群峰万壑、小中见大的意境。

（2）俯视深远。居高临下，俯瞰大地，令人心驰神往。园林中利用地形或人工造景，创造制高点以供人俯视。绘画中称为鸟瞰。俯视也有远视、中视和近视的不同效果。一般俯视角小于45°、小于30°时，则分别产生深远感、凌空感。当小于10°时，则产生欲坠危机感。登泰山而一览众山小，居天都而有升仙神游感，也产生人定胜天感。

（3）中视平远。以视平线为中心的 30° 夹角视场，可向远方平视。利用或创造平视观景的机会，将给人以广阔宁静的感受。因此园林中常要创造宽阔的水面。平缓的草坪、开敞的视野和远望的条件，把天边的水色云光、远方的山郭塔影借来身边，一饱眼福。

仰视、俯视、平视的观赏，有时不能截然分开。如登高楼、峻岭，先自下而上，一步一步攀登，抬头观看是一组一组的仰视风景，登上最高处，向四周平视或俯视，然后一步一步向下，眼前又是一组一组的俯视景观，故各种视觉的风景安排应统一考虑，使四面八方、高低上下都有很好的风景观赏，又要着重安排最佳观景点，让人在此体验绝妙的风景。例如，北海公园静心斋北部景区地形变化较大，人在其中可借视高的改变而获得不同角度的景观效果，如图 1-10 所示。

4）花坛设计的视角、视距规律

独立的花坛或草坪花丛都是一种静态景观，一般花坛又位于视平线以下，根据人的视觉实践发现，当花坛的花纹距离游人渐远时，所看到的实际画面也随之而缩小变形。不同的视角范围内其视觉效果各有不同。如图 1-11 所示，假定人的平均视高为 1.65m，在视平线以下的 90° 中，靠近人的 30° 和 40° 范围内，有 0.97~1.4m 的距离为不被注意和视觉模糊区段（图中 *O*—*A′* 和 *A′*—*A*）。在邻近的另外 30° 范围内，有 1.5~3.1m 的距离为视觉清晰区段（图中 *A*—*B*），在靠近视平线以下的 20° 范围内，随着角度的抬高，花坛图案开始显著缩小变形，从 *B*—*B′* 来看，比起平面图案实际宽度已缩小至 1/6~1/5 倍，由此可见花坛或草坪花丛设计时必须注意以下规律。

（1）一个平面花坛，在其半径为 4.5m 左右的区段其观赏效果最佳。

（2）花坛图案应重点布置在离人 1.5~4.5m，而靠近人的 1~1.5m 区段只铺设草坪或一般地被植物即可。

（3）在人的视点高度不变的情况下，花坛半径超过 4.5m 时，花坛表面应做成斜面。从图 1-12 可以看出，当倾角大于等于 30° 时花坛已成半立体状，倾角为 60° 时花坛表面达到了最佳状态。

（4）当立体花坛的高度超过视点高度 2 倍以上时，应相应提高人的视点高度。

（5）如果人在一般平地上欲观赏大型花坛或大面积草坪花纹时，可采用降低花坛或草坪花丛高度的办法，形成沉床式效果，这在法国庭园花园中应用较早。

（6）当花坛半径加大时，除了提高花坛坡度外，还应把花坛图案成倍加宽，以克服图案缩小变形的缺陷。

自坐落在山石之上的六角亭俯视的东部景区

A—A′剖面示意图

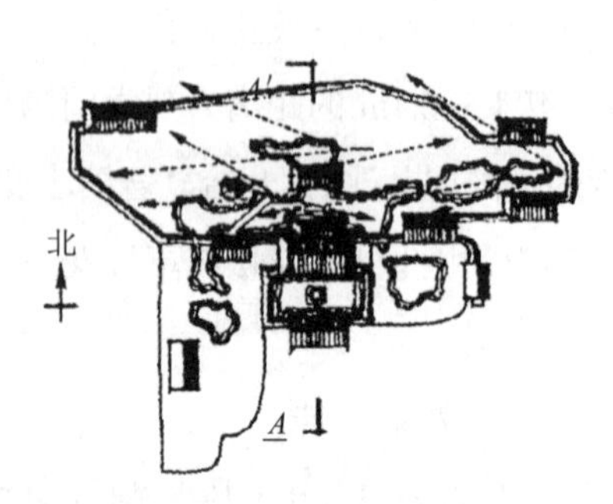

北海公园静心斋平面示意图

自低洼的池岸向上仰视园西北角的楼阁

自斜桥的东北端向上仰视六角亭

自园东侧往西看，左侧为俯视，右侧为仰视

❖ 图 1-10　北海公园静心斋观赏视线分析

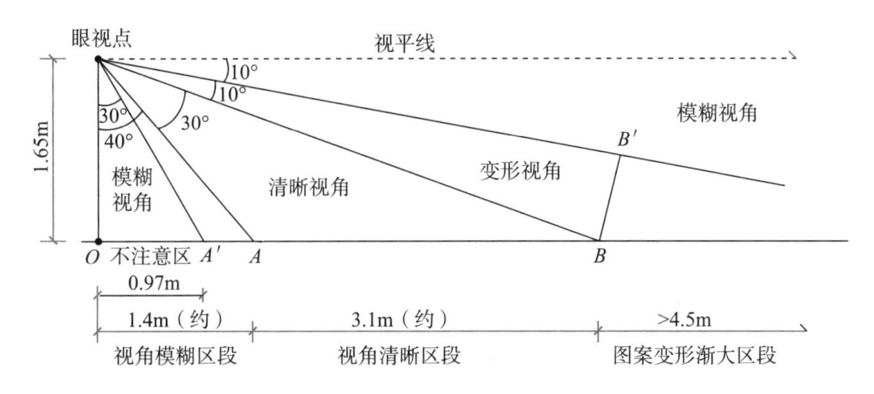

❖ 图 1-11　人对花坛视觉变化规律示意图

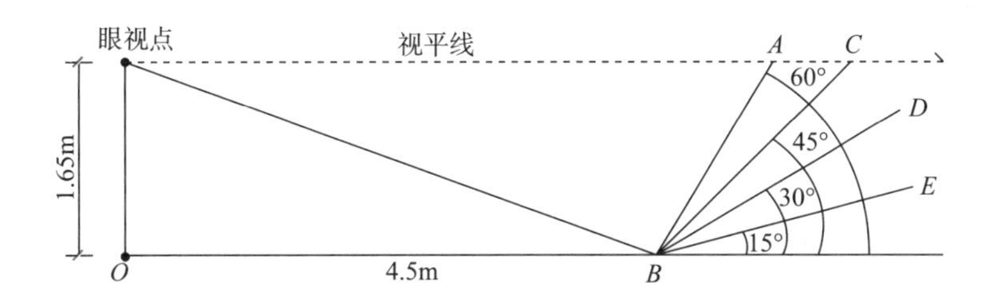

❖ 图 1-12　改变花坛平面坡度可产生的视觉效果

1.4.2　园林动态空间布局方法

微课：园林空间的展示程序

园林对于游人来说是一个流动的空间，一方面表现为自然风景的时空转换；另一方面表现在游人步移景异的过程中。前面提到园林空间的风景界面构成了不同的空间类型，那么不同的空间类型组成有机整体，并对游人构成丰富的连续景观，这就是园林景观的动态序列。如同写文章一样，有起有结，有开有合，有低潮有高潮，有发展也有转折。

1. 园林空间的展示程序

中国古典园林多半有规定的出入口及行进路线，明确的空间分隔和构图中心，主次分明的建筑类型和游憩范围，就像《桃花源记》中描述的樵夫寻幽的过程那样，形成了一种景观的展示程序。

1）一般序列

一般简单的展示程序有所谓两段式或三段式之分。两段式的程序就是从起景逐步过渡到高潮而结束，其终点就是景观的主景，如一般纪念陵园从入口到纪念碑的程序。例如，中国抗日战争纪念馆，从巨型雕塑“醒狮”开始，经过广场，进入纪念馆达到高潮而结束。

三段式的程序可以分为起景—高潮—结景 3 个段落，在此期间还有多次转折，由低潮发展为高潮景序，接着又经过转折、分散、收缩以至结束。如北京颐和园的佛香阁建筑群中，以排云殿为“起景”，经石阶向上，以佛香阁为“高潮”，再以智慧海为“结景”，其中主景是在高潮的位置，是布局的中心。

2）循环序列

为了适应现代生活节奏，多数综合性公园或风景区采用了多向入口、循环道路系统，多景区景点划分（也分主次景区），分散式游览线路的布局方法，以容纳成千上万游人的活动需求。因此，现代综合性公园或风景区一般采用主景区领衔，次景区辅佐，多条展示序列。各序列环状沟通，以各自入口为起景，以主景区主景物为构图中心。以综合循环游憩景观为主线方便游人，以满足园林功能需求为主要目的来组织空间序列，这已成为现代综合性园林的特点。

3）专类序列

以专类活动内容为主的专类园林有各自的特点。如植物园多以植物演化系统组织园景序列可从低等植物到高等植物，从裸子植物到被子植物，从单子叶植物到双子叶植物，或按照哈钦森系统、恩格勒系统、克朗奎斯特系统等。还有不少植物园因地制宜，创造自然生态群落景观形成其特色。某些盆景园也有专门的展示序列，如盆栽花卉与树桩盆景、树石盆景、山水盆景、水石盆景、微型盆景和根雕艺术等，这些都为空间展示提出了规定性序列要求，故称其为专类序列。

2. 风景园林景观序列的创作手法

景观序列的形成要运用各种艺术手法，而这些手法又多半离不开形式美法则的范围。同时，对园林的整体来说固然存在着风景序列，然而在园林的各项具体造型艺术上，也还存在着序列布局的影子，如林荫道、花坛组、建筑群组、植物群落的季相配植等。

1）风景序列的基调、主调、配调和转调

风景序列是由多种风景要素有机组合，逐步展现出来的，在统一基础上求变化，又在变化之中见统一，这是创造风景序列的重要手法。以植物景观要素为例（见图 1-13），作为整体背景或低色的树林可谓基调，作为某序列前景和主景的树种为主调，配合主景的植物为配调，处于空间序列转折区段的过渡树种为转调，过渡到新的空间序列区段时，又会出现新的基调、主调和配调，如此逐渐展开就形成了风景序列的调子变化，从而产生不断变化的观赏效果。

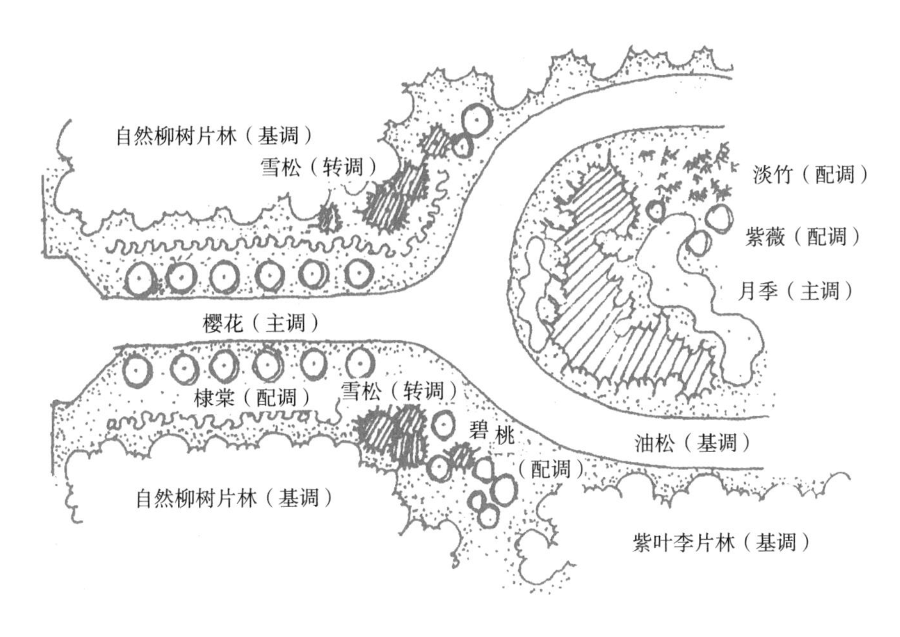

❖ 图 1-13 某绿地入口区绿化基调、主调、配调、转调示意图

2）风景序列的起结开合

风景序列的构成，可以是地形起伏，水系环绕，也可以是植物群落或建筑空间，无论是单一的还是复合的，总应有头有尾、有收有放，这也是风景序列创作常用的手法。以水体为例（见图 1-14），水之来源为起，水之去脉为结，水面扩大或分支为开，水之溪流又为合。这和写文章相似，用来龙去脉表现水体空间之活跃，以收放变换而创造水之情趣，这种传统的手法，在古典园林中常见。例如，北京颐和园的后湖，承德避暑山庄的分合水系等。

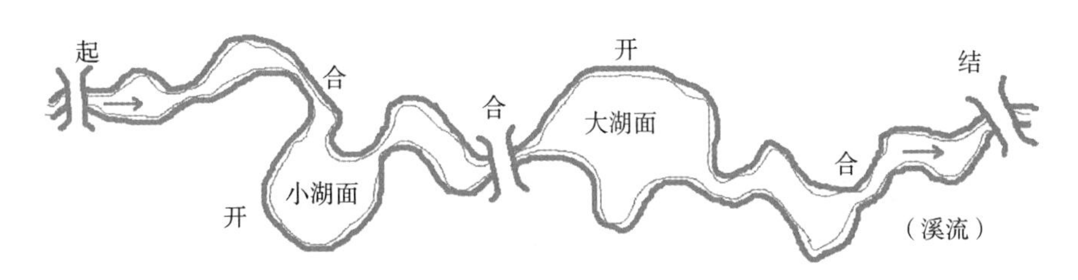

❖ 图 1-14 风景序列的起结开合

3）风景序列的断续起伏

利用地形起伏变化创造风景序列是常用的手法，多用于风景区或郊野公园。一般风景区地势起伏，游程较远，将多种景区景点拉开距离，分区段布置，在游步道的引导下，风景序列断续发展，游程起伏高下，在游人视野中的风景时隐时现、时远时近，从而达到步移景异、引人入胜、渐入佳境的效果，如图 1-15 所示。

❖ 图 1-15　风景序列的断续起伏

3. 园林植物景观序列的季相与色彩布局

园林植物是风景园林景观的主体，植物又有其独特的生态规律，在不同的立地条件下，利用植物个体与群落在不同季节的外形与色彩变化，再配以山石水景、建筑道路等，会出现绚丽多姿的景观效果和展示序列。如扬州个园内春植翠竹配以石笋，夏种广玉兰配以太湖石，秋种枫树、梧桐配以黄石，冬植腊梅、南天竹配以白色英石，并把四景分别布置在游览线的 4 个角落里，在咫尺庭院中创造了四时季相景序。一般园林中，常以桃红柳绿表春、浓荫白花主夏、黄叶红果属秋、松竹梅花为冬。

1.4.3　园林色彩艺术构图

微课：色彩的感觉

1. 色彩的分类与感觉

色彩的产生和人们对它的感受，是物理学、生理学和心理学的复杂过程。人们对色彩的感觉是极为复杂的。园林色彩千变万化，仔细分辨，各有差别，有些差别是明显的，如色相之间的差别；有些差别是很轻微的，如同一色相与不同纯度之间的差别。

1）色彩的分类

太阳光线是由红、橙、黄、绿、青、蓝、紫共 7 种颜色光组成的。当物体被阳光照射时，由于物体本身的反射与吸收光线的特性不同而产生不同的颜色。在没有光照的园林内，花草树木的颜色无从辨认，因此，在一些夜晚开放的园林内，光照就显得特别重要。

红、黄、蓝 3 种颜色称为三原色，由这 3 种颜色的任何两种颜色等量（1∶1）调和后，可以产生另外 3 种颜色，即红 + 黄 = 橙，红 + 蓝 = 紫，黄 + 蓝 = 绿，这 3 种颜色称为三原间色，这 6 种颜色称为标准色。

把三原色中的任意两种颜色按照 2∶1 的比例调和，又可以产生另外 6 种颜色，把这 12 种颜色用圆周排列起来就形成了 12 种色相，每种色相在圆环上占据 30°（1/12）圆弧，这就是十二色相环（见图 1-16）。在色相环上，两种互为 180° 的颜色称为补色，而角度相差 120° 以上的两种颜色称为对比色，其中互为补色的两种颜色对比性最强烈，如红与绿为补色，红与黄为对比色，而角度小于 120° 的两种颜色称为类似色，如红与橙为类似色。

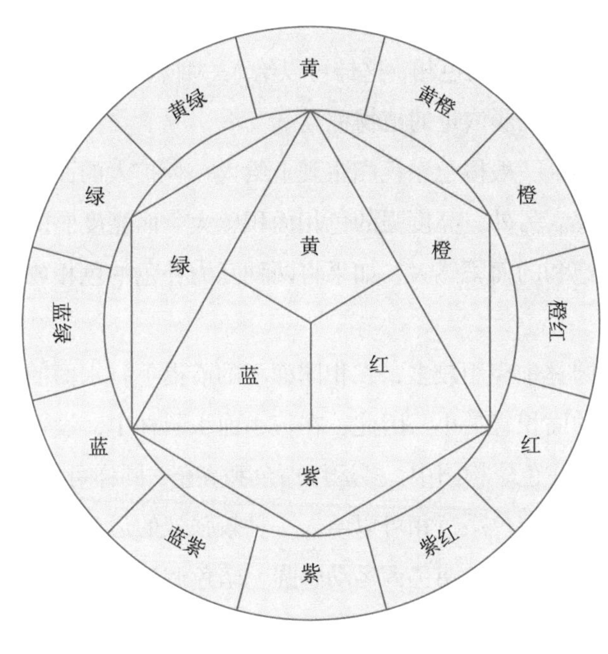

❖ 图 1-16　十二色相环

2）色彩的感觉

园林的色彩与构图关系密切，了解色彩对人的心理感觉是非常重要的，这些感觉主要包括以下几个方面。

（1）色彩的温度感。在标准色中，红、橙、黄 3 种颜色能使人们联想起火光、阳光的颜色，具有温暖的感觉，因此称为暖色系。而蓝色和青色是冷色系，特别是对夜色、阴影的联想更增加了其冷的感觉。而绿色是介于冷暖之间的一种颜色，故其温度感适中，是中性色。人们用“绿杨烟外晓寒轻”的诗句来形容绿色是十分确切的。

在园林运用时，春、秋宜采用暖色花卉，严寒地区就应该多用，而夏季宜采用冷色花卉，可以引起人们对凉爽的联想。但由于植物本身花卉的生长特性的限制，冷色花的种类相对较少，这时可用中性花来代替，例如白色、绿色也属中性色。因此，在夏季应是以绿树浓荫为主。

（2）色彩的距离感。一般暖色系的色相在色彩距离上有向前接近的感觉，而冷色系的色相有后退及远离的感觉。6 种标准色的距离感由远至近的顺序是紫、青、绿、红、橙、黄。

在实际园林应用中，作为背景的景观色彩为了加强其景深效果，应选用冷色系色相的植物。

（3）色彩的重量感。不同色相的重量感与色相间亮度差异有关，亮度强的色相重量感轻；反之则重。例如，青色较黄色重，而白色的重量感较灰色轻，同一色相中，明色重量略轻，暗色重量感重。

色彩的重量感在园林建筑中关系较大，一般要求建筑的基础部分采用重量感强的暗色，而上部采用较基础部分轻的色相，这样可以给人一种稳定感。另外，在植物栽植方面，要求建筑的基础部分种植色彩浓重的植物种类。

（4）色彩的面积感。一般橙色系色相主观上给人一种扩大的面积感，青色系的色相则给人一种收缩的面积感。另外，亮度强的色相面积感大，而亮度弱的色相面积感小，同一色相中，饱和的较不饱和的面积感大，如果将两种互为补色的色相放在一起，双方的面积感均可加强。

色彩的面积感在园林中应用较多，在相同面积的前提下，水面的面积感最大，草地的面积感次之，而裸地的面积感最小。因此，在较小面积园林中，设置水面比设置草地可以取得扩大面积的效果。在色彩构图中，多运用白色和亮色，同样可以产生扩大面积的错觉。

（5）色彩的运动感。橙色系色相可以给人一种较强烈的运动感，而青色系色相可以使人产生宁静的感觉，同一色相的明色调运动感强，暗色调运动感弱，而同一色相饱和的运动感强，不饱和的运动感弱，互为补色的两个色相组合在一起时，运动感最强。

在园林中，可以运用色彩的运动感创造安静与运动的环境，例如在园林中，休息场所和疗养地段可以多采用运动感弱的植物色彩，为人们创造一种宁静的气氛，而在运动性场所，如体育活动区、儿童活动区等，应多选用具有强烈运动感色相的植物和花卉，营造一种活泼、欢快的气氛。

3）色彩的感情

色彩容易引起人们的思想感情的变化，人们受传统的影响，对不同的色彩有不同的思想感情，色彩的感情是通过其美的形式表现的，色彩的美，可以通过它引起人们的思想变化。色彩的感情是一个复杂、微妙的问题，对不同的国家、不同的民族、不同的条件和时间，同一色相可以产生许多种不同的感情。

红色：给人以兴奋、热情、喜庆、温暖、扩大、活动及危险、恐怖之感。

橙色：给人以明亮、高贵、华丽、焦躁之感。

黄色：给人以温和、光明、纯净、轻巧之感。

绿色：给人以青春、朝气、和平、兴旺之感。

紫色：给人以华贵、典雅、忧郁、恐惑、专横、压抑之感。

白色：给人以纯洁、神圣、高雅、寒冷、轻盈、哀伤之感。

黑色：给人以肃穆、安静、坚实、神秘及恐怖、忧伤之感。

以上只是简单介绍几种色彩的感情。这些感情不是固定不变的，同一色相用在不同的事物上会产生不同的感觉。不同民族对同一色相所引起的感情也是不一样的，这点要特别注意。

1.4.4　色彩在园林中的应用

微课：色彩在园林中的应用

1. 天然山水和天空的色彩

在园林设计中，天然山水和天空的色彩不是人们能够左右的，因此一般只能作为背景使用。天空的色彩在早晚间及阴晴天之时是不同的，一般早晨和傍晚天空的色彩比较丰富，可以利用朝霞和晚霞作为园林中的借景对象。在园林中还把一些高大的主景用天空来增加其景观效果，如青铜塑像、白色的建筑等。

园林中的水面颜色与水的深度、水的纯净程度、水边植物、建筑的色彩等关系密切，特别是受天空颜色影响较大。通过水面映射周围建筑及植物的倒影，往往可以产生奇特的艺术效果，在以水面为背景或前景布置主景时，应着重处理主景与四周环境和天空的色彩关系，另外要注意水的清洁，否则会大大降低风景效果。

2. 园林建筑、街道和广场的色彩

园林建筑、街道和广场这些园林要素虽然在园林中所占比例不大。但它与游人关系密切，它们的色彩在园林构图中起着重要的作用。由于它们都是人为建造的，所以其色彩可以人为控制，建筑的色彩一般要求注意以下几点。

（1）结合气候条件设置色彩，南方地区以冷色为主，北方地区以暖色为主。

（2）考虑群众爱好与民族特点，如南方有些少数民族地区群众喜好白色，而北方地区群众喜欢暖色。

（3）与园林环境关系既有协调，又有对比。布置在园林植物附近的建筑，应以对比为主，在水边和其他建筑边的色彩以协调为主。

（4）与建筑的功能相统一。休息性的建筑以具有宁静感觉的色彩为主，观赏性的建筑以醒目色彩为主。

街道与广场的色彩多为灰色及暗色的，其色彩是由建筑材料本身的特性决定的。但近些年来，由人工制造的地砖、广场砖等色彩也很多样，如红色、黄色、绿色等，将这些铺装材料用在园林街道及广场上，丰富了园林的色彩构图。一般来说，街道的色彩应结合环

境设置，其色彩不宜过于突出醒目，在草坪中的街道可以选择亮一些的色彩，而在其他地方的街道的色彩应以温和、暗淡为主。

3. 园林植物的色彩

在园林色彩构图中，植物是主要的成分，植物的确可以将世界点缀得很美，但植物在园林中要发挥其丰富的色彩作用，还必须与周围其他建筑与环境取得良好的关系。因此，要把众多的植物种类合理地安排在园林中，创造秀丽的园林景观效果，是设计者必须注意的问题。园林植物色彩构图常用的处理方法有以下几种。

1）单色处理

以一种色相布置于园林中，必须通过个体的大小，姿态上取得对比，例如，绿草地中的孤立树，虽然均为绿色，但在形体上是对比，因而取得较好的效果。

另外，在园林中的块状林地，虽然树木本身均为绿色，但有深绿、淡绿及浅绿等之分，同样可以营造出单纯、大方的气氛。

2）多种色相的配合

多种色相的配合特点是植物群落给人一种生动、欢快、活泼的感觉，如在花坛设计中，常用多种颜色的花配于一起，创造出一种欢快的节日气氛。

3）两种色彩配置在一起

如红与绿，这种配合给人一种特别醒目、刺眼的感觉。在大面积草坪中，配置少量红色的花卉具有更良好的景观效果。

4）类似色的配合

类似色的配合常用在从一个空间向另一个空间过渡的阶段，给人一种柔和、安静的感觉。

4. 观赏植物配色

园林植物中，绿色是最多的一种颜色。绿色的乔木、灌木、草坪组合在一起，可以产生清新宜人的感觉。但如果只有绿色，又会使人感到单调乏味，因此，在实际的园林绿地中，经常以少量的花卉布置于绿树和草坪中，丰富园林的色彩。

1）观赏植物补色对比应用

在绿色中，浅绿色落叶树前，宜栽植大红的花灌木或花卉，可以得到鲜明的对比，如红叶碧桃、红花的美人蕉、红花紫藤等。草本花卉中，常见的同时开花的品种组合有玉簪花与萱草、桔梗与黄波斯菊、郁金香中黄色与紫色、三色堇的黄色与紫色，等等。具体可以使用哪些花卉，设计者必须熟悉各种花的开花习性及色彩，在实际应用中才能得心应手。

2）邻补色对比

用邻补色对比，可以得到活跃的色彩效果，凡是金黄色与大红色、青色与大红色、橙色与紫色的鲜花配合等均属此类型。

3）冷色花与暖色花

暖色花在植物中较常见，而冷色花则相对较少，特别是在夏季，而一般要求夏季炎热地区要多用冷色花卉，这给园林植物的配置带来了困难，常见的夏季开花的冷色花卉有矮牵牛、桔梗、蝴蝶豆等。在这种情况下可以用一些中性的白色花来代替冷色花，效果也是十分明显的。

4）类似色的植物应用

园林中常用片植方法栽植一种植物，如果是同一种花卉且颜色相同，势必产生没有对比和节奏的变化。因此常用同一种花卉不同色彩的花种植在一起，这就是类似色，如金盏菊中的橙色与金黄色品种配植、月季的深红与浅红色配植等，这样可以使色彩显得活跃。

木本植物中，阔叶树叶色一般较针叶树要浅，而阔叶树在不同的季节，落叶树的叶色也有很大变化，特别是秋季。因此，在园林植物的配植中，就要充分利用富于变化的叶色，从简单的组合到复杂的组合，创造丰富的植物色彩景观。

5）夜晚植物配植

一般在月光和灯光照射下的植物，其色彩会发生变化，比如月光下，红色花变为褐色，黄色花变为灰白色。因此在晚间，植物色彩的观赏价值变低，在这种情况下，为了使月夜景色迷人，可采用具有强烈芳香气味的植物，使人真正感到“疏影横斜水清浅，暗香浮动月黄昏”的动人景色。

可选用的植物有晚香玉、月见草、白玉兰、含笑、茉莉、瑞香、丁香、木樨、腊梅等，这些植物一般布置于小广场、街心花园等夜晚游人活动较集中的场所。

1.5 园林造景

园林造景是指人为地在园林绿地中创造一种既符合一定使用功能，又有一定意境的景点。人工造景要根据园林绿地的性质、功能、规模，因地制宜地运用园林空间艺术原理进行景观设计。

1.5.1 主景与配景

微课：主景与配景

园林绿地无论大小均有主景与配景之分。主景是园林绿地的核心，是空间构图中心，往往体现该园林绿地的功能与主题，是全园视线的控制焦点，在艺术上富有感染力。一般一个园林由若干个景区组成，每个景区都有各自的主景，但各景区中，有主景区与次景区之分，而位于主景区中的主景是园林中的主题和重点；配景起衬托作用，像绿叶与红花的关系一样。主景必须突出，配景则必不可少，但配景不能喧宾夺主。

突出主景的方法有以下几种。

1. 主体升高

为了使构图主题鲜明，常常把集中反映主体的主景在高程上加以突出，使主景主体升高。由于背景是明朗简洁的蓝天，因此升高的主景的造型、轮廓、体量被鲜明地衬托出来，而不受或少受其他环境因素的影响。但升高的主景，在色彩和明暗上，一般要和明朗简洁的蓝天形成对比。例如，北京北海公园的白塔、颐和园万寿山景区的佛香阁建筑等均属于此类型，如图 1-17 所示。

❖ 图 1-17 通过主体升高突出主景（颐和园佛香阁）

2. 对比与调和

对比是突出主景的重要手法之一。园林中，配景经常通过对比的形式来突出主景，这种对比可以是体量上的对比，也可以是色彩上的对比、形体上的对比等。例如，园林中常用明朗简洁的蓝天作为青铜像的背景；在堆山时，主峰与次峰是体量上的对比；规则式的建筑以自然山水、植物做陪衬，是形体的对比等。

单纯运用对比，能强调和突出主景。但是突出主景仅是构图的一方面的要求，构图还有另一方面的要求，即配景和主景的调和与统一。因此，对比与调和经常要相互渗透、综合运用，使配景和主景达到对立统一的最高效果。

3. 运用轴线和风景视线的焦点

轴线是园林风景线或建筑群发展、延伸主要方向，一般常把主景布置在中轴线的终点。此外，主景常布置在园林主副轴线的相交点、放射轴线的焦点或风景透视线的焦点上。例如，北海白塔布置在全园视线的焦点处，北京天安门广场建筑群也是采用这种构图方法。另外，一些纪念性公园也常采用这种方法来突出主体，如印度泰姬陵（见图 1-18）。

❖ 图 1-18 印度泰姬陵

4. 空间构图的重心处理

在园林构图中，常把主景放在整个构图的重心上，来突出主景。规则式园林构图，主景常放在几何中心，如天安门广场的人民英雄纪念碑就是放在广场的几何中心，突出了其主体地位。自然式园林构图，主景常布置在构图的自然重心上，如中国传统假山，就是把主峰放在偏于某一侧的位置，主峰切忌居中，即主峰不设在构图的几何中心，而有所偏，但必须布置在自然空间的重心上，并且要和四周景物取得协调。

5. 动势向心

一般四面环抱的空间，如水面、广场、庭院等周围次要的景色往往具有动势，趋向一个视线的焦点上，主景最适合安排在这个焦点处。为了不使构图显得呆板，主景不一定正对空间的几何中心，而偏于一侧。例如，青岛五四广场的“五月的风”主题雕塑，便成了“众望所归”的焦点，格外引人注目（见图 1-19）。

❖ 图 1-19　通过动势向心突出主景（青岛五四广场）

6. 抑扬

中国传统园林的特色是反对一览无余的景色，主张“山重水复疑无路，柳暗花明又一村”的先藏后露的造园方法，这种方法与欧洲园林的“一览无余”形式形成鲜明的对比。苏州的拙政园就是典型的例子，进了腰门以后，对面布置一处假山，把园内景观屏障起来，通过曲折的山洞，便有豁然开朗之感、别有洞天之界，大大提高了园内风景的感染力。

1.5.2　景的层次

景就距离远近空间层次而言，有前景、中景和背景之分（也叫近景、中景和远景）。一般前景、背景都是为了突出主景。这样的景富有层次的感染力，给人以丰富的感觉。

在植物种植设计中，要注意前景、中景和背景的组织，如以常绿的雪松（或龙柏）丛作为背景，衬托以樱花、红枫等形成的中景，再以月季、时令花卉引导作为前景，就可组成一处完整统一的景观。

根据不同的造景需要，前景、中景、背景不一定全部具备。如在纪念性园林中，需要主景宏伟大气，空间广阔豪放，选用低矮的前景简洁的背景就比较合适。另外，在一些大型建筑物前，为了突出建筑物的高大，且不遮挡游客的视线，可以设计一些低于视平线的水池、花坛或草地作为前景，用蓝天、白云作为背景。

1.5.3 借景

微课：借景

根据园林周围环境特点和造景需要，把园外的风景组织到园内，成为园内风景的一部分，称为借景。《园冶》中提到借景是这样描写的："园虽别内外，得景则无拘远近，晴峦耸秀，绀宇凌空；极目所至，俗则屏之，嘉则收之"，"园林巧于因借，精在体宜"。所以在借景时必须使借到的景是美景，对于不好的景观应"屏之"，使园内、园外景观相互呼应。

1. 借景的内容

1）借形组景

借形组景是指采用对景、框景、渗透等构图手法，把有一定景观价值的远近建筑物，以及山、石、花草树木等景物纳入画面。

2）借声组景

自然界声音多种多样，园林中所需要的是能激发感情，怡情养性的声音。在我国园林中，远借寺庙的暮鼓晨钟，近借溪谷泉声、林中鸟语，秋借雨打芭蕉，春借柳岸莺啼，均可为园林空间增添诗情画意。

3）借色组景

对月色的借景在园林中应用较多。如杭州西湖的"三潭印月""平湖秋月"，承德避暑山庄的"月色江声""梨花伴月"等，都以借月色组景而得名。皓月当空是赏景的最佳时刻。

除月色之外，天空中的云霞也是极富色彩和变化的自然景色，云霞在许多名园佳景中作用是很大的，如在武夷山风景区游览的最佳时刻莫过于"翠云飞送雨"的时候，在雨中或雨后远眺"仙游"满山云雾缭绕，飞瀑天降，亭阁隐现，顿添仙居神秘气氛，画面很动人。

植物的色彩也是组景的重要因素，如白色的树干，黄色的树叶，红色的果实等。

4）借香组景

在造园中如何运用植物散发出来的幽香以增添游园的兴致是园林设计中一项不可忽视的因素。广州兰圃以兰花著称，每当微风轻拂，兰香馥郁，为兰园增添了几分雅韵。

2. 借景的方法

1）远借

远借是指把远处的园外风景借到园内，一般是山、水、树林、建筑等大的风景，如图 1-20 所示。

❖ 图 1-20　苏州拙政园远借园外之北寺塔

2）邻借（近借）

邻借（近借）是指把邻近园子的风景组织到园内，一般的景物均可作为借景的内容。

3）仰借

仰借是指利用仰视来借景，借到的景物一般要求较高大，如山峰、瀑布、高阁等。

4）俯借

俯借是指利用俯视所借景物，一般在视点位置较高的场所才适合于俯借。

5）应时而借

应时而借是利用一年四季、一日四时，由大自然的变化和景物的配合而成。对一日来说，日出朝霞、晓星夜月；对一年四季来说，春光明媚，夏日原野，秋天丽日，冬日冰雪。就是植物也随季节转换。如春天的百花争艳，夏天的浓荫覆盖，秋天的层林尽染，冬天的树木姿态，这些都是应时而借的意境素材，许多名景都是应时而借为名的，如“苏堤春晓”“曲院风荷”“平湖秋月”“断桥残雪”等。

1.5.4　对景

微课：对景

位于园林轴线及风景线端点的景物叫对景。对景可以使两个景观相互观望，丰富园林景色，一般选择园内透视画面最精彩的位置，用作供游人逗留的场所。例如，休息亭、树等。这些建筑在朝向上应与远景相向对应，能相互观望、相互烘托。

对景可以分为严格对景和错落对景两种。严格对景要求两景点的主轴方向一致，位于同一条直线上，例如，颐和园内谐趣园的饮绿亭与涵远堂两个景观互为严格对景。而错落对景比较自由，只要两景点能正面相向，主轴虽方向一致，但不在一条直线上即可，例如，颐和园内佛香阁与湖心岛上的涵虚堂就属于错落对景，两建筑的轴线不在一条直线上。

1.5.5 分景

我国园林多含蓄有致，忌“一览无余”，所谓“景越藏，意境越大。景越露，意境越小”。因此，中国园林多采用分景的手法分割空间，使园中有园、景中有景、湖中有湖、岛中有岛，园景虚虚实实、实中有虚、虚中有实、半虚半实，空间变化多样，景色丰富多彩。

分景按其划分空间的作用和艺术效果，可分为障景和隔景。

1. 障景

障景的手法是我国造园特色之一，通过这种手法，园中美景的一部分只能让人隐约可见，可望而不可即，使游人欲穷其妙想往，达到引人入胜的效果。在园林中，由于其位置与环境的影响，园外一些不好的景观很容易引到园内来，特别是园外的一些建筑等，与园内风景格格不入，这时，可以用障景的方法把这些不好的景观屏障起来（见图 1-21）。障景务求高于视线，否则无障可言。障景常用山、石、植物、建筑物（构筑物）等，例如，颐和园内苏州河景区就是利用土山与树木把园外的景观挡在墙外。障景多数用于入口处，或自然园路交叉处，或河湖港汊转弯处，使游人不经意间视线被阻挡而组织到引导的方向。

❖ 图 1-21 障景

2. 隔景

将园林内的风景分为若干个区，使各景区相互不干扰，各具特色。隔景是园林造景中采取的重要方式之一。隔景可以用透迤的山体、萦绕的溪涧、茂密的树林等把不同的景区分开。例如，北京颐和园就是利用山体把苏州街景区与其他景区分开的。

运用隔景手法划分景区时，不仅把不同意境的景物分隔开来，同时也使景物有了一个范围，一方面可以使游人注意力集中在所在范围的景区内；另一方面也使从这个景区到另一个不同主题的景区互不干扰，感到各自别有洞天，自成一个单元，而不致像没有分隔时那样，有骤然转变和不协调的感觉。

1.5.6 框景、夹景、漏景、添景

微课：框景、夹景、漏景、添景

园林绿地在景观立体画面的前景处理上，还有框景、夹景、漏景和添景等手法。

1. 框景

园林的景观要以完美的结构展示在游人面前，本身要有完美的组织构图，能形成如画的风景，还要使观赏者的注意力集中到画面最精彩的部分。框景是造景时常用的方式。

框景就是把真实的自然风景用类似画框的门、窗洞、框架，或有乔木的冠环抱而成的空隙，把远景包围起来，形成类似于“画”的风景图画，这种造景方法称为框景（见图 1-22）。

❖ 图 1-22 框景

在设计框景时，应注意使观赏点的位置距景框直径两倍以上，同时视线与框的中轴线

重合时效果最佳。

2. 夹景

当远景的水平方向视界很宽时，将两侧并非动人的景物用树木、土山或建筑物屏障起来，只留合乎画意的远景，游人从左右配景的夹道中观赏风景，称为夹景。夹景一般用在河流及道路的组景上，夹景可以增加远景的深度感，北京颐和园苏州河景区中的苏州桥就是采用这种夹景的方法，成排的树木也可形成夹景，如图1-23所示。

❖ 图1-23　成排的树木形成的夹景

3. 漏景

漏景是由框景发展而来的，框景景色全观，而漏景若隐若现。漏景是通过围墙和走廊的漏窗来透视园内风景。漏景在中国传统园林中十分常见，如图1-24所示。

4. 添景

当风景点与远方的对景之间没有中景时，容易缺乏层次感，常用添景的方法处理，添景可以为建筑一角，也可以为树木花丛。例如，在湖边看远景时可以用几丝垂柳的枝条作为添景，如图1-25所示。

❖ 图1-24　漏景

❖ 图1-25　添景

1.5.7 点景

我国园林善于抓住每一个景观特点，根据它的性质、用途，结合环境进行概括。常作出形象化、诗意浓、意境深的园林题咏。其形式有匾额、对联、石碑、石刻等，它不仅丰富了景的欣赏内容，增加了诗情画意，点出了景的主题，给人以联想，还具有宣传和装饰等作用,这种方法称为点景。点景是诗词、书法、雕刻、建筑艺术的高度综合，如图 1-26 所示。

❖ 图 1-26 点景

★ 小 结

园林规划设计概述的内容非常多，各部分内容联系紧密。城市园林绿地系统决定了园林规划设计的场所及其周边环境；中外园林概述阐述了几千年来人类进行园林建设的成就及其优良传统；园林艺术及其原理剖析了园林艺术的园林美、自然美、生活美、艺术美、形式美内涵。园林空间艺术布局从静态空间、动态空间、色彩空间及园林植物的色彩表现等方面详细进行了讲解；园林造景列举了进行造景的方法和基本特点。读者要认真进行基础知识的学习，才能继承前人的经验，设计出理想的园林作品。

模块 2 广场绿地设计

【学习目标】

终极目标

（1）能熟练地运用 30°、45°、60°、90° 等线条进行园林规划方案设计。

（2）能熟练地运用圆形、方形、三角形进行图形设计。

（3）能快速地进行城市广场绿地设计。

促成目标

（1）了解园林布局形式；熟悉园林设计的形式。

（2）掌握城市广场绿地的设计手法。

2.1 庭园设计

知识和技能要求

1. 知识要求

（1）掌握园林布局的基本特征。

（2）明确庭园设计的基本步骤。

2. 技能要求

（1）能熟练地运用轴线进行景观分析。

（2）能熟练地进行小面积园林绿地的规则式方案设计。

情境设计

（1）教师准备好比较经典的规则式园林设计图，保证学生每人一份，重温园林制图与识图的知识。

（2）教师提问，学生分析所发图纸的设计的优点与缺点。

（3）提供一处地点让学生进行规则式园林的方案设计，做出草图。

任务分析

该任务主要是让学生学好住宅庭园设计，设计好住宅庭园，公园就会较容易；若是先学公园设计，再做住宅庭园设计时就比较吃力。住宅庭园很小，每处都要进行仔细考虑，出现考虑不周的地方设计就很难做。如教室（约 100m^2）这么大的地方，更要认真进行推敲，因为越是设计面积比较小的空间，设计出来的作品就更应该仔细，力争每一处地点的设计都能让人满意。

相关知识点

园林布局形式是园林设计的前提，有了具体的布局形式，园林内部的其他设计工作才能逐步进行。

园林布局形式的产生和形成是与世界各民族、各国家、各地区的文化传统、地理条件等综合因素的作用分不开的。英国造园家杰利克（G．A．Jellicoe）在 1954 年召开的国际风景园林师联合会第四次大会上致辞中提道“世界造园史三大流派：中国（东方）、西亚和古希腊（欧洲）”。上述三大流派归纳起来，可以把园林的形式分为 3 类，即规则式、自然式和混合式。

1. 规则式园林

微课：园林布局的形式

规则式园林又称整形式、几何式、建筑式园林，其整个平面布局、立体造型以及建筑、广场、道路、水面、花草树木等都要求严整对称。在 18 世纪英国风景园林产生之前，西方园林主要以规则式为主，其中以文艺复兴时期意大利台地园和 19 世纪法国勒诺特尔（LeNotre）平面几何图案式园林为代表。我国的北京天坛、南京中山陵都采用规则式布局。规则式园林给人以庄严、雄伟、整齐之感，一般用于气氛较严肃的纪念性园林或有对称轴的建筑庭园中，如图 2-1 和图 2-2 所示。

1）中轴线

规则式园林在平面规划上有明显的中轴线，并大抵以中轴线的左右、前后对称或拟对称布置，园地的划分大都呈几何形。

2）地形

规则式园林在开阔、较平坦地段，由不同高程的水平面及缓倾斜的平面组成；在山地及丘陵地段，由阶梯式的大小不同的水平台地倾斜平面及石级组成，其剖面均由直线组成。

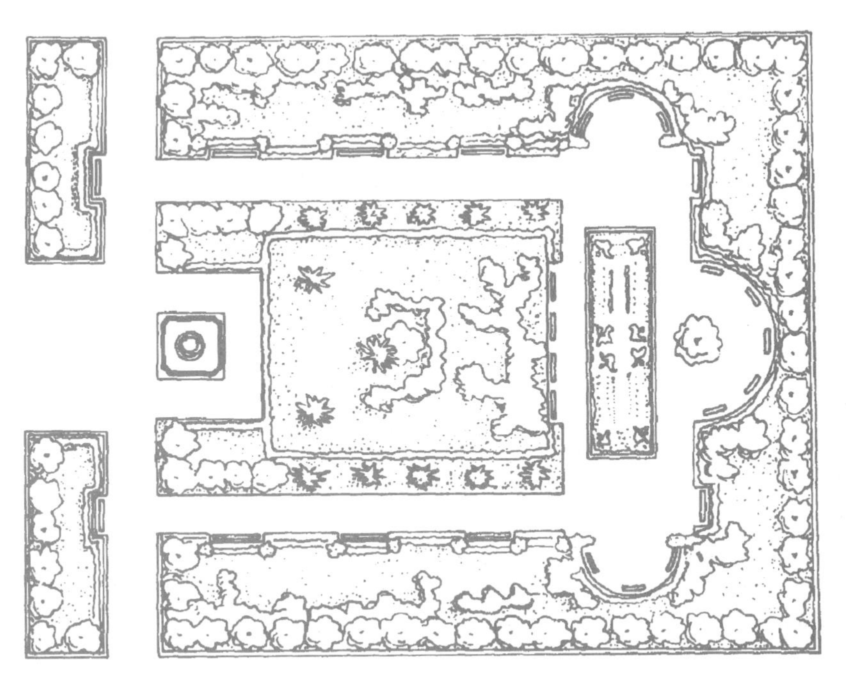

❖ 图 2-1　规则式园林（1）

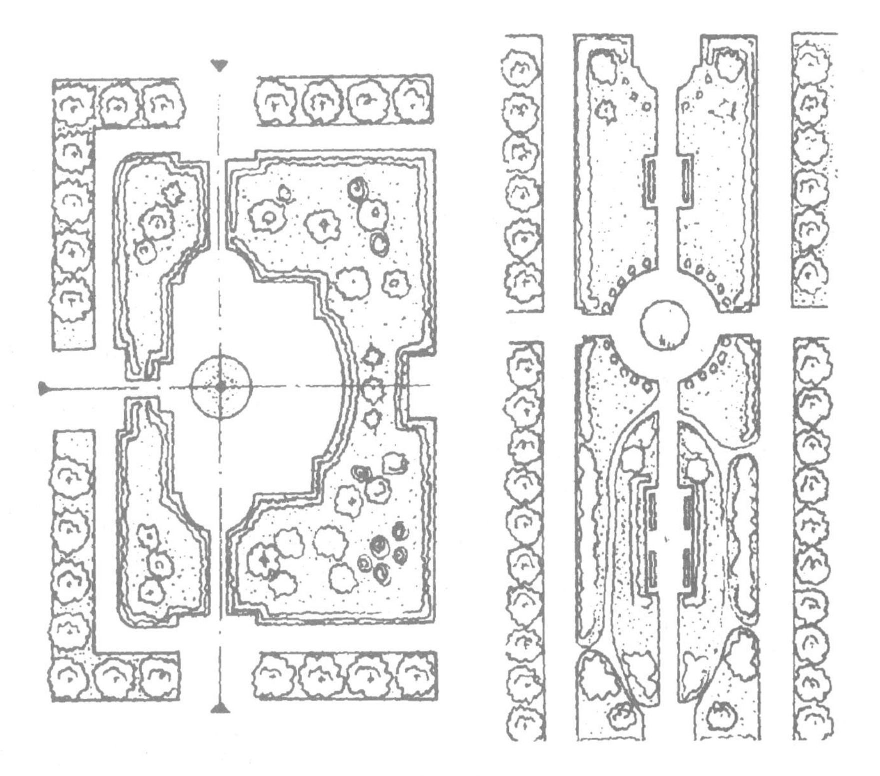

❖ 图 2-2　规则式园林（2）

3）水体

规则式园林外形轮廓均为几何形，主要是圆形和长方形，水体的驳岸多整形、垂直，有时加以雕塑；水景的类型有整形水池、整形瀑布、喷泉、壁泉及水渠运河等。

4）广场与道路

规则式园林广场多为规则对称的几何形，主轴线和副轴线上的广场形成主次分明的系统，道路均为直线形、折线形或几何曲线形。广场与道路构成方格形、环状放射形、中轴对称或不对称的几何布局。

5）建筑

规则式园林主体建筑群和单体建筑多采用中轴对称的均衡设计，多以主体建筑群和次要建筑群形成与广场、道路相组合的主轴、副轴系统，形成控制全园的总格局。

6）种植设计

配合中轴对称的总格局，规则式园林树木配置以等距离行列式、对称式为主，树木修剪整形多模拟建筑形体、动物造型，绿篱、绿墙、绿柱为规则式园林较突出的特点。园内常运用大量的绿篱、绿墙和丛林划分与组织空间，花卉布置常为以图案为主要内容的花坛和花带，有时布置成大规模的花坛群。

7）园林小品

规则式园林雕塑、瓶饰、园灯、栏杆等装饰和点缀了园景。西方园林的雕塑主要以人物雕像布置于室外，并且雕像多配置于轴线的起点、焦点或终点。

雕塑常与喷泉、水池构成水体的主景。园林轴线多视为是主体建筑室内中轴线向室外的延伸。一般情况下，主体建筑主轴线和室外轴线是一致的。

2. 自然式园林

自然式园林（见图 2-3）又称风景式、不规则式、山水派园林。中国园林从周朝开始，经过历代的发展,不论是皇家宫苑还是私家宅园,都是以自然山水园林为源流,发展到清朝。保留至今的皇家园林，如北京颐和园、承德避暑山庄；私家宅园，如苏州的拙政园、网师园等都是自然式山水派园林的代表作品。自然式园林 6 世纪传入日本,18 世纪后传入英国。自然式园林以模仿再现自然为主，不追求对称的平面布局，立体造型及园林要素布置均较自然和自由，相互关系较隐蔽、含蓄。这种形式较能适合于有山有水、有地形起伏的环境，以含蓄、幽雅的意境深远见长。

1）地形

自然式园林的创作讲究“相地合宜，构园得体”。主要处理地形的手法是“高方欲就亭台，低凹可开池沼”的“得景随形”。自然式园林最主要的地形特征是“自成天然之趣”，所以，在园林中，要求再现自然界的山峰、山巅、崖、岗、岭、峡、岬、谷、坞、坪、洞、穴等地貌景观。在平原，要求自然起伏、缓和的微地形。地形的剖面线为自然曲线。

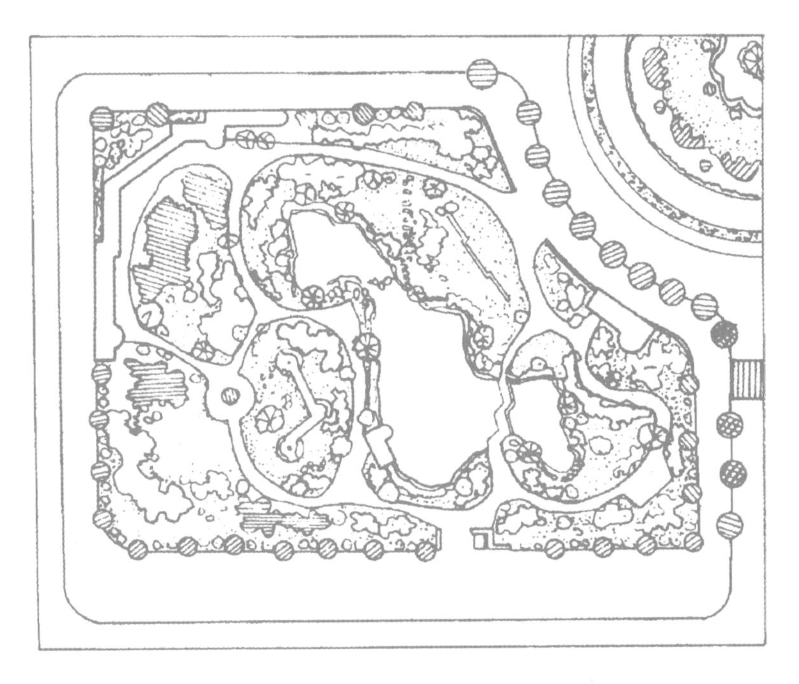

❖ 图 2-3 自然式园林

2）水体

自然式园林的水体讲究“疏源之去由，察水之来历”，园林水景的主要类型有湖、池、潭、沼、汀、溪、涧、洲、渚、港、湾、瀑布、跌水等。总之，水体要再现自然界水景。水体的轮廓为自然曲折，水岸为自然曲折的倾斜坡度，驳岸主要用自然山石驳岸、石矶等形式。在建筑附近或根据造景需要可部分用条石砌成直线或折线驳岸。

3）广场与道路

除建筑前广场为规则式外，自然式园林中的空旷地和广场的外形轮廓为自然式布置。道路的走向和布列多随地形。道路的平面和剖面多由自然曲折的平面线与竖曲线组成。

4）建筑

自然式园林单体建筑多为对称或不对称的均衡布局；建筑群或大规模的建筑组群，多采用不对称均衡的布局。全园不以轴线控制，但局部仍有轴线处理。中国自然式园林中的建筑类型有亭、廊、榭、舫、楼、阁、轩、馆、台、塔、厅、堂、桥等。

5）种植设计

自然式园林中植物种植要求反映自然界的植物群落之美，不成行成列栽植。树木一般不修剪，配植以孤植、丛植、群植、密林为主要形式。花卉的布置以花丛、花群为主要形式。庭院内也有花台的应用。

6）园林小品

园林小品有假山、石品、盆景、石刻、砖雕、石雕、木刻等形式。其中，雕像的基座多为自然式，小品的位置多配置于透视线集中的焦点。

3. 混合式园林

混合式园林（见图 2-4）主要是指规则式、自然式交错组合，全园没有或不能形成控制全园的主轴线和副轴线，只有局部景区、建筑以中轴对称布局，或全园没有明显的自然山水骨架，不能形成自然格局。一般情况下，在原地形平坦处，根据总体规划需要安排规则式的布局。在原地形条件较复杂，具备起伏不平的丘陵、山谷、洼地等，则结合地形规划成自然式。类似上述两种不同形式规划的组合即混合式园林。

❖ 图 2-4　混合式园林

4. 园林布局形式的确定

微课：园林布局形式的确定

1）根据园林的性质

不同性质的园林，必然有相对应的不同的园林形式，力求园林的形式反映园林的特性。纪念性园林、植物园、动物园、儿童公园等，由于各自的性质不同，决定了与其性质相对应的园林形式。如以纪念某重大历史事件中英勇牺牲的革命英雄、革命烈士为主题的烈士陵园，较著名的有我国的广州起义烈士陵园（见图 2-5）、南京雨花台烈士陵园、长沙烈士陵园，德国柏林的苏军烈士陵园，意大利的都灵战争牺牲者纪念碑园等，都是纪念性园林。这类园林布局形式多采用中轴对称、规则严整和逐步升高的地形处理，从而创造出雄伟崇高、庄严肃穆的气氛。而动物园主要属于生物科学的展示范畴，要求公园给游人以知识和美感。所以从规划形式上，动物园要求自然、活泼，创造寓教于游的环境。儿童公园更要求形式新颖、活泼，色彩鲜艳、明朗，公园的景色、设施与儿童的天真、活泼性格协调。园林的形式服从于园林的内容，体现园林的特性，表达园林的主题。

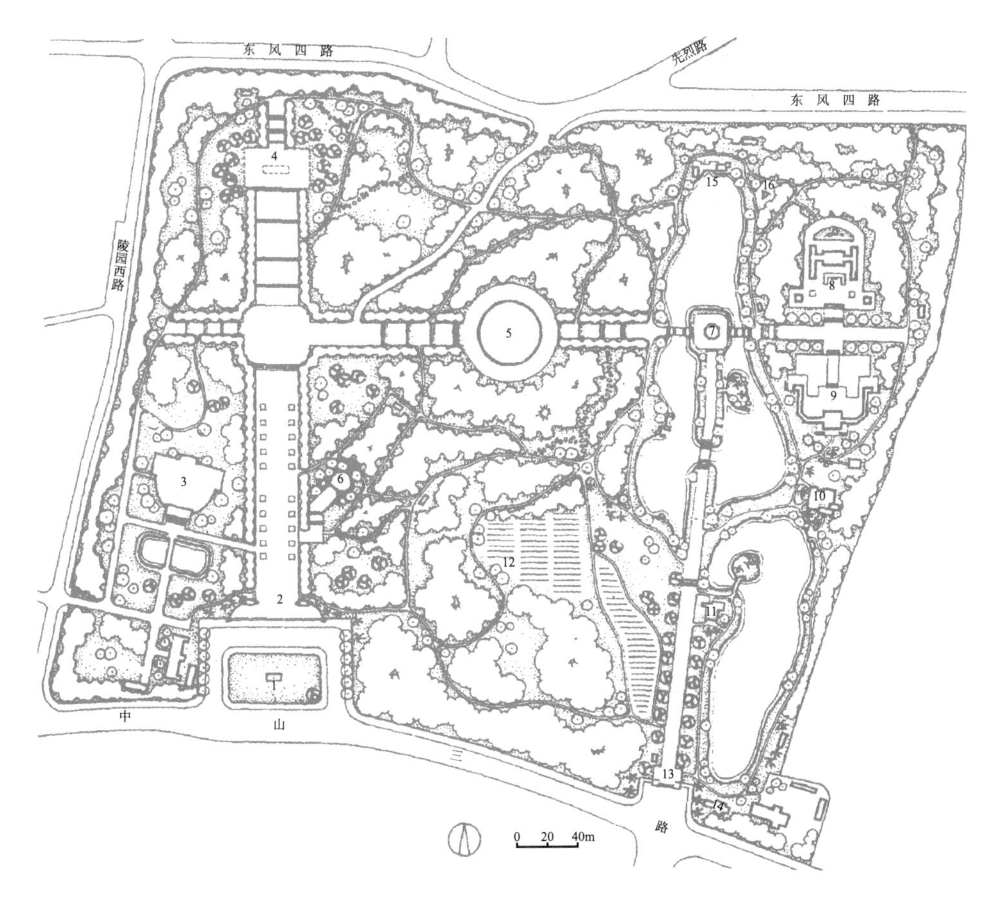

1—草坪、旗杆；2—正门；3—博物馆；4—纪念碑；5—墓包；6—四烈士墓；7—湖心亭；8—中苏血谊亭；9—中朝血谊亭；10—茶室；11—管理室；12—花圃；13—东门；14—摄影部；15—艇部；16—三角亭

❖ 图 2-5　广州起义烈士陵园总平面图

2）根据不同文化传统

由于各民族、国家和地区之间的文化、艺术传统的差异，决定了园林形式的不同。我

国由于传统文化的沿袭，形成了自然式山水园的自然形式。而同样是多山国家，意大利的园林却采用规则式布置。西方流传着许多希腊神话，神话是将人神化，描写的神实际是人。西方园林中把许多神像设计在园林空间中，而且多数放置在轴线上，或轴线的交叉中心。我国的道教传说中描写的神仙往往住在名山大川中，所有的神像在园林中的应用一般供奉在殿堂之内，而不展示于园林空间中，几乎没有裸体神像。上述事实都说明不同的文化传统决定不同的园林表现形式。

3）根据不同的环境条件

由于地形、水体、土壤气候的变化，环境的不一，公园规划实施中很难做到绝对规则式和绝对自然式。因此，往往对建筑群附近及要求较高的园林种植类型采用规则式进行布置，而在远离建筑群的地区，自然式布置则较为经济和美观，如北京中山公园。在规划中，原有地形较为平坦，自然树少，面积小，周围环境规则，则以规则式为主；原有地形起伏不平或丘陵、水面和自然树木较多处，且面积较大，则以自然式为主。林荫道、建筑广场、街心公园等多以规则式为主；大型居住区、工厂、体育馆、大型建筑物四周绿地则以混合式为宜；森林园林、自然保护区、植物园等多以自然式为主。

任务实施方法与步骤

1. 测绘原始地形

由教师指定一处小面积绿地，学生进行测绘，测绘建筑庭院的尺寸，绘制现状草图。

2. 确定设计主题

认真听取建筑庭院主人的介绍，了解主人所需要的设计要素，综合环境因素确定设计主题。

3. 确定辅助线

在规则式园林设计中，建筑辅助线起到了决定性作用。对庭院内部的景观安排，都要参照建筑的辅助线进行设计。大部分的图纸运用 30°、45°、60°、90° 等线条进行设计。

建筑辅助线如何确定呢？对于对称的建筑物，辅助线自然就是对称线了；对于一个不对称的单体建筑，辅助线可以从大门、窗户等处引出，如图 2-6 所示。

在比较简洁的设计中多用 90° 辅助线，如图 2-7（a）所示，线条和建筑物的外墙平行。在稍复杂的设计中，要增加 45° 辅助线，如图 2-7（b）所示。在大型园林绿地或复杂的设计中，还要有 30°、60° 辅助线的运用，如图 2-7（c）所示。不管是什么度数的辅助线，在运用时，要尽可能画长一些，一定要用徒手线条表现，目的是提高速度、便于交流，使基本构思不被打乱。

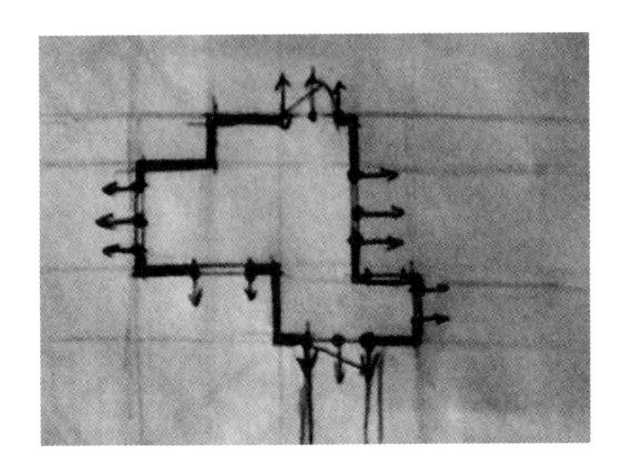

❖ 图 2-6 建筑辅助线的选择

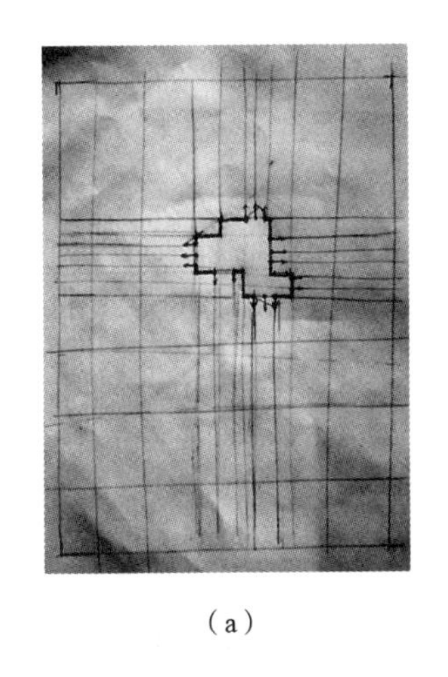

（a）

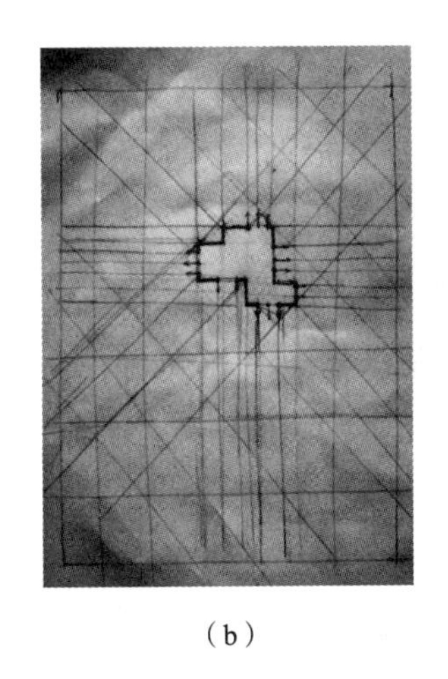

（b）

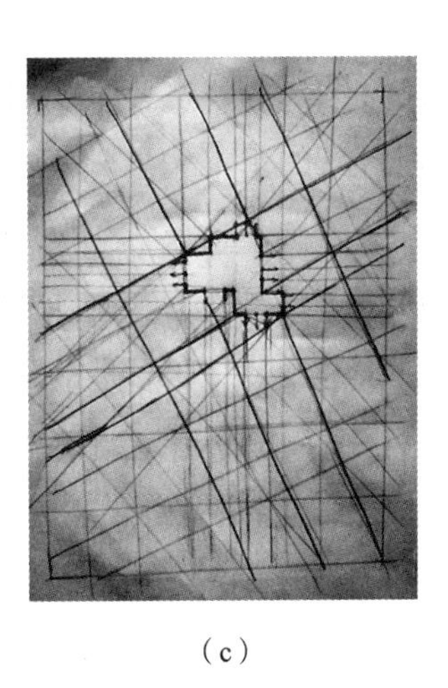

（c）

❖ 图 2-7 建筑辅助线的绘制

4. 徒手绘制铅笔草图

徒手绘制铅笔草图是学习园林绿地规划设计必须掌握的基本功。绘制铅笔草图并不是单纯地制图。在这一过程中，设计者一面动手画图，一面思考设计中的问题，手、眼、脑并用，它们之间要高度配合。用软铅笔（B 或 2B）徒手画出的线条，要远比使用硬铅笔（H 或 2H）和直尺画出的线条更富于灵活性与伸缩性，而且可以通过对软铅笔的轻重、虚实的控制进行推敲和改动，这样就可以使设计者在较短的时间内最有效地把设计的主要意图表达出来。进行草图绘制时，作为参照物的轴线不必擦除，可以让其他人员借助辅助线了解设计者的思路，如图 2-8 所示。

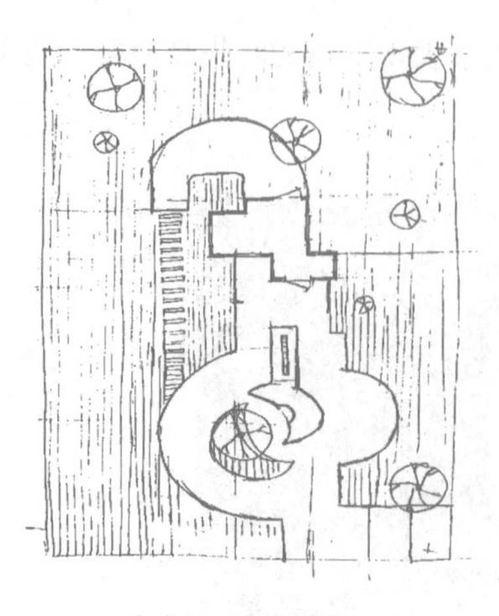

（a）运用90°辅助线

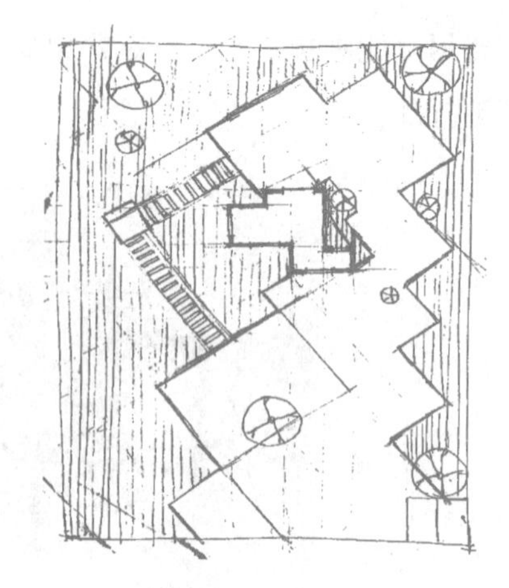

（b）运用45°辅助线

❖ 图 2-8　铅笔草图

5. 确定设计图形

此时的任务，主要是通过绘制大量的草图，把自己的基本构思表现出来，并根据手中掌握的资料，将设计不断地深入下去，直至最后做出自己认为较为满意的基本设计方案。圆形、方形、三角形是最常用的 3 种图形。利用这 3 种图形，设计者就可以画出各种图形，如图 2-9 和图 2-10 所示。

1）由平面图开始

庭园设计是以建筑为中心来进行设计的，因为设计时建筑已经建好了。设计草图一般可由平面图开始，因为园林绿地的基本功能要求在其平面图里反映的最为具体，可以通过不同的图形将设计者的意图表达出来。虽然使用不同角度的轴线围合成的图形是折线，但可以进行有目的的练习，将折线变为设计者需要的图形。

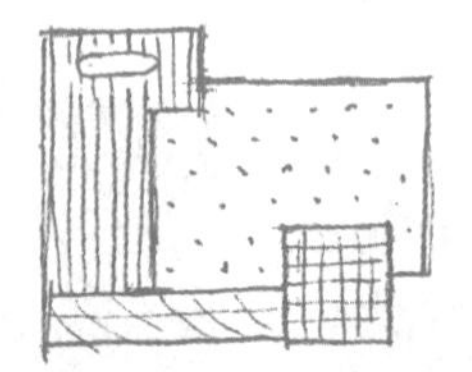

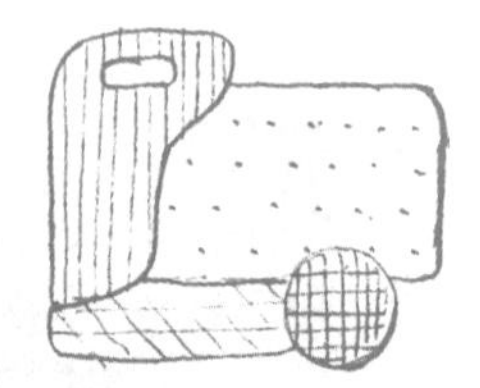

（a）折线图形转换为曲线图形

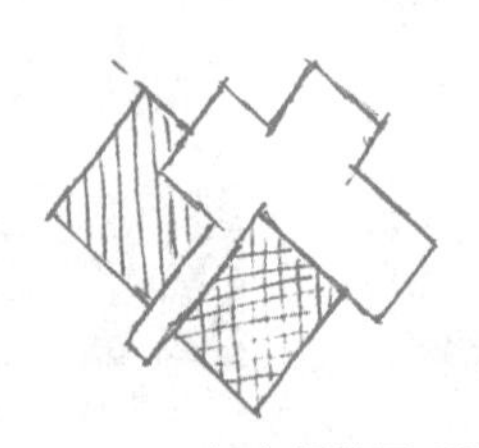

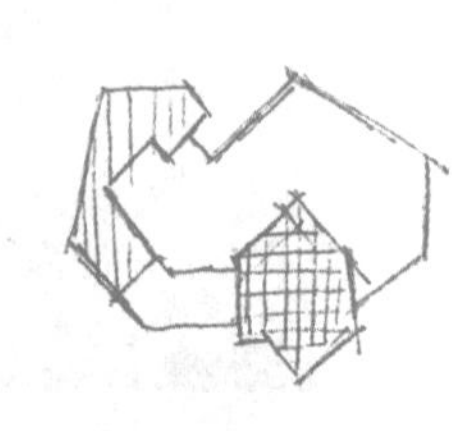

（b）折线图形转换为类似的折线图形

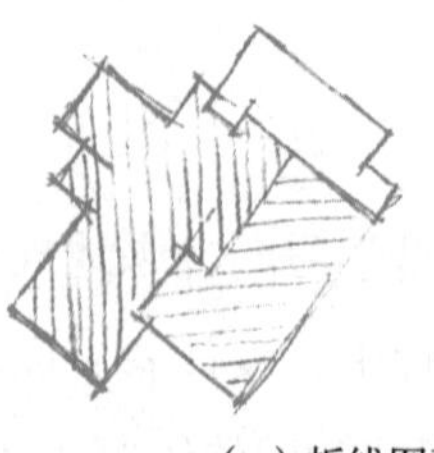

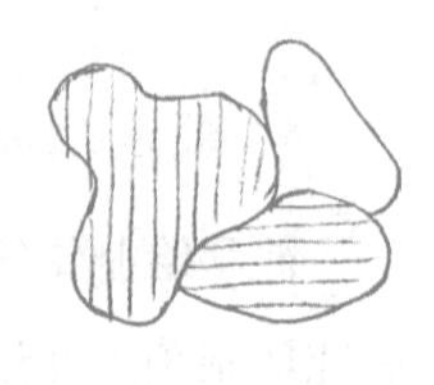

（c）折线图形转换为曲线图形

❖ 图 2-9　折线图形的转换

有经验的设计者在画平面图的同时，对其立面、剖面及总的景观已有相应的设想，但初学者由于还缺少锻炼，空间和立体的概念不强，难以做到这一点。因此，在刚开始上手的一段时间内先把主要精力放在对平面图的研究上。

❖ 图 2-10 转换为自然图形

2）分析描绘

通过对第一张草图的分析，设计者可以找出原始地貌和理想绿地的差距（例如，道路坡度太大、水池形状太简单等），便可很快地用草图纸蒙在它上面进行改进，绘出更多的草图，每一张草图又有很多图形上的比较。设计者通过对几张草图的比较，继续深入思考较好的方案，使设计工作从思维到形象，又从形象到思维，不断往复进行。

3）平面、立面、剖面配合

庭园景观设计平面图不是孤立存在的，每一种平面的考虑实际都反映着立面或剖面的关系。因此，对平面做过初步的考虑后，设计者还应从平面、立面、剖面 3 个方面来考虑所设计的方案。如有时间，设计者还可以画一些鸟瞰图或透视图，或做些简单的模型，这对初学者学习如何从平面、立面、剖面整体去考虑问题很有好处。

巩固训练

对于初学者来说，进行庭园景观设计是比较合适的。庭园的面积比较小，利于初学者把握。在进行设计时，在把握设计主题的原则下，可以只考虑空间构成以及使用者的活动需要。至于树种搭配、游憩设施等内容，可在以后的学习中进行探讨。

利用课外时间，将课堂上未完成的设计做完，并认真地进行描图，将设计图描绘在A4图纸上。

分析图 2-11 的设计要点。

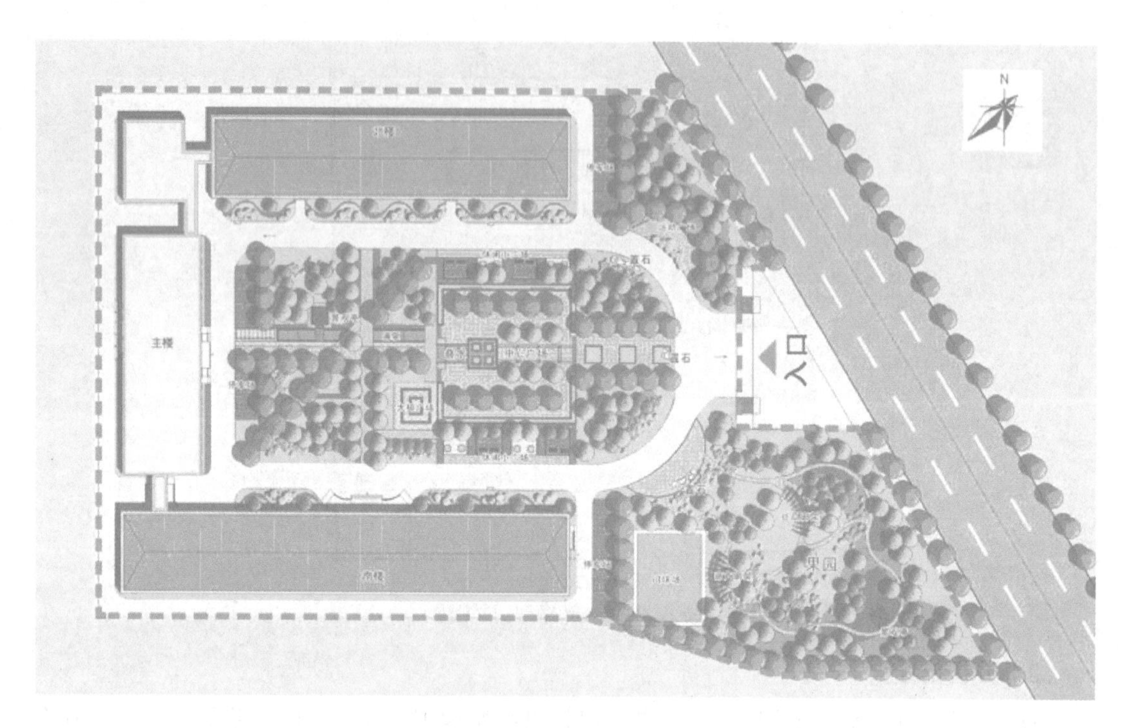

❖ 图 2-11　某庭园景观设计

自我评价

评价项目	技术要求	分值	评分细则	评分记录
设计主题	符合业主要求，符合环境特点	30	主题是否鲜明，不鲜明、不准确扣 5~10 分；主题是否符合环境特点，不符合扣 10 分	
轴线角度	轴线笔直，角度分明	20	辅助线线条是否顺畅，不顺畅扣 5 分；角度是否准确，不准确扣 5 分	
图形组合	图形流畅，特征鲜明	20	图形是否符合设计主题，不符合扣 5 分；图形组合是否有趣、有特色，无趣、无特色扣 5 分	
设计图整体	图面效果好，有实用价值	30	效果不好扣 10 分；实用价值不高扣 10 分	

2.2 城市广场绿地设计

知识和技能要求

1. 知识要求

（1）了解城市广场的概念、发展的历史。

（2）掌握各类城市广场的类型及基本特点。

（3）掌握城市广场设计的原则、方法。

2. 技能要求

（1）能熟练地运用园林艺术造景手法进行城市广场空间设计，合理设计广场构成要素。

（2）掌握城市广场绿地设计的方法。

情境设计

（1）由教师准备比较经典的广场设计图，保证学生每人一份，重温园林制图与识图的知识。

（2）教师提问，学生分析所发图纸的设计的优点与缺点。

（3）提供一处地点让学生进行城市广场的方案设计，做出草图。

任务分析

该任务主要是让学生进行广场绿地设计。先从小型广场绿地设计开始，模仿经典的广场设计，该广场设计为规则式布局，学生掌握规则式广场布局设计的基本步骤；再进行稍大面积的广场混合式布局设计，硬质铺装部分为规则式，绿地为自然式。

相关知识点

现代城市广场是现代城市开放空间体系中最具公共性、最具艺术性、最具活力、最能体现都市文化和文明的开放空间。它是大众群体聚集的大型场所，也是人们进行户外活动的重要场所。现代城市广场还是点缀、创造优美城市景观的重要手段。从某种意义上说，现代城市广场体现了一个城市的风貌和灵魂，展示了现代城市的生活模式和社会文化内涵。现代城市广场与城市公园一样是现代城市开放空间体系中的“闪光点”。它具有主题明确、功能综合、空间多样等诸多特点，备受现代都市人青睐。现代城市广场产生和发展经历了漫长的历程，已有数千年的历史，其概念（定义）也是一个逐步成熟的过程。

1. 城市广场的概念和类型

微课：城市广场的概念和类型

《中国大百科全书》（建筑·园林·城市规划卷）一书中，主要从广场的场所内容出发，把城市广场定义为“城市中由建筑、道路或绿化地带围绕而成的开敞空间，是城市公众社区生活的中心。广场又是集中反映城市历史文化和艺术面貌的建筑空间”。

现代城市广场的定义是随着人们需求和文明程度的发展而变化的。今天我们面对的现代城市广场应该是城市广场一般是指由建筑物、街道和绿地等围合或限定形成的永久性城市公共活动空间，是城市空间环境中最具公共性、最富有艺术魅力、最能反映城市文化特征的开放空间，有着城市“起居室”和“客厅”的美誉。

现代城市广场的类型通常是按广场的功能性质、尺度关系、空间形态、材料构成、平面组合和剖面形式等方面划分的，其中最为常见的是根据广场的功能性质来进行分类。

1）市政广场

市政广场一般位于城市中心位置，通常是市政府、城市行政区中心、老行政区中心和旧行政厅所在地。它往往布置在城市主轴线上，成为一个城市的象征。在市政广场上，常有表现该城市特点或代表该城市形象的重要建筑物或大型雕塑等，如图 2-12 所示。

❖ 图 2-12　罗马市政广场

市政广场应具有良好的可达性和流通性，故车流量较大。为了合理有效地解决好人流、车流问题，有时甚至用立体交通方式，如地面层安排步行区，地下安排车行、停车等，实现人车分流。市政广场一般面积较大，为了让大量的人群在广场上有自由活动、节日庆典的空间，一般多用硬质材料铺装为主，如罗马市政广场。也有以软质材料绿化为主的，如美国华盛顿市中心广场，其整个广场如同一个大型公园，配以坐凳等小品，把人引入绿化环境中去休闲、游赏。市政广场布局形式一般较为规则，甚至是中轴对称的。标志性建筑物常位于轴线上，其他建筑及小品对称或对应布局，广场中一般不安排娱乐性、商业性很强的设施和建筑，以加强广场稳重严整的气氛。

2）纪念广场

城市纪念广场题材非常广泛，涉及面很广，可以是纪念人物，也可以纪念事件。通常广场中心或轴线以纪念雕塑（或雕像）、纪念碑（或柱）、纪念建筑或其他形式纪念物为标志，主体标志物应位于整个广场构图的中心位置。纪念广场有时也与政治广场、集会广场合并设置为一体，如北京天安门广场，如图 2-13 所示。

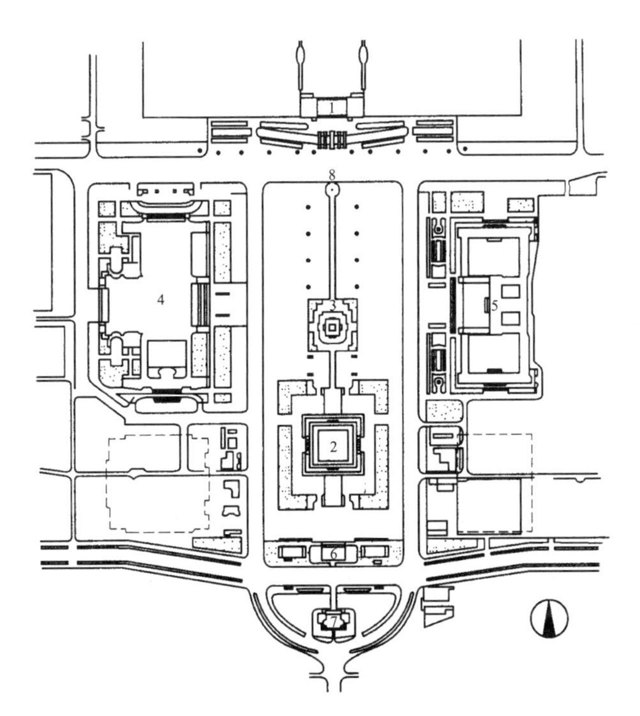

1—天安门；2—毛主席纪念堂；3—人民英雄纪念碑；4—人民大会堂；5—中国国家博物馆；6—正阳门；7—前门箭楼；8—国旗

❖ 图 2-13 北京天安门广场平面图

纪念广场的大小没有严格限制，只要能达到纪念效果即可。因为通常要容纳众人举行缅怀纪念活动，所以应考虑广场中具有相对完整的硬质铺装地，而且与主要纪念标志物（或纪念对象）保持良好的视线或轴线关系。例如，哈尔滨防洪纪念塔广场（见图 2-14）、上海鲁迅墓广场等。

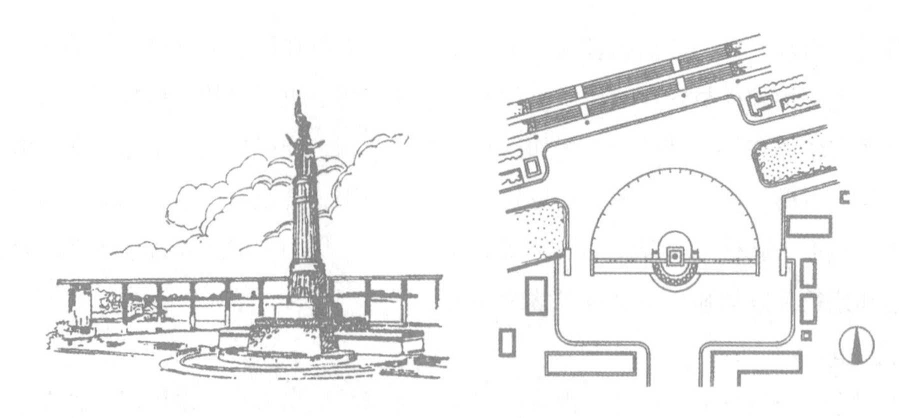

❖ 图 2-14　哈尔滨防洪纪念塔广场

纪念广场的选址应远离商业区、娱乐区等，严禁交通车辆在广场内穿越，以免对广场造成干扰，并注意突出严肃深刻的文化内涵和纪念主题，宁静和谐的环境气氛会使广场的纪念效果大大增强。由于纪念广场一般保存时间很长，所以纪念广场的选址和设计都应紧密结合城市总体规划统一考虑。

3）交通广场

交通广场的主要目的是有效地组织城市交通，包括人流、车流等，是城市交通体系中的有机组成部分。它是连接交通的枢纽，起到交通集散、联系过渡及停车的作用。交通广场通常分两类：一类是城市内外交通会合处，主要起交通转换作用，如火车站、长途汽车站前广场（即站前交通广场）；另一类是城市干道交叉口处交通广场（即环岛交通广场）。

站前交通广场是城市对外交通或者是城市区域间的交通转换地，设计时广场的规模与转换交通量有关，包括机动车、非机动车、人流量等，广场要有足够的行车面积、停车面积和行人场地。对外交通的站前交通广场往往是一个城市的入口，其位置一般比较重要，很可能是一个城市或城市区域的轴线端点。广场的空间形态应尽量与周围环境相协调，体现城市风貌，使过往旅客使用舒适，印象深刻，如图 2-15 和图 2-16 所示。

❖ 图 2-15　某火车站站前交通广场

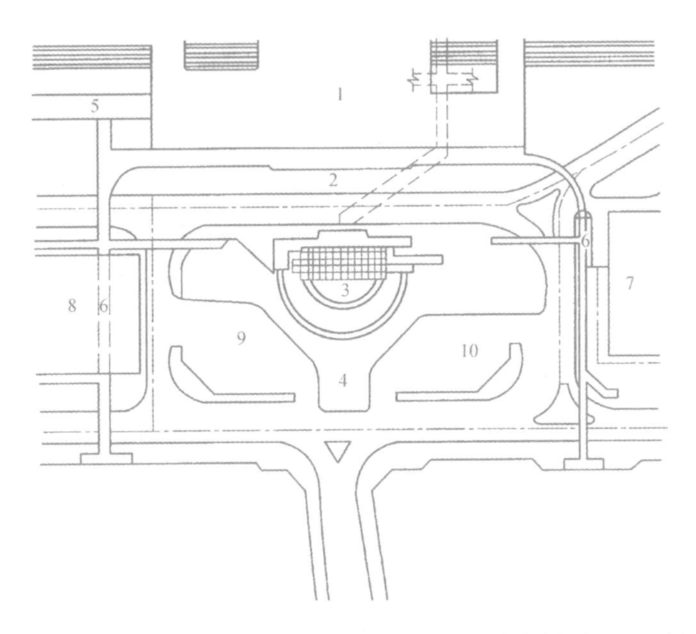

1—火车站房； 2—站前广场； 3—出站口； 4—中心广场； 5—双向自动步行廊； 6—高架步行廊； 7—亚洲大酒店； 8—高层宾馆； 9—出租车停车场； 10—公交、社团、私人停车区

❖ 图 2-16 交通广场——深圳火车站

环岛交通广场地处道路交汇处，尤其是 4 条以上的道路交汇处，以圆形居多，3 条道路交汇处常常呈三角形（顶端抹角）。环岛交通广场的位置重要，通常处于城市的轴线上，是城市景观、城市风貌的重要组成部分，形成城市道路的对景。一般以绿化为主，应有利于交通组织和司乘人员的动态观赏，广场上往往还设有城市标志性建筑或小品（喷泉、雕塑等），例如，西安市的钟楼、法国巴黎的凯旋门都是环岛交通广场上的重要标志性建筑。

4）休闲广场

在现代社会中，休闲广场已成为广大市民最喜爱的重要户外活动空间。它是供市民休息、娱乐、游玩、交流等活动的重要场所，其位置常常选择在人口较密集的地方，以方便市民使用为目的，如街道旁、市中心区、商业区甚至居住区内。休闲广场的布局不像市政广场和纪念广场那样严肃，往往灵活多变，空间多样自由，一般与环境结合很紧密。休闲广场的规模可大可小，没有具体的规定，主要根据现状环境来考虑，如图 2-17 所示。

休闲广场以让人放松、愉快为目的，因此广场尺度、空间形态、环境小品、绿化、休闲设施等都应符合人的行为规律和人体尺度要求。就广场整体主题而言是不确定的，甚至没有明确的中心主题，而每个小空间环境的主题、功能是明确的，每个小空间的联系是方便的。总之，以舒适方便为目的，让人乐在其中。

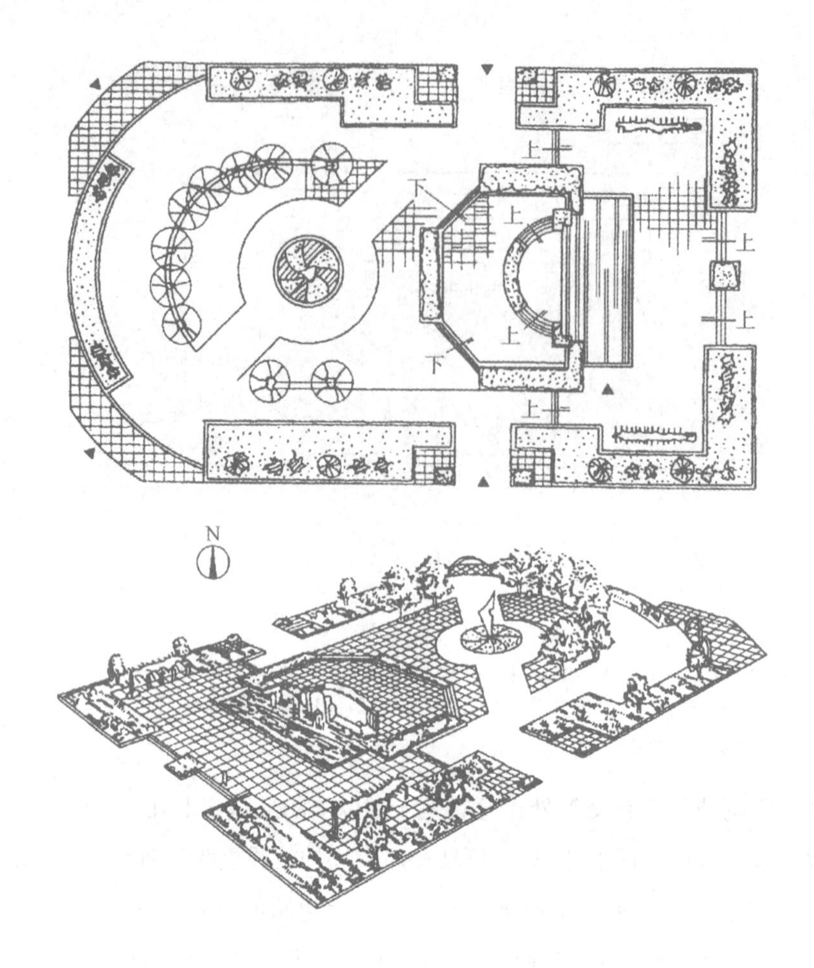

❖ 图 2-17　某城市休闲广场

5）文化广场

文化广场是为了展示城市深厚的文化积淀和悠久历史，经过深入挖掘整理，将文化和历史以多种形式在广场上集中地表现出来。因此，文化广场应有明确的主题，与休闲广场无须主题正好相反，文化广场可以说是城市的室外文化展览馆，一个好的文化广场应让人们在休闲中了解该城市的文化渊源，从而达到热爱城市、激发上进精神的目的。

文化广场的选址没有固定模式，一般选择在交通比较方便、人口相对稠密的地段，还可考虑与集中公共绿地相结合，甚至可结合旧城改造进行选址。其规划设计不像纪念广场那样严谨，不一定有明显的中轴线，可以完全根据场地环境、表现内容和城市布局等因素进行灵活设计，邯郸市的学步桥广场就是一例。学步桥广场在广场空间中安排了“邯郸学步”景区、“典故小品”景区、“成语石刻”景区以及“望桥亭”景区；构思上以古赵历史文化为主线，以学步桥为中心，挖掘历史，展现古赵文化丰富内涵；将成语典故、民间传说及重要历史事件融入其中，精心构思、刻意处理，从而烘托文化氛围，延伸意境。

6）古迹（古建筑等）广场

古迹广场是结合城市的遗存古迹保护和利用而设计的城市广场，生动地代表了一个城市的古老文明。古迹广场可根据古迹的体量高矮，结合城市改造和城市规划要求来确定其面积大小。古迹广场是表现古迹的舞台，所以其规划设计应从古迹出发组织景观。如果古迹是一幢古建筑，如古城楼、古城门等，则应在有效地组织人车交通的同时，让人在广场上逗留时能多角度地欣赏古建筑，登上古建筑又能很好地俯视广场全景和城市景观。如南京市汉中门广场，它是在南京汉西门遗址的基础上加以改建形成的。

7）宗教广场

我国是一个宗教信仰自由的国家，许多城市中还保留着宗教建筑群。一般宗教建筑群内部皆设有适合该教活动和表现该教之意的内部广场。而在宗教建筑群外部，尤其是入口处一般都设置了供信徒和游客集散、交流、休息的广场空间，同时也是城市开放空间的一个组合部分。其规划设计首先应结合城市景观环境整体布局，不应喧宾夺主、重点表现。宗教广场设计应该以满足宗教活动为主，尤其要表现出宗教文化氛围和宗教建筑美，通常有明显的轴线关系，景物也是对称（或对应）布局，广场上的小品以与宗教相关的饰物为主。

8）商业广场

商业功能可以说是城市广场最古老的功能，商业广场也是城市广场最古老的类型。商业广场的形态空间和规划布局没有固定的模式可言，它总是根据城市道路、人流、物流、建筑环境等因素进行设计的，可谓“有法无式”“随形就势”。但是商业广场必须与其环境相融、功能相符、交通组织合理，同时商业广场应充分考虑人们购物休闲的需要，如交往空间的创造、休息设施的安排和适当的绿化等。商业广场是为商业活动提供综合服务的功能场所。传统的商业广场一般位于城市商业街内或者是商业中心区，而当今的商业广场通常与城市商业步行系统相融合，有时是商业中心的核心，如上海市南京路步行街中的广场。此外，还有集市性的露天商业广场，这类商业广场的功能分区是很重要的，一般将同类商品的摊位、摊点相对集中布置在一个功能区内，如图 2-18 所示。

以上是按广场的主要功能性质为依据进行分类的，就广场主题而言，一般市政广场、纪念广场、文化广场、古迹广场、宗教广场相对比较明确，而交通广场、休闲广场、商业广场等不是那么精确，只是有所侧重而已。

当然，现代城市广场分类还可以按尺度关系、空间形态、材料构成、平面形式、广场剖面形式等作为分类依据。

❖ 图 2-18　现代商业广场的立体交通系统

2. 城市广场的基本特点

微课：城市广场的基本特点

随着城市的发展，各地大量涌现出的城市广场，已经成为现代人户外活动最重要的场所之一。现代城市广场不仅丰富了市民的社会文化生活，改善了城市环境，带来了多种效益，同时也折射出了当代特有的城市广场文化现象，成为城市精神文明的窗口。在现代社会背景下，现代城市广场面对现代人的需求，表现出以下基本特点。

1）性质上的公共性

现代城市广场作为现代城市户外公共活动空间系统中的一个重要组成部分，首先应具有公共性的特点。随着工作、生活节奏的加快，传统封闭的文化习俗逐渐被现代文明开放的精神所代替，人们越来越喜欢丰富多彩的户外活动。在广场活动的人们不论其身份、年龄、性别有何差异，都具有平等的游憩和交往氛围。现代城市广场要求有方便的对外交通，这正是满足公共性特点的具体表现。

2）功能上的综合性

功能上的综合性特点表现在多种人群的多种活动需求，它是广场产生活力的最原始动力，也是广场在城市公共空间中最具魅力的原因所在。现代城市广场应满足的是现代人户外多种活动的功能要求。年轻人聚会、老人晨练、歌舞表演、综艺活动、休闲购物等，都是过去以单一功能为主的专用广场所无法满足的，取而代之的必然是能满足不同年龄、性别的各种人群的多种功能需要，具有综合性功能的现代城市广场，如图 2-19 所示。

❖ 图 2-19 具有综合性功能的现代城市广场

3）空间场所上的多样性

现代城市广场功能上的综合性，必然要求其内部空间场所具有多样性特点，以达到不同功能实现的目的。如歌舞表演需要有相对完整的空间，给表演者的“舞台”或下沉或升高；情人约会需要有相对郁闭私密的空间；儿童游戏需要有相对开敞独立的空间等。综合性功能如果没有多样性的空间创造与之相匹配，是无法实现的。场所感是在广场空间、周围环境与文化氛围相互作用下，使人产生归属感、安全感和认同感。这种场所感的建立对人是莫大的安慰，也是现代城市广场多样性特点的深化，如图 2-20 所示。

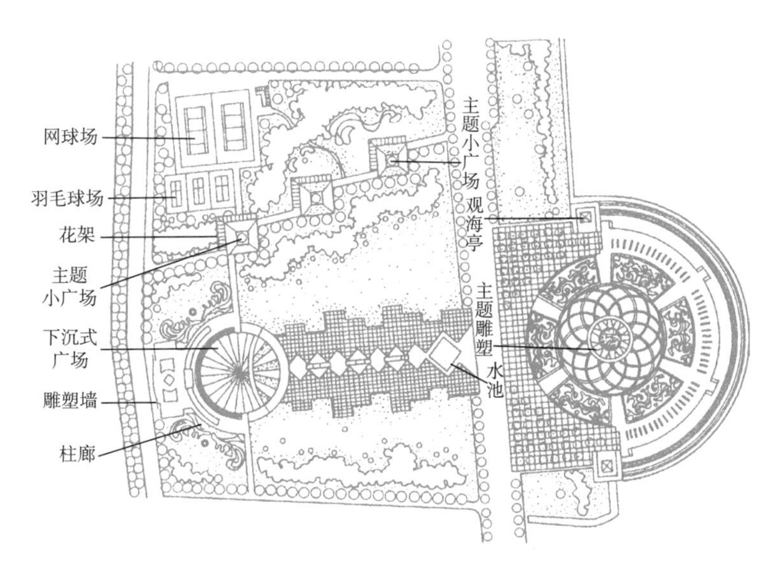

❖ 图 2-20 空间类型丰富的现代城市广场

4）文化休闲性

现代城市广场作为城市的“客厅”或是城市的“起居室”，是反映现代城市居民生活方式的“窗口”，注重舒适、追求放松是人们对现代城市广场的普遍要求，从而表现出休闲性特点。广场上精美的铺地、舒适的座椅、精巧的建筑小品加上丰富的绿化，让人徜徉其间、流连忘返，忘却了工作和生活中的烦恼，尽情地欣赏美景、享受生活，如图 2-21 所示。

❖ 图 2-21　文化休闲性广场

现代城市广场是现代人开放性文化意识的展示场所，是自我价值实现的舞台。特别是文化广场，表演活动除了有组织的演出活动外，更多是自发的、自娱自乐的行为，它体现了广场文化的开放性，满足了现代人参与表演活动的“被人看”和“人看人”的心理表现欲望。在国外，常见到自娱自乐的演奏者，悠然自得的自我表演者，对广场活动气氛也是很好的提升。我国城市广场中单独的自我表演不多，但自发的群体表演却很盛行，如活跃在城市广场上的“老年合唱团”“曲艺表演组”“秧歌队”等。

现代城市广场的文化性特点主要表现在两个方面：一方面是现代城市广场对城市已有的历史、文化进行反映；另一方面是指现代城市广场也对现代人的文化观念进行创新。即现代城市广场既是当地自然和人文背景下的创作作品，又是创造新文化、新观念的手段和场所，是一个以文化造广场和以广场造文化的双向互动过程。

3. 城市广场设计的原则

微课：城市广场设计的原则

1）系统性原则

现代城市广场是城市开放空间体系中的重要节点与小尺度的庭园空间、狭长线形的街道空间及联系自然的绿地空间共同组成了城市开放空间系统。现代城市广场通常分布于城市入口处、城市核心区、街道空间序列中或城市轴线的节点处、城市与自然环境的接合部、城市不同功能区域的过渡地带、居住区内部等。

现代城市广场在城市中的区位及其功能、性质、规模、类型等都应有所区别，各自有所侧重。每个广场都应根据周围环境特征、城市现状和总体规划的要求，确定其主要性质、规模等，只有这样才能使多个城市广场相互配合，共同形成城市开放空间体系中的有机组成部分。因此，城市广场必须在城市开放空间体系中进行系统分布的整体把握，做到统一规划、合理布局。

2）完整性原则

对于成功的城市广场设计，完整性是非常重要的，完整性包括功能的完整和环境的完整两个方面。

（1）功能的完整

功能的完整是指一个广场应有其相对明确的功能。在这个基础上，辅之以相配合的次要功能，做到主次分明、重点突出。从趋势看，大多数广场都在从过去单纯为政治、宗教服务向为市民服务转化。例如，天安门广场改变了以往那种空旷生硬的形象而逐渐贴近生活，其周边及中部还增加了一些绿化、环境小品等。

（2）环境的完整

环境的完整主要考虑广场环境的历史背景、文化内涵、时空连续性、完整的局部、周边建筑的协调和变化等问题。城市建设中，不同时期留下的物质印痕是不可避免的，特别是在改造更新历史上留下来的广场时，更要妥善处理好新老建筑的主从关系和时空连续等问题，以取得统一的环境完整效果，如图 2-22 所示。

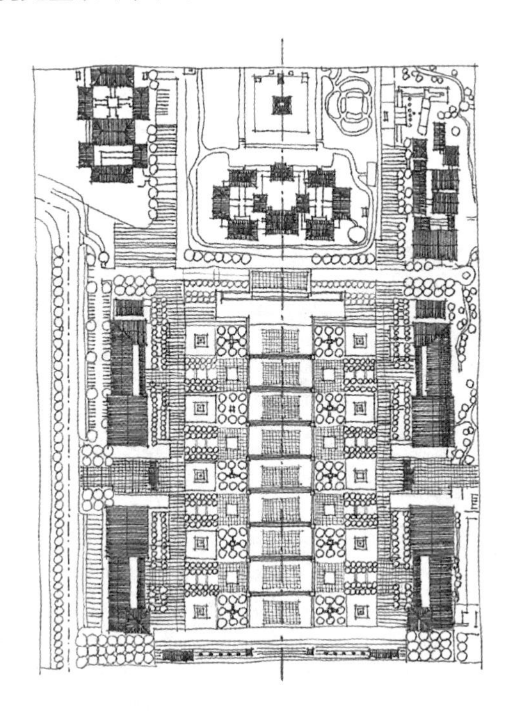

❖ 图 2-22　大雁塔北广场平面图

3）尺度适配原则

尺度适配原则是根据广场不同使用功能和主题要求，确定广场合适的规模与尺度。如政治性广场和一般的市民广场的规模与尺度上就应有较大区别。从国内外城市广场来看，政治性广场的规模与尺度较大，形态较规整；而市民广场的规模与尺度较小，形态较灵活。

广场空间的尺度对人的情感、行为等都有很大影响。据专家研究，如果两个人处于1~2m的距离，可以产生亲切的感觉；两人相距12m，能看清对方的面部表情；相距25m，能认清对方是谁；相距130m，仍能辨认对方身体的姿态；相距1200m，仍能看得见对方。所以空间距离越近亲切感越强，距离越远越疏远。日本学者芦原义信提出了在外部空间设计中采用20~25m的模数，他认为："关于外部空间，实际走走看就很清楚，每20~25m，或是有重复的节奏，或是材质的变化，或是地面高差有变化，那么即使在大空间里也可以打破其单调……" 对若干城市空间的亲身体验也说明20m左右是一个令人感到舒适和亲切的尺度，如图2-23和图2-24所示。

❖ 图2-23　北京天安门广场

❖ 图2-24　济南泉城广场

此外，广场的尺度除了具有自身良好的绝对尺度和相对比例以外，还必须适合人的尺度，而广场的环境小品布置则更要以人的尺度为设计依据。

4）生态环保性原则

广场是整个城市开放空间体系中的一部分，它与城市整体生态环境联系紧密。一方面,其规划的绿地中花草树木应与当地特定的生态条件和景观特点（如“市花”和“市树”）相吻合；另一方面，广场设计要充分考虑本身的生态合理性，如阳光、植物、风向和水面等，做到趋利避害。生态环保性原则就是要遵循生态规律，包括生态进化规律、生态平衡规律、生态优化规律、生态经济规律，体现“因地制宜，合理布局”的设计思想。具体到城市广场来说，过去的广场设计只注重硬质景观效果，大而空，植物仅仅作为点缀、装饰甚至没有绿化，疏远了人与自然的关系，缺少与自然生态的紧密结合。因此，现代城市广场设计应从城市生态环境的整体出发，一方面运用园林设计的方法，通过融合、嵌入、缩微、美化和象征等手段，在点、线、面不同层次的空间领域中，引入自然，再现自然，并与当地特定的生态条件和景观特点相适应，使人们在有限的空间中，领略和体会自然带来的自由、清新和愉悦；另一方面，城市广场设计应特别强调其小环境生态的合理性，既要有充足的阳光，又要有足够的绿化，冬暖夏凉，为居民的各种活动创造宜人的生态环境。近年来，许多学者都在探索人类向自然生态环境回归的问题。作为城市人文精神与生活风貌重要体现的城市广场，应当成为景观优美、绿化充分、环境宜人和健全高效的生态空间。

5）多样性原则

现代城市广场虽应有一定的主导功能，却可以具有多样化的空间表现形式和特点。由于广场是人们共享城市文明的舞台，它既要反映作为群体的人的需要，也要综合兼顾特殊人群（如残疾人）的使用要求。同时，服务于广场的设施和建筑功能也应多样化，将纪念性、艺术性、娱乐性和休闲性兼容并蓄，如图 2-25 所示。

❖ 图 2-25 世界风筝都纪念广场

市民在广场上的行为活动，无论是自我独处的个人行为或公共交往的社会行为，都具有私密性与公共性。当独处时，只有在社会安全与安定的条件下才能心安理得地各自存在，如失去场所的安全感和安定感，则无法潜心静处；反之，当处于公共活动时，也不忘带着自我防卫的心理，力求自我隐蔽，方感心平气和。这样一些行为心理对广场中的场所空间设计提出了更高要求，就是要给人们提供能满足不同需要的多样化的空间环境。

6）步行化原则

步行化是现代城市广场的主要特征之一，也是城市广场的共享性和良好环境形成的必要前提。广场空间和各因素的组织应该支持人的行为，如保证广场活动与周边建筑及城市设施使用连续性。在大型广场，还可根据不同使用功能和主题考虑步行分区问题。随着现代机动车日益占据城市交通主导地位的趋势，广场设计的步行化原则更显示出其无比的重要性。在设计时应当注意人在广场上徒步行走的耐疲劳程度和步行距离极限与环境的氛围、景物布置、当时心境等因素有关。在单调乏味的景物、恶劣的气候环境、烦躁的心态、急于寻找目标等条件下，即使较近的距离也显得远；相反，若心情愉快，或与朋友边聊边行，又有良好的景色吸引和引人入胜的目标诱导时，远者亦近。一般而言，人们对广场的选择从心理上趋向于就近、方便的原则。

7）文化性原则

城市广场作为城市开放空间体系中艺术处理的精华，通常是城市历史风貌、文化内涵集中体现的场所。其设计既要尊重传统、延续历史、文脉相承，又要有所创新、有所发展，这就是继承和创新有机结合的文化性原则，如图 2-26 所示。

❖ 图 2-26　潍坊风筝广场展现当地市井文化的雕塑小品

文化继承的含义是人们对过去的怀念和研究，而人们的社会文化价值观念又是随着时代的发展而变化的。落后的东西不断地被抛弃，有价值的文化则被积淀下来，融入人们生活的方方面面。城市广场作为人们生活中室外活动的场所，对文化价值的追求是十分正常的。文化性的展现或以浓郁的历史背景为依托，使人在闲暇徜徉中获得知识，了解城市过去曾有过的辉煌，如南京汉中门广场以古城城堡为第一文化主脉，辅以古井、城墙和遗址片段，表现出凝重而深厚的历史感；有的辅以优雅人文气息、特殊的民俗活动，如合月巴城隍庙每年元宵节的传统灯会，意大利锡耶纳广场举行的赛马节等。

8）特色性原则

个性特征是通过人的生理和心理感受到的与其他广场不同的内在本质和外部特征。现代城市广场应通过特定的使用功能、场地条件、人文主题及景观艺术处理来塑造特色。

广场的特色性不是设计师的凭空创造，更不能套用现成特色广场的模式，而是对广场的功能、地形、环境、人文、区位等方面做全面的分析，不断地提炼，才能创造出与市民生活紧密结合和独具地方特色、时代特色的现代城市广场。

一个有个性特色的城市广场应该与城市整体空间环境风格相协调，违背了整体空间环境的和谐，城市广场的个性特色也就失去了意义，如图 2-27 和图 2-28 所示。

❖ 图 2-27　风筝放飞雕塑（群童放飞）

❖ 图 2-28　风筝放飞雕塑（家长与小孩）

4. 城市广场空间设计方法

微课：城市广场空间设计方法

1）广场的空间形态

广场的空间形态主要有平面型和空间型两种。平面型通常最为多见。历史上以及今天已建成的绝大多数城市广场都是平面型广场，如上海人民广场、大连人民广场及北海北部湾广场等。

在现代城市广场规划设计中，由于处理不同交通方式的需要以及造景的需要，逐渐出现了空间型广场这种形式，空间型通常包括上升式和下沉式这两种基本形式。

（1）上升式广场。一般将车行放在较低的层面上，而把人行和非机动车交通放在地上，实现人车分流。例如，巴西圣保罗市的安汉根班广场就是一个成功的案例。该广场地处城市中心，过去曾是安汉根班河谷。20 世纪初由法国景园建筑师博百德（Bouvard）将其设计成一条纯粹的交通走廊，并渐渐失去了原有的景观特色，人车混行冲突导致了严重的城市问题。因此，近年来圣保罗市重新组织进行了规划设计，设计的核心就是建设一座巨大的面积达 6hm^2 的上升式绿化广场，将主要车流交通安排在低洼部分的隧道中。这项建设不但把自然生态景观的特色重新带给了这一地区，而且还有效地增强了圣保罗市中心地区的活力，进而推进城市改造更新工作的逐步深入。

（2）下沉式广场。在当代城市建设中应用更多，特别是在一些发达国家。相比上升式广场，下沉式广场不但能够解决不同交通的分流问题，而且在现代城市喧嚣嘈杂的外部环境中，更容易取得一个安静、安全、围合有致且具有较强归属感的广场空间。在有些大城市，下沉式广场常常还结合地下街、地铁乃至公交车站的使用，如美国费城的市中心广场结合地铁设置，日本名古屋的市中心广场更是综合了地铁、商业步行街的使用功能，成为现代城市空间中一个重要组成部分。更多的下沉式广场则是结合建筑物规划设计的，如美国纽约洛克菲勒中心广场，该广场通过 4 个大阶梯将第五大道、49 街和 50 街联系在一起，夏天是露天快餐和咖啡座，冬天则是溜冰场，一年四季都深受人们的欢迎，具有重要的场所意义。

2）广场的空间围合

从广场围合程度方面来说，广场围合程度越高，就越易成为“图形”，欧洲中世纪的城市广场大都具有“图形”的特征。但围合并不等于封闭，在现代城市广场设计中，考虑到市民使用和视觉观赏，以及广场本身的二次空间组织变化，必然还需要一定的开放性，因此，现代广场规划设计掌握这个“度”就显得十分重要。广场围合有以下几种情形。

（1）四面围合的广场，当这种广场规模尺度较小时，封闭性极强，具有强烈的向心性和领域感。

（2）三面围合的广场，封闭感较好，具有一定的方向性和向心性。

（3）两面围合的广场，常常位于大型建筑与道路转角处，平面形态有 L 形和 T 形等。领域感较弱，空间有一定的流动性。

（4）仅一面围合的广场，这类广场封闭性很差，规模较大时可考虑组织二次空间，如局部下沉或局部上升等。

总之，四面围合和三面围合是较传统、较常见的广场布局形式。值得指出的是，两面围合广场可以配合现代城市里的建筑设置。同时，还可借助周边环境乃至远处的景观要素，有效地扩大广场在城市空间中的延伸感和枢纽作用。

3）广场的空间尺度与界面高度

城市广场空间如同建筑空间一样，可能是封闭的独立性空间，也可能是与其他空间相联系的空间群。一般情况下，当人们体验城市时，往往是由街道到广场的这样一种流线，人们只有从一个空间向另一个空间运动时，才能欣赏它、感受它。

人们在城市中活动时，人眼是按照能吸引人们的物体活动的。当视线向前时，人们的标准视线决定了人们感受的封闭程度（封闭感），这种封闭感在很大程度上取决于人们的视野距离和与建筑等界面高度的关系。具体关系如下。

（1）人与物体的距离在25m左右时能产生亲切感，这时可以辨认出建筑细部和人脸的细部，墙面上粗岩面质感消失，这是古典街道的常见尺度。

宏伟的街道和广场空间的最大距离不超过140m。当超过140m时，墙上的沟槽线角消失，透视感变得接近立面。这时巨大的广场和植有树木的狭长空间可以作为一个纪念性建筑的前景。

（2）人与物体的距离超过1200m时就看不清具体形象了，这时所看到的景物脱离人的尺度，仅保留一定的轮廓线。

此外，当广场尺度一定（人的站点与界面距离一定时），广场界面的高度影响广场的围合感。

当围合界面高度等于人与建筑物距离时（1∶1），水平视线与檐口夹角为45°，这时可以产生良好的封闭感。

当建筑（注：指界面）立面高度等于人与建筑物距离的1/2时（1∶2），水平视线与檐口夹角为30°，是创造封闭性空间的极限。

当建筑立面高度等于人与建筑物距离的1/3时（1∶3），水平视线与檐口夹角为18°，这时高于围合界面的后侧建筑成为组织空间的一部分。

当建筑立面高度等于人与建筑物距离的1/4时（1∶4），水平视线与檐口夹角为14°，这时空间的围合感消失，空间周围的建筑立面如同平面的边缘，起不到围合作用。

实际上，空间的封闭感还与围合界面的连续性有关。从整体看，广场周围的建筑立面应该从属于广场空间，如果垂直墙面之间有太多的开口，或立面的剧烈变化、檐口线的突变等，都会减弱外部空间的封闭感。当然，有些城市空间只能设计成部分封闭，如大街一侧的凹入部分等。在古典范畴，由于建筑受法式的限定，尽管设计人不同，但构成广场建筑的风格仍相对稳定。引入城市的丘陵绿地是另一种类型的城市空间。它们的空间尺度与广场空间不同，其尺度是由树木、灌木以及地面材料所决定的，而不是由长和宽等几何性指标所限定，其外观是自然赋予的特性，具有与建筑物相互补充的作用。

良好的广场空间不但要求周围建筑具有合适的高度性和连续性，而且要求所围合的地面具有合适的水平尺度。如果广场占地面积过大，与周围建筑的界面缺乏关联时，就不能形成有形的空间体。许多失败的城市广场都是由于地面太大，周围建筑高度过小，从而造成墙界面与地面的分离，难以形成封闭的空间。事实上，当广场尺度超过某一限度时，广场越大给人的印象越模糊，缺乏作为一个露天房间的性质。

除了上述条件外，空间体的高宽比和建筑特征也可以给人留下深刻的印象。

4）广场的几何形态与开口

德国学者克里尔（Krier）认为，广场空间具有 3 种基本形态，它们分别是矩形（或方形）、圆形（或椭圆形）和三角形（或梯形）。从空间构成角度看，被建筑完全包围的称为“封闭式”的，被建筑部分包围的称为“开放式”的。“封闭式”广场与“开放式”广场的区别，就是围合界面开口的多少。

广场形态往往具有比室内空间形态更大的自由。在城市空间，由于四周界面距离较远，加之檐口与线脚的断开，因此，很难感觉出空间的具体形状和细微差别。实际上，在比较庄严的场所，往往强调按直角关系布置建筑物，形成纪念性的矩形空间。在经过长期历史阶段形成的广场，有时会产生锐角或钝角交接的不规则空间，这里相邻建筑的墙面倾向于形成统一的整体，以使不平行界面可以产生较强的透视效果。当广场为锐角时，广场一侧的透视面会封闭视线，使广场产生封闭性。

古典的城市广场四周往往被精美的建筑所环绕，按日本学者芦原义信的提法，四角封闭的广场可以形成阴角空间，有助于形成安静的气氛和创造“积极空间”。

广场与道路的交点往往形成广场的开口，开口位置及处理对广场空间气氛有很大影响，主要从以下 3 个方面展开论述。

（1）矩形广场与中央开口（阴角空间）

四角封闭的广场一般在广场中心线上有开口。这种处理对设计广场四周的建筑具有限制，一般要求围合建筑物的形式应大体相似，而且常常在中心线的交点处（即广场中央）安排雕像作为道路的对景。这种形态可称为向心型。

当广场的开口减到 3 个时，其中一条道路以建筑物为底景，另一条道路穿越广场，往往将主体建筑置于一条道路的底景部位，广场中央的雕像可以以主体建筑为背景，地面铺装可以划分成动区和静区，这种设计手法为轴线对称型。

（2）矩形广场与两侧开口

在现代城市中格网型的道路网容易形成矩形街区或四角敞开的广场。这种广场的特点是道路产生的缺口将周围的 4 个界面分开，打破了空间的围合感。此外，贯穿四周的道路还将广场的底界面与四周墙面分开，使广场成为一个中央岛。

为弥补这一缺陷，建议将 4 条道路设计为相互平行的两行，并使与道路平行的建筑在两侧突出，突出部分与另两幢建筑产生关联，从而产生较小的内角空间，有益于形成广场的封闭感。

为防止贯穿的开口，另一种办法是将相对应的开口呈折线布置，这样，当行人由街道开口进入广场，往往以建筑墙体作为流线的对景，有益于产生相对封闭的空间效果。

（3）隐蔽性开口与渗透性界面

从平面上观察，这类广场与道路的交汇点往往设计得十分隐蔽，开口部分或布置在拱廊之下，或被拱廊式立面所掩盖，只有实地体验方能感知入口部分的巧妙。

通常，人们不喜欢完全与外界隔绝的广场空间，而希望广场与外部的热闹景色相联系。这时为了保证广场空间的相对闭合性，又满足空间渗透的要求，往往通过拱廊、柱廊的处理来达到既保证围合界面的连续性，又保证空间的通透性的目的。

5）广场的序列空间

在广场设计中，设计师不能仅仅局限于孤立的广场空间，应对广场周围的空间做通盘考虑，以形成有机的空间序列，从而加强广场的作用与吸引力，并以此衬托与突出广场。

广场空间总是与周围其他小空间、道路、小巷、庭园等相连接的，这些小空间、道路、小巷、庭园等是广场空间的延伸与连续，并连接其他广场。这些空间与广场空间同样重要，并互为衬托。

广场的序列空间可划分为前导、发展、高潮、结尾 4 个部分，人们在这种序列空间中可以感受到空间的变幻、收放、对比、延续、烘托等乐趣。

5. 城市广场绿地设计

微课：广场绿地设计的原则与种植形式

1）广场绿地设计的原则

（1）广场绿地布局应与城市广场总体布局统一，使绿地成为广场的有机组成部分，从而更好地发挥其主要功能，符合其主要性质要求。

（2）广场绿地的功能应与广场内各功能区相一致，更好地配合和加强该区功能。如在入口区植物配置应强调绿地的景观效果，休闲区规划则应以落叶乔木为主，因为人们户外活动时，冬季需要阳光，夏季则需要遮阳。

（3）广场绿地规划应具有清晰的空间层次，独立或配合广场周边建筑、地形等形成良好、多元、优美的广场空间体系。

（4）广场绿地规划设计应考虑与该城市绿化总体风格协调一致，结合地理区位特征，物种选择应符合植物的生长规律，突出地方特色。

（5）结合城市广场环境和广场的竖向特点，以提高环境质量和改善小气候为目的，协调好风向、交通、人流等诸多因素。

（6）对城市广场上的原有大树应加强保护，保留原有大树有利于广场景观的形成，有利于体现对自然、历史的尊重。

2）城市广场绿地种植设计形式

城市广场绿地种植主要有 4 种基本形式：排列式种植、集团式种植、自然式种植、花坛式（图案式）种植。

（1）排列式种植。属于整形式，主要用于广场周围或者长条形地带，用于隔离或遮挡，或作为背景。单排的绿化栽植，可在乔木间加种灌木，灌木丛间再加种草本花卉，但株间要有适当的距离，以保证植物有充足的阳光和营养面积。在株间排列上近期可以密一些，几年以后可以考虑间移，这样既能使近期绿化效果好，又能培育一部分大规格苗木。乔木下面的灌木和草本花卉要选择耐阴品种。并排种植的各种乔木和灌木在色彩与体形上要注意协调，如图 2-29 所示。

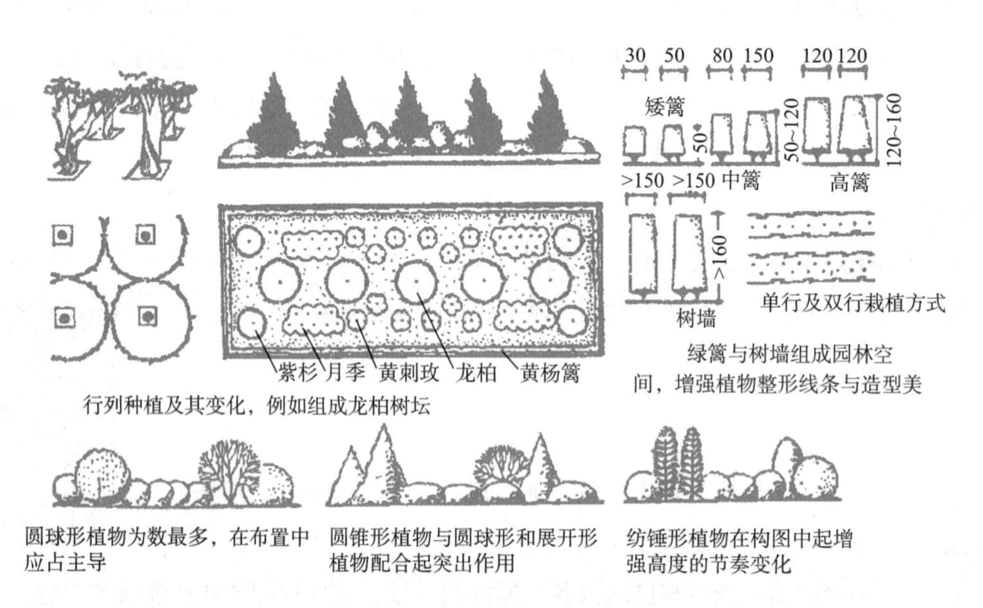

❖ 图 2-29　广场树形特征与组合方式

（2）集团式种植。也是整形式的一种，是为避免成排种植的单调感，把几种树组成一个树丛，有规律地排列在一定的地段上。这种形式有丰富、浑厚的效果，排列整齐时远看很壮观，近看又很细腻。可用草本花卉和灌木组成树丛，也可用不同的乔木和灌木组成树丛。

（3）自然式种植。与整形式不同，是在一定地段内，花木种植不受统一的株、行距限制，而是疏密有序地布置，从不同的角度望去有不同的景致，生动而活泼。这种布置不受地块大小和形状限制，可以巧妙地解决与地下管线的矛盾。自然式树丛布置要密切结合环境，才能使每一种植物茁壮生长。同时，此方式对管理工作的要求较高，如图 2-30 所示。

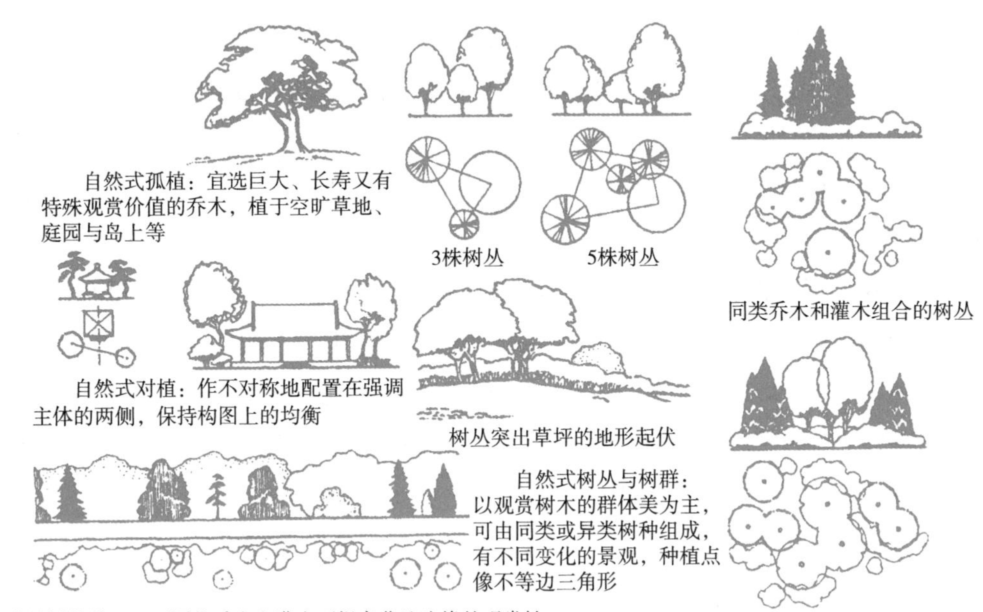

❖ 图 2-30 广场自然式的种植类型

（4）花坛式（图案式）种植。即图案式种植，是一种规则式种植形式，装饰性极强，材料选择可以是花、草，也可以是可修剪整齐的木本植物，可以构成各种图案。它是城市广场最常用的种植形式之一，如图 2-31 所示为城市广场花坛的常见布局形式。

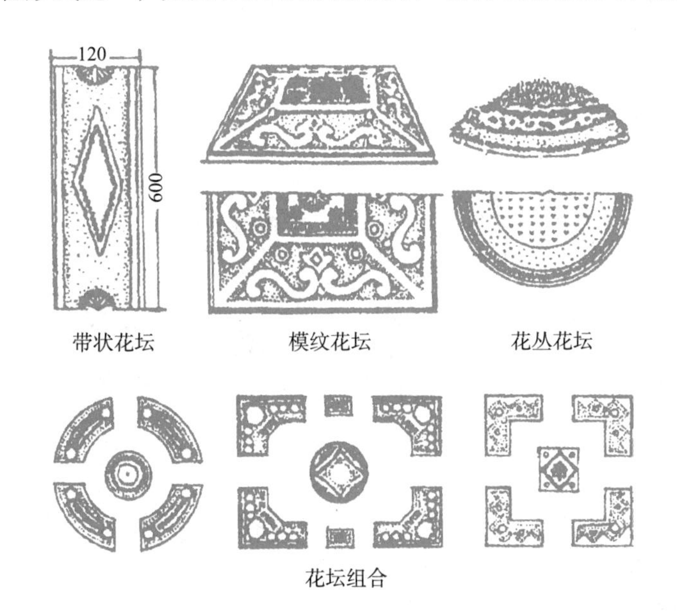

❖ 图 2-31 城市广场花坛的常见布局形式

花坛或花坛群的位置及平面轮廓应该与广场的平面布局相协调，如果广场是长方形，那么花坛或花坛群的外形轮廓也以长方形为宜。当然也不排除细节上的变化，变化的目的只是为了更活泼一些，过分类似或呆板，会失去花坛所渲染的艺术效果。

在人流、车流交通量很大的广场，或是游人集散量很大的公共建筑前，为了保证车辆交通的通畅及游人的集散，花坛的外形并不强求与广场一致。例如，正方形的街道交叉口广场上、三角形的街道交叉口广场中央，都可以布置圆形花坛，长方形的广场可以布置椭圆形的花坛。

花坛与花坛群的面积占城市广场面积的比例，一般最大不超过 1/3，最小也不小于 1/15。华丽的花坛，面积比例要小些；简洁的花坛，面积比例要大些。

花坛还可以作为城市广场中的建筑物、水池、喷泉、雕像等的配景。作为配景处理的花坛，总是以花坛群的形式出现的。花坛的装饰与纹样，应当和城市广场或周围建筑的风格取得一致。如图 2-32 所示为城市广场常见的花坛形式。

❖ 图 2-32 城市广场常见的花坛形式

花坛表现的是平面图案，由于人的视觉关系，花坛不能离地面太高。为了突出主体，又利于排水，同时不致遭行人践踏，花坛的种植床位应该稍稍高出地面。通常种植床中土面应高出平地 7～10cm。为利于排水，花坛的中央拱起，四面呈倾斜的缓坡面。种植床内土层要 50cm 以上，以肥沃疏松的沙壤土、腐殖质土为好。

为了使花坛的边缘有明显的轮廓，并保证种植床内的泥土不因水土流失而污染路面和广场，也为了避免游人因拥挤而践踏花坛，花坛往往被缘石或栏杆保护起来，缘石和栏杆的高度通常为 10～15cm。也可以在周边用植物材料作矮篱，以替代缘石或栏杆。

3）城市广场树种选择的原则

城市广场树种的选择要适应当地土壤与环境条件，掌握选择树种的原则、要求，因地制宜，才能达到合理、最佳的绿化效果。

微课：城市广场树种选择的原则

（1）广场的土壤与环境。城市广场的土壤与环境，尤其是空气、光照和温度及空中、地下设施等情况，与各城市地区差别很大，且城市不同，也有各自特点。种植设计、树种选择，都应将此类条件首先调研清楚。从一般角度，将城市道路、广场的土壤与环境基本情况介绍如下，以指导各城市的具体调查研究。

土壤：由于城市长期建设的结果，其土壤情况比较复杂，土壤的自然结构已被完全破坏。行道树下面经常是城市地下管道、城市旧建筑基础或废渣土。因此，城市土壤的土层不但较薄，而且成分较为复杂。

城市土壤由于人为的因素（人踩、车压或曾做地基而被夯实），致使土壤板结，孔隙度较小，透气性差，经常由于不透气、不透水，使植物根系窒息或腐烂。土壤板结还产生机械抗阻，使植物的根系延伸受阻。

另外，由于各城镇的地理位置不同，土壤情况也有差异。一般南方城市的土壤相对偏酸性，土壤含水量较高；而北方城市的土壤多呈碱性，孔隙度相对偏大，保水能力差。沿海城市的土壤一般土层较薄，盐碱量大，而且土壤含水量低。因此，各个城市的土壤条件各有特点，需要综合考虑。

空气：城市道路、广场附近的工厂、居住区及汽车排放的有害气体和烟尘，直接影响着城市空气。有害气体和烟尘的主要成分有二氧化硫、一氧化碳、氟化氢、氯气、氮氧化物、光化学气体、烟雾和粉尘等。这些有害气体和烟尘一方面直接危害植物，出现污染症状，破坏植物的正常生产发育；另一方面，它们飘浮在城市的上空降低了光照强度，减少了光照时间，改变了空气的物理化学结构，影响了植物的光合作用，降低了植物抵抗病虫害的能力。

光照和温度：城市的地理位置不同，光照强度、时间长度及温度也各有差异。影响光照和温度的主要因素有纬度、海拔高度、季节变化，以及城市污染状况等。街道广场的光照还受建筑和街道方向的影响。在北方城市，东西方向的道路，由于两侧高大建筑物的遮挡，北侧阳光充足，日照时间较长，而南侧则经常处于建筑的阴影下。因此，街道两侧的行道树往往生长发育不同，北侧生长茂盛，而南侧生长缓慢，甚至树冠还会出现偏冠现象。

城市内的温度一般比郊区要高，因为城市中的建筑表面和铺装路面反射热，以及市内工厂、居民区和车辆等散发的热量。在北方城市，城区早春树木的萌动一般比郊区要早一个星期左右，而在夏季市内温度要比郊区温度偏高2~5℃。

空中、地下设施：城市的空中、地下设施交织成网，对树木生长影响极大。空中管线常抑制破坏行道树的生长，地下管线常限制树木根系的生长。另外，城市的人流和车辆繁多，往往会碰破树皮，折断树枝或摇晃树干，甚至撞断树干。

总之，城市道路广场的环境条件是很复杂的，有时是单一因素的影响，有时是综合因素在起作用。每个季节起作用的因素也有差异。因此，在解决具体问题时，要做具体分析。

（2）选择树种的原则。在进行城市广场树种选择时，一般须遵循以下几条原则（标准）。

冠大荫浓：枝叶茂密且冠大、枝叶密的树种夏季可形成大片绿荫，能降低温度、避免行人暴晒。例如，槐树中年期时冠幅可达4m多，悬铃木更是冠大荫浓。

耐瘠薄土壤：城市中土壤瘠薄，且树多种植在道旁、路肩、场边，受各种管线或建筑物基础的限制、影响，树体营养面积很少，补充有限。因此，选择耐瘠薄土壤习性的树种尤为重要。

深根性：营养面积小，而根系生长很强，向较深的土层伸展仍能根深叶茂。根深不会因践踏造成表面根系破坏而影响正常生长，特别是在一些沿海城市选择深根性的树种能抵御暴风袭击而巍然不受损害。而浅根性树种，根系会拱破场地的铺装。

耐修剪：广场树木的枝条要求有一定高度的分枝点（一般在2.5m左右），侧枝不能刮、碰过往车辆，并具有整齐美观的形象。因此，每年要修剪侧枝，树种需有很强的萌芽能力，修剪以后能很快萌发出新枝。

抗病虫害与污染：病虫害多的树种不但管理上投资大，费工多，而且落下的枝、叶，虫子排出的粪便，虫体和喷洒的各种灭虫剂等，都会污染环境，影响卫生。所以，要选择能抗病虫害，且易控制其发展和有特效药防治的树种，选择抗污染、可消化污染物的树种，有利于改善环境。

落果少或无飞毛、飞絮：经常落果或有飞毛、飞絮的树种，容易污染行人的衣物和空气环境，并容易引起呼吸道疾病。所以，应选择一些落果少、无飞毛的树种，用无性繁殖的方法培育雄性不孕系是目前解决这个问题的一条途径。

发芽早、落叶晚且落叶期整齐：选择发芽早、落叶晚的阔叶树种。另外，落叶期整齐的树种有利于保持城市的环境卫生。

耐旱、耐寒：选择耐旱、耐寒的树种可以保证树木的正常生长发育，减少管理上财力、人力和物力的投入。我国北方大陆性气候特点为冬季严寒、春季干旱，致使一些树种不能正常越冬，必须予以适当防寒保护。

寿命长：树种的寿命长短影响到城市的绿化效果和管理工作。寿命短的树种一般30~40年就要出现发芽晚、落叶早和焦梢等衰老现象，而不得不砍伐更新。所以，要延长树的更新周期，必须选择寿命长的树种。

任务实施方法与步骤

1. 确定主体建筑及其轴线

城市广场中均有主体建筑，如图2-33所示的市政府大楼就是主体建筑。

❖ 图2-33 广场规划设计

2. 引出主轴线或从建筑轮廓引出线条

从主体建筑中引出建筑轴线，如图2-33所示的中南北虚线就是主轴线。

3. 图形选择

主体建筑为圆弧形，在广场中主轴线上作出与主体建筑呼应的圆弧线条，划分广场空间。

4. 功能配置

根据广场的性质确定功能配置。该广场为市政广场，要有表现该城市特点或代表该城市形象的重要建筑物或大型雕塑等纪念性很强的设施和建筑，以加强广场稳重严整的气氛。

5. 景观设置

该广场设有大型激光音乐喷泉、花钟、市民活动广场等设施。

6. 绿化设计

广场绿地的功能与广场内各功能区相一致，更好地配合和加强该区功能的实现。如在入口区植物配置应强调绿地的景观效果，休闲区规划则应以落叶乔木为主，冬季的阳光、夏季的遮阴都是人们户外活动所需要的。

巩固训练

通过上面的分析，完成潍坊市政府广场的设计。在把握设计主题的原则下，可以只考虑空间构成以及使用者的活动需要。至于树种搭配、游憩设施等内容，在以后的学习中将进行探讨。

利用课外时间，将课堂上未完成的设计做完，并认真地进行描图，将设计图描绘在A4图纸上。

自我评价

评价项目	技术要求	分值	评分细则	评分记录
设计主题	符合业主要求，符合环境特点	30	主题是否鲜明，不鲜明、不准确扣5~10分；主题是否符合环境特点，不符合扣10分	
轴线角度	轴线笔直，角度分明	20	轴线线条是否顺畅，不顺畅扣5分；角度是否准确，不准确扣5分	
图形组合	图形流畅，特征鲜明	20	图形是否符合设计主题，不符合扣5分；图形组合是否有趣、有特色，无趣、无特色扣5分	
设计图整体	图面效果好，有实用价值	30	效果不好扣10分；实用价值不高扣10分	

模块 3 城市道路绿地设计

【学习目标】

终极目标

（1）能准确地进行道路绿化树种选择。

（2）能熟练地进行道路绿地设计。

（3）能熟练地进行 300~400m 长商业步行街的绿地设计。

（4）能熟练地对城乡公路进行绿地设计。

促成目标

（1）能合理地进行道路绿化树种选择。

（2）能结合道路绿地设计规范，合理进行城市道路绿地设计、断面图设计、鸟瞰图绘制。

3.1 城市主干道绿地设计

知识和技能要求

1. 知识要求

（1）了解城市道路的概念、分类。

（2）了解城市道路绿地的分类。

（3）掌握城市道路绿地的设计要点。

（4）掌握城市道路绿地设计树种选择与配置。

2. 技能要求

（1）能准确地进行道路绿化树种选择。

（2）能熟练地进行道路绿地设计并绘制方案设计图。

情境设计

（1）采用多媒体教学手段，以案例形式分析道路绿地设计的成功经验及不足之处。

（2）采用现场教学的方法，讲解城市主干道绿地设计的思路与技巧。

（3）让学生进行城市主干道绿地设计，所虚拟的地段尽量可以做出分车绿带、中心岛绿地和街道小游园等几种道路绿化的形式，绘制方案设计图。

任务分析

通过分析案例，提高学生的感性认知。在汲取成功经验的同时也能提出缺点，以此来充分发挥学生的主观能动性。虽然有时学生提出的缺点有些牵强，但这样会让学生在讨论的过程中学习知识。

城市道路绿地设计的具体内容包括行道树种植设计，道路绿化带设计，交叉路口、中心岛绿化设计和路侧绿带的绿地设计等，在进行模拟设计训练强化时需要尽量练习每种形式。

相关知识点

微课：城市道路的断面布置形式

1. 城市道路的概念及分类

城市道路是指城市建成区范围内的各种道路（见图 3-1）。按照现代城市交通工具和交通流的特点进行道路功能分类，可把城市道路大体分为 6 类。

❖ 图 3-1 城市道路

1）高速干道

高速干道在特大城市、大城市设置。为城市各大区之间远距离高速交通服务联系，距离 20~60km。其行车速度为 80~120km/h，行车全程均为立体交叉，其他车辆与行人不准使用。最少有四车道（双向），中间有 2~6m 分车道，外侧有停车道。

2）快速干道

快速干道也是在特大城市、大城市设置。为城市各分区之间较远距离交通道路联系，距离 10~40km。其行车速度为 60~100km/h，行车全程为部分立体交叉，最少有四车道，外侧有停车道，自行车、人行道在外侧。

3）交通干道

交通干道是大中城市道路系统的骨架，城市各用地分区之间的常规中速交通道路。其行车速度为 40~60km/h，行车全程基本为平交，最少有四车道，道路两侧不宜有较密的出入口。

4）区干道

区干道在工业区、仓库码头区、居民区、风景区以及市中心地区等分区内均存在。共同特点是作为分区内部生活服务性道路，行车速度较低，但横断面形式和宽度布置因“区”制宜。其行车速度为 25~40km/h，行车全程为平交，按工业、生活等不同地区，具体布置最少两车道。

5）支路

支路是小区街坊内道路，是工业小区、仓库码头区、居住小区、街坊内部直接连接工厂、住宅群、公共建筑的道路，路宽与断面变化较多。其行车速度为 15~25km/h，行车全程为平交，可不划分车道。

6）专用道路

专用道路是城市交通规划考虑特殊要求的专用公共汽车道、专用自行车道，城市绿地系统中和商业集中地区的步行林荫路等。断面形式根据具体设计要求而定。

2. 城市道路绿化设计的植物选择

道路绿化应选择适应道路环境条件、生长稳定、观赏价值高和环境效益好的植物种类。寒冷积雪地区的城市，分车绿带、行道树绿带种植的乔木，应选择落叶树种。行道树应选择深根性、分枝点高、冠大荫浓、生长健壮、适应城市道路环境条件，且落果对行人不会造成危害的树种。花灌木应选择花繁叶茂、花期长、生长健壮和便于管理的树种。绿篱植物和观叶灌木应选择萌芽力强、枝繁叶茂、耐修剪的树种。地被植物应选择茎叶茂密、生长势强、病虫害少和易管理的木本或草本观叶、观花植物。其中，草坪地被植物应选择萌蘖力强、覆盖率高、耐修剪和绿色期长的种类。

微课：城市道路绿地设计专业术语

3. 城市道路绿地设计的依据与原则

（1）道路绿化应以乔木为主，乔木、灌木、地被植物相结合，不得裸露土壤。

（2）道路绿化应符合行车视线和行车净空要求。

（3）绿化树木与市政公用设施的位置应统筹安排，并应保证树木有需要的立地条件与生长空间。

（4）植物种植应适地适树，并符合植物间伴生的生态习性；不适宜绿化的土质，应改善土壤进行绿化。

（5）修建道路时，宜保留有价值的原有树木，对古树名木应予以保护。

（6）道路绿地应根据需要配备灌溉设施；道路绿地的坡向、坡度应符合排水要求并与城市排水系统结合，防止绿地内积水和水土流失。

（7）道路绿化应远近期结合。

4. 行道树种植设计

微课：行道树种植设计

行道树是有规律地在道路两侧种植浓荫乔木而成的绿带，是街道绿化最基本的组成部分和最普遍的形式。

1）行道树种植方式

行道树种植方式有多种，常用的有树带式和树池式两种。

（1）树带式。在人行道和车行道之间留出一条不加铺装的种植带，一般宽度不小于1.5m，种植一行大乔木和树篱，如宽度适宜则可分别种植两行或多行乔木与树篱。在交通、人流不大路段用这种方式。树带下铺设草皮，以维护清洁，但要留出铺装过道，以便人流通行或汽车停站。种植带的宽度视具体情况而定，如朝鲜平壤市主干道两侧的种植池宽度达10m左右，国外还有宽达20m的。这种形式整齐壮观，效果良好，与我国经济的发展和对城市绿化的重视相适应，种植带宽5m左右在我国比较合适，可种植乔灌木，同绿篱、草坪搭配（见图3-2）。

（2）树池式。交通量较大，行人多而人行道窄的路段，设计正方形、长方形或圆形空地，种植花草树木，形成池式绿地。正方形树池以1.5m×1.5m较合适，长方形树池以1.2m×2m为宜，圆形树池以直径不小于1.5m为好。行道树的栽植点位于几何形的中心，一般池边缘高出人行道8~10cm，避免行人践踏。如果树池略低于路面，应加与路面同高的池墙，最好在上面加有透空的池盖，与路面同高，这样可增加人行道的宽度，又避免践踏，同时还可使雨水渗入池内。池墙可用铸铁或钢筋混凝土做成，设计应简单大方、坚固且拼装方便。池盖可用金属或钢筋混凝土制造，由两扇合成，以便松土和清除杂物时取出（见图 3-3）。

❖ 图 3-2　树带式种植

❖ 图 3-3　双排行道树种植（左侧为树带式，右侧为树池式）

2）行道树的株距与定干高度

株距要根据树冠大小来决定，实际情况比较复杂，影响因素较多，如苗木规格、生长速度、交通和市容的需要等。我国各大城市行道树株距规格略有不同，逐渐趋向于大规格苗木，加大株距和定植株距，有 4m、5m、6m、8m 不等。南方主要行道树种悬铃木生长速度快，树大荫浓，若种植干径为5cm以上的树苗，株距定为6~8m为宜（见表3-1）。

表3-1 行道树的株距

单位：m

树种类型	通常采用的株距			
	准备间移		不准备间移	
	市区	郊区	市区	郊区
快长树（冠幅15m以下）	3~4	2~3	4~6	4~8
中慢长树（冠幅15~20m）	3~5	3~5	5~10	4~10
慢长树	2.5~3.5	2~3	5~7	3~7
窄冠树	—	—	3~5	3~4

行道树定干高度应根据其功能要求、交通状况、道路性质、宽度，以及行道树与车行道的距离、树木分枝角度而定。苗木胸径在12~15cm为宜，分枝角度大者，干高不得小于3.5m，分枝角度小者，也不能小于2m，否则会影响交通。

3）街道的宽度、走向与绿化的关系

人行道的宽度一般不小于1.5m，而人行道在2.5m以下时很难种植乔木和灌木，只能考虑进行垂直绿化。一般在可能条件下绿带以占道路总宽度20%为宜。我国中部和北部地区东西向的街道，在人行道的南侧种树，遮阳效果良好，而南北向的街道两侧均应种树。在南方地区，无论是东西向还是南北向的街道，均应种树。

5. 道路绿带设计

1）行道树绿带设计

微课：行道树绿带设计

从车行道边缘至建筑红线之间的绿化地段统称为行道树绿带。这是道路绿化中的重要组成部分，人行道往往占很大的比例。

为了保证车辆在车行道上行驶时车中人的视线不被绿带遮挡，能够看到人行道上的行人和建筑，在行道树绿带上种植树木必须保持一定的株距，以保证树木生长需要的营养面积。一般来说，考虑人行道上绿带对视线的影响，其株距不应小于树冠直径的2倍。但栽植雪松、柏树等易遮挡视线的常绿树，为使其不遮挡视线，其株距应为树冠冠幅的4~5倍。

行道树绿带上种植乔木和灌木的行数由绿带宽度决定。在地上、地下管线影响不大时，宽度在2.5m以上的绿带，种植一行乔木和一行灌木，宽度大于6m时，可考虑种植两行乔木，或将大小乔木和灌木以复层方式种植。宽度在10m以上的绿带，其株行数可多些，树种也可多样，甚至可以布置成花园林荫路。

行道树绿带设计可分为规则式（见图 3-4）、自然式（见图 3-5）、规则与自然相结合的形式。地形条件采用哪种形式，应以乔灌木的搭配、前后层次的处理，以及单株与丛（株）植交替种植韵律的变化为基础原则。

❖ 图 3-4　规则式

❖ 图 3-5　自然式

2）分车绿带设计

在分车带上进行绿化，称为分车绿带，也称为隔离绿带。分车带的宽度，依行车道的性质和街道的宽度而定。

微课：分车绿化带绿化设计

分车绿带起到分隔组织交通与保障安全的作用，机动车道的中央隔离带在可能的情况下要进行防眩种植。机动车两侧隔离带如有条件，可种植防尘、防噪声植物。

分车绿带的种植可分为封闭式种植和开敞式种植两种。

（1）封闭式种植。造成以植物封闭道路的境界，在分车带上种植单行或双行的丛生灌木或慢生常绿树，当株距小于 5 倍冠幅时，可起到绿色隔墙的作用。在较宽的隔离带上，种植高低不同的乔木、灌木和绿篱，可形成多种树冠搭配的绿色隔离带，层次和韵律较为丰富（见图 3-6）。

❖ 图 3-6　封闭式种植

（2）开敞式种植。在分车带上种植草皮、低矮灌木或较大株距的大乔木，以使视野开阔、通透。大乔木的树干应该裸露（见图 3-7）。

❖ 图 3-7　开敞式种植

无论采取哪种绿带种植方式，都是为了处理好建筑、交通和绿化之间的关系，使街景统一而富于变化。在一条较长的道路上，根据不同地段的特点，可以交替使用开敞式与封闭式的种植手法，这样既能照顾到各个地段上的特点，也能产生对比效果。

6. 交叉路口、中心岛绿化

微课：交叉路口、交通岛绿化设计

1）交叉路口绿化

交叉路口是两条或两条以上道路相交之处，是交通的咽喉、隘口，种植设计需先调查其地形、环境特点，并了解“安全视距”及相关符号。安全视距是行车司机发觉对方来车、立即刹车恰好能安全停车的距离。为了保证行车安全，道路交叉路口转弯处必须空出一定距离，使司机在这段距离内能看到对面或侧方开来的车辆，并有充分的刹车时间和停车时间，不致发生撞车事故。根据两条相交道路的两个最短视距，可在交叉路口平面图上绘出一个三角形，称为视距三角形（见图 3-8）。在此三角形内不能有建筑物、构筑物、广告牌以及树木等遮挡司机视线的地面物。在视距三角形内布置植物时，其高度不得超过 0.70m，宜选矮灌木、丛生花草种植。

2）中心岛绿化

中心岛俗称转盘，设在道路交叉路口处。中心岛主要为组织环形交通，驶入交叉路口的车辆，一律绕岛做逆时针单向行驶。中心岛一般设计为圆形，其直径的大小必须保证车辆能按一定速度以交织方式行驶，由于受到环道上交织能力的限制，中心岛多设在车辆流量大的主干道或具有大量非机动车通行，行人众多的交叉路口。目前，我国大中城市所采用的圆形中心岛直径一般为 40~60m，一般城镇的中心岛直径也不能小于 20m。

中心岛绿地要保持各路口之间的行车视线通透，不宜栽植过密乔木，而应布置成装饰绿地，方便绕岛行驶的车辆的驾驶员准确快速识别各路口。不布置成供行人休息用的小游园或吸引游人的地面装饰物，而常以嵌花草皮花坛为主或以低矮的常绿灌木组成简单的图案花坛，切忌用常绿小乔木或大灌木，以免影响驾驶员视线。中心岛虽然也能构成绿岛，但比较简单，与大型的交通广场或街心游园不同，且必须封闭，如图 3-9 所示。

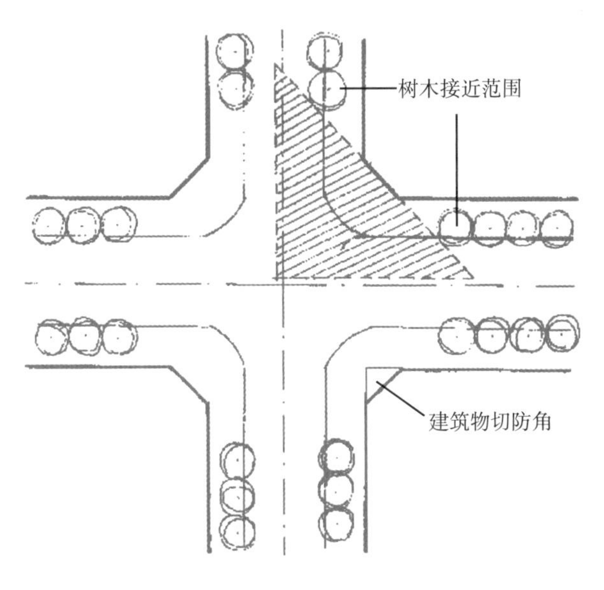

❖ 图 3-8　视距三角形

❖ 图 3-9　中心岛示意图

3）导向岛绿化

导向岛用以指引行车方向、约束车道，使车辆减速转弯，保证行车安全。绿化布置常以草坪、花坛为主。为强调主要车道，可选用圆锥形常绿树栽在指向主要干道的角端，加以强调；在次要道路的角端可选用圆形树冠树种，以示区别。

4）立体交叉绿化

立体交叉主要分为两大类，即简单立体交叉和复杂立体交叉。简单立体交叉又称分立式立体交叉，纵横两条道路在交叉点互相不通，这种立体交叉一般不能形成专门的绿化地段，只作行道树的延续而已。复杂立体交叉又称互通式立体交叉，两个不同平面的车流可以通过匝道连通。全互通式立体交叉的平面形式以苜蓿叶式最为典型（见图 3-10）。此外，还有半苜蓿叶式和环道式等多种形式。交叉路口按竖向位置可分为平面交叉和立体交叉两大基本类型。

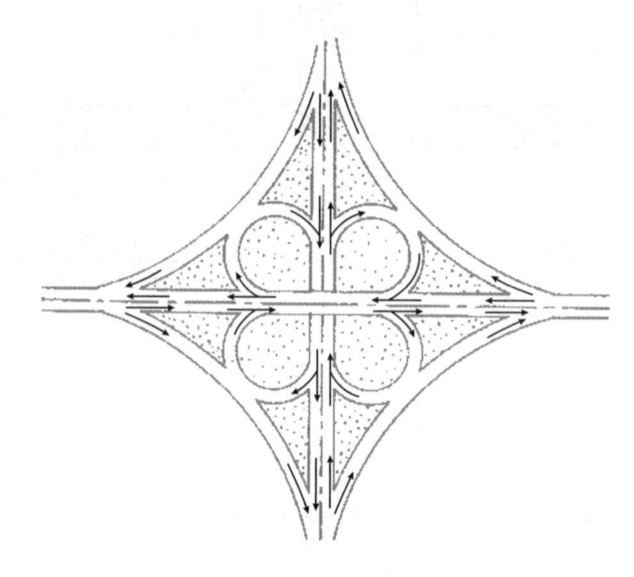

❖ 图 3-10　苜蓿叶式立体交叉示意图

复杂立体交叉一般由主、次干道和匝道组成，匝道供车辆左右转弯，把车流导向主、次干道上。为了保证车辆安全和保持规定的转弯半径，匝道和主、次干道之间往往形成几块面积较大的空地。有很多城市利用这些空地作为停车场，但一般多作为绿化用地，称为绿岛。此外，以立体交叉的外围到建筑红线的整个地段，除根据城镇规划安排市政设施外，都应该充分绿化起来，这些绿地可称为外围绿地。绿岛和外围绿地构成美丽而壮观的景象。

绿化布置要服从立体交叉的交通功能，使司机有足够的安全视距。立体交叉虽然避免了车流在同一平面上的十字交叉，但却避免不了汽车的顺行交叉（又称交织）。在匝道和主、次干道汇集的地方也要发生车辆顺行交叉，因此，在这一段不宜种植遮挡视线的树木。如种植绿篱和灌木时，其高度不能超过司机视高，以使其能通视前方的车辆。在弯道外侧，最好种植成行的乔木，以诱导司机行车方向，同时使司机有一种安全感。

绿岛是立体交叉中面积较大的绿化地段，一般应种植开阔的草坪，草坪上点缀具有较高观赏价值的常绿树和花灌木，也可以种植一些宿根花卉，构成一幅壮观的景象。绿岛切忌种植过高的绿篱和大量的乔木，以免阴暗郁闭。如果绿岛面积较大，在不影响交通安全的前提下，可按街心花园的形式进行布置，设置园路、亭、水池、雕塑、花坛、坐凳等，如合肥市五里墩立交桥的绿岛。立交桥的绿岛处在不同高度的主、次干道之间，往往有较大的坡度，绿岛坡降以不超过 5% 为宜，陡坡位置须另作防护措施。此外，绿岛内还需要装设喷泉设施，以便及时浇水、吸尘和降温。

立体交叉外围绿化树种的选择和种植方式，要与道路伸展方向绿化建筑物的不同性质结合起来，和周围的建筑物、道路、路灯、地下设施及地下各种管线密切配合，做到地上地下合理布置，才能取得较好的绿化效果（见图 3-11 和图 3-12）。

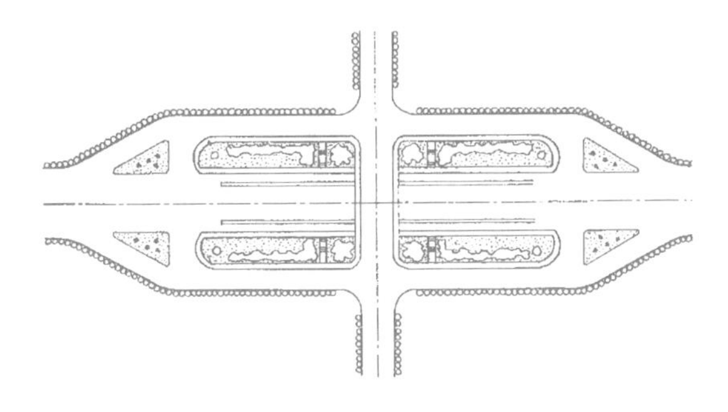

❖ 图 3-11　北京阜成门立交桥绿化方案

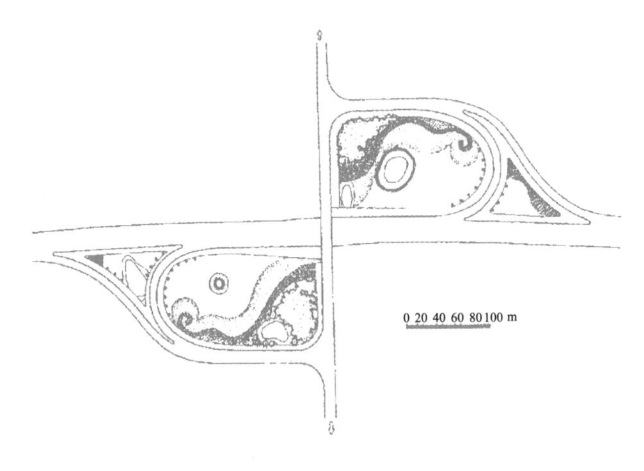

❖ 图 3-12　互通立交桥绿化设计方案

7. 路侧绿带的绿化

路侧绿带根据其相邻用地性质、防护和景观要求进行规划设计，其绿带可分为开放式（街道休息绿带）、林荫路（园林景观路）等。

1）开放式绿地的绿化

开放式绿地，即街道休息绿地，俗称街道小游园。以植物为主，可用树丛、树群、花坛、草坪等布置。乔木和灌木、常绿树或落叶树相搭配，层次要有变化，内部可设小路和小场地，供人们入内休息。有条件的设一些建筑小品，如亭廊、花架、宣传廊、园灯、水池、喷泉、假山、座椅等，丰富景观内容，满足群众的需要。

街道小游园绿地大多地势平坦，或略有地形起伏，可设计为规则对称式、规则不对称式、自然式、混合式等多种形式。

（1）规则对称式。有明显的中轴线，规则的几何图形，如正方形、长方形、多边形、圆形、椭圆形等。外观比较整齐，能与街道、建筑物协调，但也易受约束，处理不当就会呆板、不活泼（见图 3-13）。

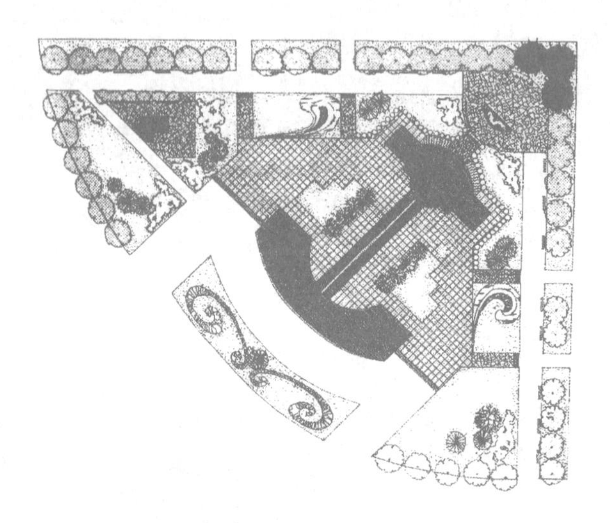

❖ 图 3-13 规则对称式小游园

（2）规则不对称式。这种形式整齐而不对称，给人的感觉虽不对称，但有均衡的效果（见图 3-14）。

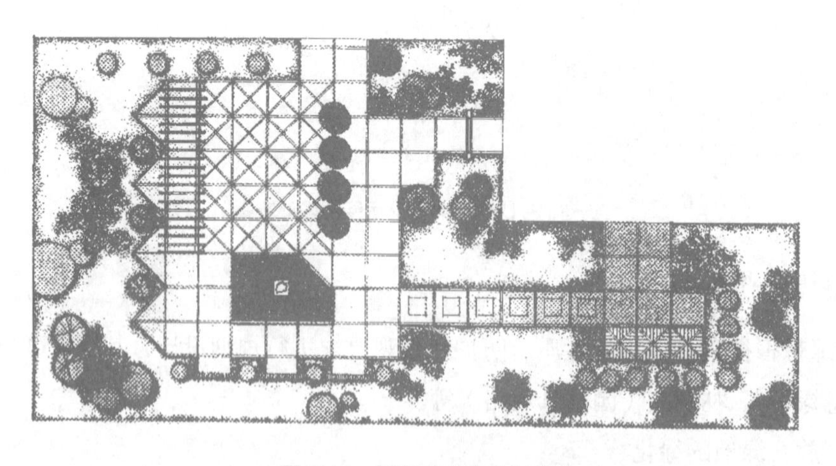

❖ 图 3-14 规则不对称式小游园

（3）自然式。绿地没有明显的轴线，道路为曲线，植物以自然式种植为主，易于结合地形，创造成自然环境，活泼舒适，如果点缀一些山石、雕塑或建筑小品，更显得美观（见图 3-15）。

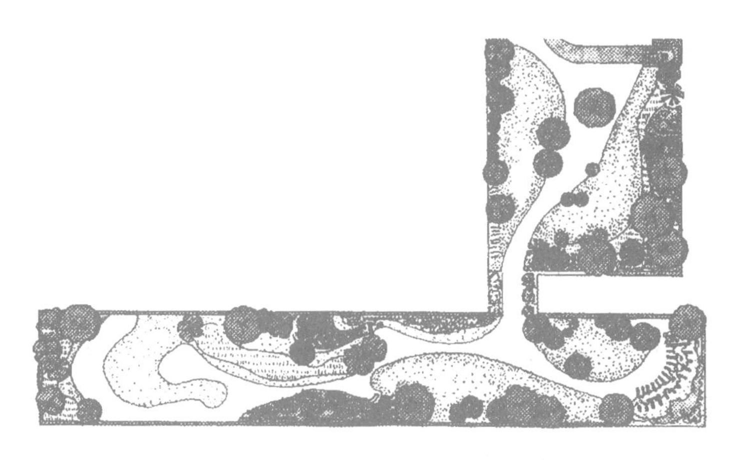

❖ 图 3-15　自然式小游园

（4）混合式。这是规则式与自然式相结合的一种形式，比较活泼，内容丰富。但空间面积需较大，能组织成几个空间，联系过渡要自然，总体格局应协调，不可杂乱、“小而全”（见图 3-16）。

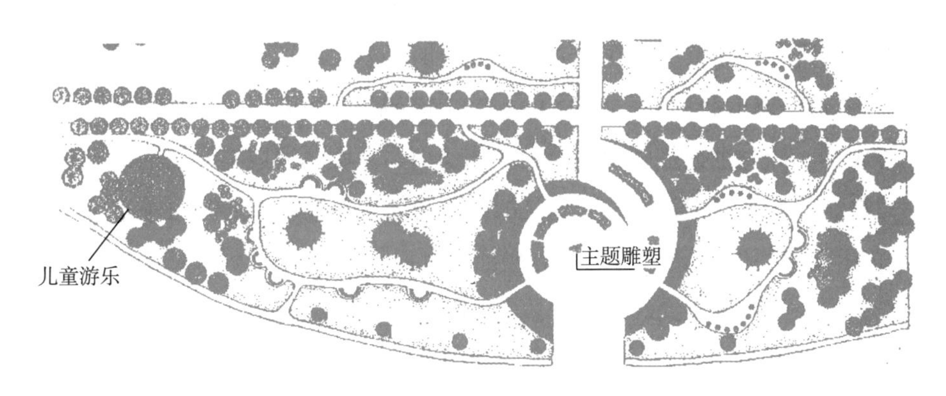

❖ 图 3-16　混合式小游园

2）林荫路（园林景观路）的绿化

林荫路（园林景观路）是道路绿化的重点，其绿化用地较多，具有较好的绿化条件，反映城市的绿化特点与绿化水平。植物配置要考虑空间层次，色彩搭配，体现城市道路绿化特色。同一条道路的绿化应有统一的景观风格，道路全程过长时，各路段的绿化在保持整体景观统一的前提下，可在形式上有所变化，使其能更好地结合各路段环境特点，丰富景观。林荫路利用植物与车行道隔开，在其内部不同地段辟出各种不同休息场地，并有简单的园林设施，供行人和附近居民作短时间休息之用。目前，在城镇绿地不足的情况下，可起到小游园的作用。

（1）林荫路设计原则。

① 林荫路必须设置游步道。一般在 8m 宽的林荫路内，设一条游步道；宽 8m 以上时，设两条以上为宜。

② 车行道与林荫路绿带之间要有浓密的植篱和高大的乔木组成绿色屏障相隔，立面上布置外高内低的形式为佳。

③ 设置小型儿童游戏场，布置休息座椅、花坛、喷泉、阅报栏、花架等建筑小品。

④ 须留有出口。林荫路可在长 75~100m 处分段设立出入口；人流量大的人行道也应留有出入口；大型建筑的入口处也设出入口。各出入口布置应具有特色，作为艺术上的处理，以增强绿化效果。

⑤ 要以丰富多彩的植物取胜。林荫路总面积中，道路广场不宜超过 25%，乔木占 30%~40%，灌木占 20%~25%，草地占 10%~20%，草本花卉占 2%~5%。南方天气炎热需要更多的浓荫，故常绿树占地面积可大些，北方则落叶树占地面积大些。

⑥ 宽度较大的林荫路宜采用自然式布置，宽度较小的则以规则式布置为宜。

（2）林荫路布置的几种类型。

① 设在街道中间的林荫路，即两边为上下的车行道，中间有一定宽度的绿化带，这种类型较为常见，如北京正义路林荫路、上海肇家滨林荫路等。林荫路主要是供行人和附近居民作短暂休息用。此类型多在交通量不大的情况下采用，出入口不宜过多。

② 设在街道一侧的林荫路，减少了行人与车行路的交叉，在交通比较频繁的街道上多采用此种类型，同时也往往因地形而定。如傍山、一侧滨河或有起伏的地形时，可利用借景将山、林、河、湖组织在内，创造更加安静的休息环境，如上海的外滩绿地。

③ 设在街道两侧的林荫路与人行道相连，可以使附近居民不用穿越道路就可到达林荫路内，既安静，又使用方便。此类林荫路占地面积过大，目前使用较少，如北京阜外大街花园林荫路。

任务实施方法与步骤

（1）了解所设计地段现状。

教师准备某街道绿化设计平面现状图。

① 工程概况，包括绿化面积、尺寸等。

② 自然环境，包括地形、气象、土壤等。

③ 人文环境，包括历史、服务对象等。

（2）确定设计内容。学生进行行道树绿带、分车绿带、路侧绿带和安全岛绿地设计。

（3）绘制草图。

（4）用计算机辅助绘出方案设计图，书写文本说明。

（5）采取答辩的形式，每名同学对自己的作品进行说明。

（6）对作品进行修改。

巩固训练

利用课外时间，将课堂上未完成的设计做完。上课模拟设计的地段，不可能包括道路绿化的全部内容，还可虚拟几块地段，练习其他道路绿化形式的设计。

自我评价

评价项目	技术要求	分值	评分细则	评分记录
现状分布	抓住场地特征，根据现状确定设计内容	30	能否抓住场地特征，不能抓住特征扣1~10分； 内容确定是否准确，不准确扣10~15分	
设计图整体	景观设计美观，图形流畅，特征鲜明	40	景观设计是否美观，不美观扣10~20分； 图形表达是否流畅鲜明，不鲜明扣1~10分	
植物选择与配置	植物选择合理，植物配置合理美观	30	植物选择是否合理，不合理扣10~20分； 植物配置是否注重高低、色彩、季相搭配，不搭配扣10分	

3.2 城市商业步行街绿地设计

知识和技能要求

1. 知识要求

（1）理解城市商业步行街绿地设计“以人为本”的原则。

（2）掌握城市商业步行街绿地设计要求。

（3）掌握城市商业步行街绿地设计植物选择。

2. 技能要求

（1）能熟练地进行长 600~800m 商业步行街的绿地设计。

（2）能熟练地用计算机辅助绘制方案设计图包括平面图、小品效果图。

情境设计

（1）上课时通过典型案例分析，学习商业步行街绿地设计的内容与方法。

（2）通过学习相关知识对某虚拟的商业步行街进行模拟设计训练，绘制图纸，书写设计文本。

（3）每名学生对自己的作品进行陈述，由教师及其他同学提出问题，该同学解答，在讨论中提出存在的缺点及改进方法。

任务分析

该任务首先是学生通过对典型案例的学习，掌握商业步行街绿地设计的内容与方法；其次，通过模拟设计训练来强化这种设计方法与要求；最后，通过答辩、讨论改进自己的设计并对其进行深化设计。

相关知识点

1. 定义

步行街道绿地绿化设计在市中心地区的重要公共建筑、商业与文化生活服务设施集中的地段，设置专供人行而禁止一切车辆通行的道路称为步行街，如沈阳的太原街、大连的天津街等。另外，还有一些街道只允许部分公共汽车短时间或定时通过，形成过渡步行街和不完全步行街，如北京的王府井大街、前门大街，上海的南京路步行街（见图 3-17），沈阳的中街等。

2. 城市商业步行街绿地设计的依据与原则

根据国内外对步行街规划设计的经验，可以归纳出下列几点原则。

（1）全盘考虑的原则。设置步行街不是仅将街道关闭、管制汽车的进入，而是一个现代城市管理的规划，对现代城市实质环境、经济活动及交通系统等都有连带的影响。因此，开发行人步行街必须考虑停车等问题。

微课：城市商业步行街绿化设计

（2）人性化尺度的原则。步行街就是人活动的地方，所以必须处处考虑人的尺度、人的活动需求以及人对城市环境的需求。

（3）区域性限制的原则。每一个城市的市中心或拟设置步行街的地方，其条件和限制均不一样，不能一味地抄袭另一个地方的做法，必须因地制宜。

❖ 图 3-17 上海的南京路步行街

（4）三度空间规划的原则。一条街道即由街道的地面和两旁建筑物的墙面所围成的一个都市空间，所以除对街道地面及其上面的景物进行设置处理外，建筑物立面的整修以及招牌的悬挂也应加以规划设计、整齐划一。

（5）精致处理的原则。好的设计都是简单清爽，细部处理别致。变化过多，常是“乱”的根源。例如，铺面的用材与设计可用一种主要建材再配上 1~2 种辅助材料即可。

（6）主题性设计的原则。利用当地的人文资源，以城市的文脉为主线，结合商业街的特色进行主题性的规划设计，使民众在历史、建筑、饮食、习俗、文化等多项层面上体验城市的历史文化内涵，更加凸显步行街作为城市社区中心的作用。

3. 南京路步行街景观环境设计分析

南京路步行街景观环境设计坚持“以人为本”的原则，各种小品、街道家具、灯杆的尺度与人和建筑的尺度相协调，为游人创造一个舒适、悠闲的购物环境（见图 3-18 和图 3-19）。

微课：南京路步行街景观环境设计分析

❖ 图 3-18 步行街鸟瞰

❖ 图 3-19 小品

1）“金带”

“金带”贯穿于整条步行街，集中布置城市公共设施，是步行街的灵魂。它作为步行街的休闲停留空间与其两侧的步行空间形成强烈的动静对比。“金带”布置以 75m 的长度为一个标准单元，留出足够的南北向步行空间，让游人自由穿越“金带”。

微课：确定“以人为主”的设计原则与思路

（1）街道家具。包括路灯、座椅、花坛、服务亭、广告牌、购物亭、电话亭、垃圾桶等，花坛、座椅的用材与“金带”地面层铺装相一致。

（2）窨井盖。位于“金带”上的 37 个窨井盖都进行了特殊设计，每个窨井盖都刻有不同图案——上海开埠以来各时期代表性建筑物和构筑物浮雕，并标注建造年份，全部用合金铜浇铸。37 个窨井盖浓缩了上海百余年来城市建设的发展史。

（3）雕塑。“金带”上选用了 3 组铸铜雕塑，分别为“三口之家”“少妇”“母与女”，均采用真人比例写实的手法，人物造型栩栩如生，融入步行街上的购物人群之中，为步行街营造了祥和、温馨的氛围。

（4）题字碑。在河南路、西藏路两端入口处的“金带”上，分别设立了题字碑，碑体为整块抛光花岗岩，基座采用钢筋混凝土结构、花岗岩贴面。碑体正面是“南京路步行街”6个鎏金大字，背面为中英文对照的南京路步行街建设志。

微课：商业步行街重点位置设计

2）广场设计

（1）世纪广场。位于南京路以南、湖北路以东、九江路以北、福建路以西，用地面积为8404m²。广场西侧近400m²绿地，花坛西侧耸立着一座高3.08m的东方宝鼎，广场东侧安置了一座时鸣钟，这是为纪念我国和瑞士建交50周年，瑞士人民赠送给上海人民的礼物，到整点时，时钟会响起我国民歌旋律的钟声。广场东侧有管理用房、LED大屏幕、旱喷泉、停车场等设施。从步行街进入世纪广场，空间豁然开朗，既丰富了城市景观，又为游人提供了开阔的绿化休闲场所。世纪广场也是演出、商品展示、大型活动的理想场所。

（2）河南路广场。结合地铁通风井、残疾人电梯、车站出入口设计了一个占地约600m²的立体花坛，使地铁设施融入绿树丛中，与广场形成一个整体。

3）西藏路天桥

西藏路天桥建于1985年，为了配合南京路步行街的建设，对其进行了重新装修。天桥的主体结构保留，设计采用不锈钢栏杆和玻璃护栏，桥面使用彩色水泥，底部用铝合金扣板和弧形肋板吊顶，并安装2400根光纤，由计算机控制形成5种颜色渐变的满天星效果的弧形光环。

4）绿化设计

南京路步行街绿化设计是总体设计的重要部分之一，通过“点、线、面”结合，营造精致的绿化景观，最大限度地改善步行街的生态环境。

（1）“点”。即贵州路、金华路、浙江路、福建路、河南路口的5棵巨型香樟树。它们既点缀了环境、为步行街的空间创造韵律感，又对游人起到提示路口的作用，同时，也较好地解决了行道树与商店招牌、霓虹灯广告间的矛盾。

（2）“线”。即“金带”绿化和步行区的行道树。“金带”上布置32个方形花坛，种植四季草花；11个圆形花坛，植有树龄达百年以上的构骨树；在河南路、福建路、浙江路口的“金带”端头，安放5组各15棵盆栽造型树。步行街上保留了原有的24棵悬铃木行道树。另外，河南路至山西路段，因地处地铁车站，顶板覆土浅，无法种植，设计者安放了60多棵盆栽桂花树，金秋丹桂飘香，别有一番情趣。

（3）“面”。即世纪广场和河南路广场中的大片绿地。世纪广场的绿化突出了“把大树引入都市”和回归大自然的主题，集中绿地呈阶梯式，流线形的花岗岩条石将绿地分成高、中、低3层，最高处种植50棵香樟，中间种有黄杨、大桂花树等灌木，下层是绿色植被和草花勾勒的花带。河南路广场绿化是一个占地达600m²的立体花坛，绿色珊瑚树、四季草花、黄色金叶女贞由上而下，形成层次分明、色彩艳丽的景观绿地，并将地铁通风口、出入口隐蔽其中。

5）灯光

南京路步行街的灯光设计除了满足照明要求外，更注重与景观环境的协调。充分利用原有建筑物上霓虹灯、泛光照明、灯箱、橱窗所构成的环境效果，在观光车道的南边线布置有一排地灯，既起到标识观光车道的作用，又与“金带”上6m高的路灯相呼应，将整条步行街的灯光贯穿起来。“金带”表面抛光形成镜面，其反射光与建筑的灯光交相辉映。

实践操作

（1）确定步行街绿地设计的设计原则与思路。

（2）重点位置设计，如入口处、道路及铺装、街具小品、植物配置等处的设计。

（3）用计算机辅助绘出方案设计图，书写文本说明。

（4）采取答辩的形式，学生对自己的作品进行说明，其他同学提出不足及改进方法，师生共同讨论。

（5）对作品进行修改。

巩固训练

商业步行街是社会发展的产物也是新兴产业，会有更广阔的发展空间，对绿化设计还有更高的要求。课下同学们做一份调查问卷，总结现有的商业步行街设计存在的不足，并提出改进措施，为今后的设计掌握第一手资料。

自我评价

评价项目	技能要求	分值	评分细则	评分记录
现状分析	分析准确，抓住场地特征	10	分析是否准确，不准确扣5分； 是否抓住场地特征，未抓住特征则扣5分	
设计原则	体现“以人为本”的原则	20	是否充分体现“以人为本”的原则，没体现扣10～20分	
设计内容	满足人们需要	20	内容是否满足人们需要，不满足扣10分	
景观	有艺术性	20	景观设计是否有艺术性，没有扣20分	
设计图整体	画面效果好，有实用价值	20	效果不好扣10分，实用价值不高扣10分	
文本说明	格式正确，清楚明白	10	格式不正确扣5分，表达不好扣5分	

3.3　城乡公路绿地设计

知识和技能要求

1. 知识要求

（1）掌握公路绿地设计的原则。

（2）掌握公路绿地设计的内容、方法及要求。

2. 技能要求

能熟练地对城乡公路进行绿地设计，用计算机辅助绘制设计平面图、立面图及效果图，并书写文本说明。

情境设计

（1）提前让学生利用课余时间调查周围城乡公路是如何绿化的，绘出其平面图，调查其植物选择。

（2）上课时学生汇报调查结果，提出现有公路绿地设计中存在的优点与缺点，同学间讨论，教师进行总结。

（3）教师选择好某一处公路，让学生进行绿地设计，绘制方案设计图，书写设计文本。

任务分析

通过学生课前的调查分析，让学生初步了解城乡公路是如何绿化的。当然，这些都是学生自学分析得来的，不一定全都正确。

通过优缺点的评析、同学间的讨论及教师的总结，归纳出正确的城乡公路绿地设计内容、要求、方法。

最后通过模拟设计训练来强化设计内容与方法。

相关知识点

公路绿地规划设计是指公路沿线及互通式立交区、服务区等公路用地范围内的绿化（见图 3-20）。随着我国交通业的迅猛发展，公路线路里程与行车质量得到很快提高，在公路上出行的人越来越多，出行人在享受安全舒适乘车环境的同时，还希望能欣赏到赏心悦目的沿途景观。因此，公路绿化应尽可能地结合防护工程进行绿化设计，保护自然环境，改善景观。

❖ 图 3-20　公路绿化

一般公路主要是指市郊、县、乡公路。为了保证车辆行驶安全，在公路的两侧进行合理的绿化，可防止沙化和水土流失对道路的破坏，并增加城市的景观性，改善生态环境条件。

1. 公路绿地设计的原则

微课：公路绿地规划设计

（1）应根据公路等级、路面宽度，决定绿化带宽度及树木种植位置。路面在 9m 以下（包括 9m）时，公路植树不宜在路肩上，要种在边沟以外，距外缘 0.5m 处。路面在 9m 以上时，可种在路肩上，距边沟内缘不小于 0.5m 处，以免树木生长的地下部分破坏路基（见图 3-21）。

（2）在遇到桥梁、涵洞等构筑物时，5m 以内不得种树，以防影响桥涵。

（3）树种多样，富于变化。公路线很长时则可相距 2~3km 换一树种，以加强景色变化，防止病虫害蔓延。调换树种的起始位置要结合路段环境。要注意乔灌木树种结合，常绿树与落叶树相结合，必须适地适树，以乡土树种为主。

（4）应与农田防护林、护渠林、护堤林及郊区的卫生防护相结合。要少占耕地，一林多用，除观赏树种外，还可选择经济林木，如核桃、乌桕、柿树、花楸、枣树等。

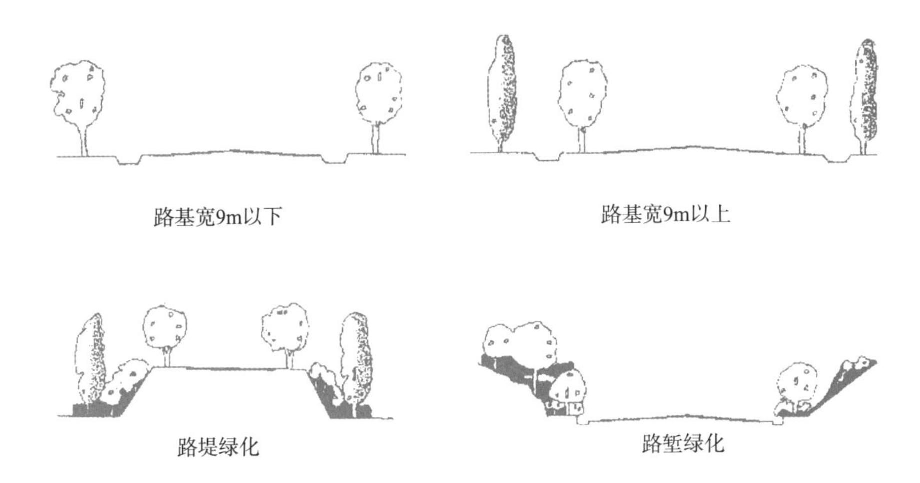

❖ 图 3-21 公路绿化断面示意图

2. 公路绿地立地条件

微课：公路绿地规划设计方法

立地条件是指植物生长的气候、水文、地质等自然和人类活动的条件，如海拔高度、地面横坡及土壤质地、厚度、水分、酸碱度等；平原区、山区、盐碱地、沙漠地区、市郊区、村镇路段、工矿污染区；公路工程作业污染区（如沥青拌和站）、各种保护区、互通式立体交叉、服务区、收费站、平面交叉路口等，不同的立地条件，应加以区别。

土层厚度为30~40cm，可种植草坪；土层厚度为50~100cm，可种植灌木、小乔木或浅根树种；土层厚度大于100cm，方可种植乔木或大乔木。土壤pH小于6.8的酸性土，适宜种植马尾松、山茶、茉莉、棕榈等树种；土壤pH在6.8~7.2的中性土，适宜种植大多数树种；土壤pH大于7.2的碱性土，适宜种植柽柳、紫穗槐、沙棘、沙枣等树种。

树木对温度的适应能力存在差异，根据树种分布区域和温度高低的状况，可分为热带树种、亚热带树种、温带树种及寒带树种。根据树木对水分的要求，可分为旱生树种、中生树种和湿生树种。旱生树种具有较强的抗旱能力，能生长在干旱地带；中生树种包括绝大多数树种；湿生树种需生活在潮湿的环境中，在干燥的环境下，可能生长不良或致死。根据树木对光照的要求，可分为阳性、阴性和中性。一般针叶树树叶呈针状者为阳性树，叶扁平呈鳞片状者为阴性树；阔叶树常绿者为耐阴树，落叶者为阳性树或中性树。根据空气、纬度、海拔、地形等因素，可将植物分为不同的种类。绿化栽植时，应针对不同的自然条件和功能要求，选择不同的树种。

3. 公路绿地设计指导思想

公路绿化首先应该满足公路使用功能要求。人们对公路绿化的认知，由最初单一的行道树功能，发展到多种综合绿化功能，如防护、防污、护坡等保护环境的功能等应给予足够的重视；诱导、过渡、防眩、缓冲、遮蔽、隔离等改善环境的功能栽植应尽可能完善。

公路绿化应遵循“以绿为主、以美为辅，先绿化、后美化，普遍绿化、重点提高”的原则。在公路用地界内，除路面、桥面等外，按“见缝插绿”的方针，先将之全部绿化，避免裸露的地面出现，通过定植、养护逐步美化提高。

4. 公路绿地设计树种配置

行道树应选择病虫害少、长寿、耐瘠薄、耐寒、耐旱、冠大、枝叶密、深根的树种；防眩树选择耐修剪、生长慢、耐烟尘、耐瘠薄、耐寒、耐旱的树种；地被草种应速生、整齐、覆盖迅速，基本草种应能够自繁自衍、耐旱、耐瘠薄、根系发达、病虫害少、耐修剪。树种的选择不宜太多，尽可能采用同一树种、同一规格、同一株距、同一行距，有利于种植和养护，使绿化工程整齐、庄重（见图 3-22 和图 3-23）。

❖ 图 3-22　公路绿化（1）

❖ 图 3-23　公路绿化（2）

树种的选择应分别确定 2~4 个基调树种、5~12 个骨干树种、30~50 个一般树种。公路绿化应以基调树种和骨干树种为主，基调树种应体现当地公路绿化的特色，骨干树种是公路绿化的主力军，一般树种应丰富多彩。综合考虑土生、速生、长寿、先锋、抗性、边缘、防护、地被、垂直绿化等特性，确定树种。以土生树种为主、外来树种为辅，适时适地适树，适宜粗放管理；乔灌草结合、以灌木为主，以阔叶乔木和草为辅；常绿树种与落叶树种结合，以经济树种为主；近期绿化效果与远期绿化规划相结合，以近期为主。

根据植物的叶和花的色泽、季相变化，可将植物加以区别。红叶李、柿树、南天竹、花椒、石楠等为观叶树；贴梗海棠、海棠花、桃、杏、紫薇、玫瑰、石榴、毛刺槐、合欢、蔷薇、榆叶梅、紫荆、木槿、扶桑等为开红花的树种；迎春、连翘、黄木香、黄刺玫、黄蔷薇、腊梅等为开黄花的树种；紫藤、紫丁香、木槿、泡桐等为开紫花的树种；茉莉、白丁香、女贞、玉兰、广玉兰、白蔷薇、白玫瑰、刺槐等为开白花的树种。

公路绿化树木配置形式有对植、孤植、丛植、篱植、群植、林植、花台、花坛等。速生品种与中慢生相结合；阔叶乔木与针叶、花灌木相结合；近期效果与远期效果相结合（见图 3-24）。

❖ 图 3-24　公路绿化树木配置

树与树之间的距离（株距和行距），根据树木的种类，一般以 15 年生的大小确定为宜。高大落叶乔木如毛白杨、国槐、柳树、悬铃木、银杏等，成年树冠为 8~10m，孤立树冠为 10~15m；中小落叶乔木如玉兰、合欢、海棠等，成年树冠为 3~7m；常绿阔叶乔木如广玉兰，成年树冠为 4~8m；幼年常绿树如桧柏、云杉、龙柏、华山松等，成年树冠为 4~8m；单行绿篱宽为 0.5~1m，双行绿篱宽为 1~1.5m；花灌木如木槿、丁香、榆叶梅、黄刺玫等冠径为 1~3m。

落叶乔木选择苗木的胸径为 3~7cm，常绿乔木高度为 1.5~3.5m；除用于休息区、办公区的矮绿篱、中绿篱外，常绿灌木高度一般为 1.2~1.5m，冠径为 0.4~0.6m，落叶灌木高度一般为 1.0~2.5m，灌木丛一般要求应有 3~6 个主茎；地被的覆盖度一般要求为 80% 左右比较妥当；绿篱可以根据植物的种类分为常绿篱、花绿篱和刺绿篱 3 种，也可以根据修剪高度分为矮绿篱（20~50cm）、中绿篱（50~120cm）和高绿篱（120~170cm）。

行道树和防眩树按 3.5~7km，最长不超过 10km，变换一次树种。根据在路基横断面上的位置，选择行道树的树冠、树高、色相、抗性等。地被植物在一个养护管理所的养护范围内，划分 2~3 个养护路段，每个绿化养护路段的地被植物采用相同栽植方式；特殊地带的地被，可按一个独立的绿化养护路段设计，全段不宜使养护工作过分集中。在同一养护路段，所选树种的适宜种植季节（如春季栽植、秋季栽植）和最佳的养护季节，尽可能在同一个时期，但应避免同种、同一规格、同一株行距。

任务实施方法与步骤

（1）原始地形测绘，进行现状分析，了解立地条件。

（2）确定设计指导思想。

（3）树种选择。

（4）进行设计，绘制图纸。

（5）书写文本说明。

巩固训练

近年来，高速公路的绿化也越来越受人们的重视，学生可以利用课余时间对这部分内容进行学习。

自我评价

评价项目	技术要求	分值	评分细则	评分记录
现状分析	抓住场地特征，根据现状确定设计内容	30	能否抓住场地特征，不能抓住特征扣 1～10 分； 内容确定是否准确，不准确扣 10～15 分	
设计图整体	景观设计美观，图形流畅，特征鲜明	30	景观设计是否美观，不美观扣 10～20 分； 图形表达是否流畅鲜明，不鲜明扣 1～10 分	
植物选择与配置	植物选择合理，植物配置合理美观	30	植物选择是否合理，不合理扣 10～20 分； 植物配置是否注重高低、色彩、季相搭配，不搭配扣 10～20 分	
文本说明	格式正确，条理清晰，清楚明白	10	格式不正确扣 5 分；表达不清晰扣 5 分	

模块 4 屋顶花园设计

【学习目标】

终极目标

(1) 能快速地手绘方案图。

(2) 能较好地把握设计主题，运用合理的图形表现，注重游客体验。

(3) 能对植物进行合理的选择。

促成目标

(1) 了解商务酒店、公共建筑、居住小区建筑屋顶的结构、承重等知识。

(2) 掌握建筑的防水知识。

(3) 掌握屋顶小气候对植物的影响。

4.1 商务酒店屋顶花园设计

知识和技能要求

1. 知识要求

（1）掌握屋顶花园设计原则。

（2）掌握建筑屋顶的构造、承重及防水知识。

（3）掌握商务酒店屋顶花园设计内容与方法。

2. 技能要求

能绘出某处商务酒店屋顶花园的改建设计图并写出设计文本。

情境设计

（1）课前准备好一份商务酒店屋顶花园设计的案例。

（2）教师上课采用多媒体教学手段展示案例，讲解其设计内容与方法，以提问的形式，让学生分析其设计的优缺点，找出屋顶花园设计与陆地花园设计的区别。

（3）根据点评结果，对此商务酒店的屋顶花园进行改建。

任务分析

该任务主要是让学生知道，由于屋顶花园在设计时要考虑承重、防水等方面的要求，所以设计内容和方法与陆地花园有所区别。通过分析实际案例，学习其优点，提出其不足，有针对性地对其进行改建。

相关知识点

1. 定义

屋顶花园是指在各类建筑物的顶部（包括屋顶、楼顶、露台或阳台）栽植花草树木，建造各种园林小品所形成的绿地（见图 4-1）。

❖ 图 4-1　屋顶花园

2. 屋顶花园的功能

1）改善生态环境，增加城市绿化面积

当今的城市越发达，其建筑密度就越大，其相对的绿地所占比例也随之变小，在我国发达的城市，人口密度大，人均绿地面积少。屋顶绿化对一个城市来讲是提高绿化面积的一种有效的方法。

微课：屋顶花园的功能

2）美化环境，调节心理

屋顶花园与城市其他园林绿地一样对人们的生活环境赋予绿色的情趣享受，它对人们心理所产生的作用比其他物质享受更为重要。试想，一个高度紧张工作的人，其周围的环境中除了灰色建筑之外，没有任何象征生命力的绿树鲜花，这对他的心理会产生什么样的影响？

绿色植物能调节人的神经系统，使人们紧张疲劳的神经得到缓解，屋顶花园可以使生活或工作在高层建筑的人们看到更多的绿色景观，观赏到优美的环境。

3）改善室内环境，调节室内温度

居住在顶层的人们，都会感到室内温度在夏季明显比非顶层的楼层是内温度要高出2~3℃，而建造了屋顶花园后，其室内温度与其他楼层的温度基本相同，从这一点看，屋顶花园对调节顶层的室温是十分有效的。

4）提高楼体本身的防水作用

顶层防水技术在楼体建筑中十分重要，虽然现代科学技术发展十分迅速，楼顶防水材料也在不断出新，但能够经受住时间考验、彻底解决漏水问题的防水材料却比较少，这主要因为顶层的防水材料通常设置在隔热层之上，夏季阳光暴晒，冬季冰雪侵蚀，温度的变化使其经常处于热胀冷缩的状态，数年之后极易出现破裂造成顶层漏水。

微课：屋顶花园的防水

屋顶花园在营造过程中，增加了土壤和植物等新的保护层，这样使防水层处于保护层之内，延长了防水材料的使用寿命。

3. 屋顶花园的设计原则

微课：屋顶花园的设计原则

1）“适用”是营造屋顶花园的最终目的

建造屋顶花园的目的就是要在有限的空间内进行绿化，增加城市绿地面积，改善城市的生态环境，同时，为人们提供一个良好的生活与工作场所和优美的环境景观，但是不同的单位其营造的目的（因使用对象的不同）是不同的。对于屋顶花园的使用，一般宾馆饭店主要是为了给宾客提供一个优雅的休息场所；小区是从居民生活与休息的角度来考虑的；科研单位是以科研、实验为主。因此，要求不同性质的花园应有不同的设计内容，包括园内植物、建筑、相应的服务设施。但不管什么性质的花园，其绿化都应放在首位，因为屋顶花园面积本身就很小，如果植物绿化覆盖率又很低，则达不到建园的真正目的。一般屋顶花园的绿化（包括草本、灌木、乔木）覆盖率最好在60% 以上，只有这样才能真正发挥绿化的生态效应。其植物种类不一定多，但要求必须有相应的面积指标保证，缺少足够绿色植物的花园不能称为真正意义上的花园。

2）“精美”是屋顶花园的特色与造景艺术的要求

园林美是生活美、艺术美与自然美的综合产物，在生活美方面主要体现在园林为人们的生活提供了休息与娱乐的场所。植物的自然美决定于植物本身的色彩、形态与生长势，是构成园林美的重要素材，而园林的艺术美主要体现在园内各种构成要素的有机结合上，也就是园林的艺术格局。

屋顶花园为人们提供一个优美的休息娱乐场所，这种场所的面积是有限的，如何利用有限的空间创造出精美的景观，这是屋顶花园不同于一般园林绿地的区别所在。“小的一定是精品”，这句话用在对屋顶花园的评价上是最恰当不过了。因此，在屋顶花园的设计时必须以“精”为主，以“美”为标，其景物的设计、植物的选择均应以“精美”为主，各种小品的尺度和位置上都要仔细推敲，同时还要注意使小尺度的小品与体形巨大的建筑取得协调。另外，由于一般的建筑在色彩上相对单一，因此，在屋顶花园的建造中还要注意用丰富的植物色彩来淡化这种单一，突出其特色，在植物方面以绿色为主，适当增加其他色彩明快的花卉品种，这样通过对比突出其景观效果。

另外，在植物配置时，还应注意植物的季相景观问题，春季应以绿草和鲜花为主；夏季应以浓浓的绿色为主；秋季应注意叶色的变化和果实的观赏；冬季北方地区应适当增加常绿树种的数量，南方地区可以选择一些开花植物。

3）“安全”是屋顶花园营造的基本要求

在地面建园，可以不考虑其重量问题，但是屋顶花园是把地面的绿地搬到建筑的顶部，且其距地面有一定的高度，因此必须注意其安全指标，这种“安全”来自两个方面的因素，一是来自屋顶本身的承重；二是来自游人在游园时的人身安全。

微课：屋顶花园的荷载

首先，屋顶本身的承重问题，这是能否建造屋顶花园的先决条件。如果屋顶花园的附加重量超过屋顶本身的负荷，就会影响整个楼体的安全，在这种情况下就无法造园。所以在建造屋顶花园之前，必须对建筑的一些相关指标和技术资料做全面的调查，认真核算。其次，在核算过程中除考虑园林附属设施及造园材料的重量之外，还必须对游人的数量进行认真计算，既不能把屋顶花园做成只能“远观”不能“近赏”的“海市蜃楼”式的花园，也不能不考虑屋顶的承重量而无限制地增加游人数量。因此，屋顶花园来自这方面的安全要求在设计中必须加以准确核算，同时必须有一定的安全系数做保障，在安排游人游览线路的同时，要考虑四周的安全防护围栏的设置，防止游人在游园时人和物落下，围栏的高度在1m以上为宜，且必须牢固。一般情况下为游人能够有良好的通透视野，最好不用墙体做围栏。

从顶层的结构上看，由于屋顶的防水层一般在表面，即使有种植层的保护，在建造过程中，也有可能由于施工人员的工作而使其被破坏，如果不能及时地修补也会对楼体的防水产生不利影响，使屋顶漏水，造成很大的经济损失，特别是在建造一些建筑小品时更是如此，这一点应引起设计人员与施工人员的足够重视，否则会给屋顶花园的营造工作带来负面影响。

4）“创新”是屋顶花园的风格

虽然屋顶花园均是在楼顶建造的，但其性质和用途（服务对象）还是有区别的，中国园林对世界园林的发展有着极深远的影响，而在我国，南方与北方的园林也各具特色。屋顶花园也是一样，国内的建筑与植物类型要结合当地的建园风格与传统，要有自己的特色。在同一地区，不同性质的屋顶花园也应与其他花园有所不同，不能千篇一律，特别是在造园形式上要有所创新。如北京长城饭店的屋顶花园与北京丽京花园别墅的屋顶花园就各具特色。当然把好的设计方案作为参考是可以的，但要看具体的条件和性质。

5）“经济”是屋顶花园设计与营造的基础

评价一个设计方案的优劣不仅仅是看营造的景观效果如何，还要看是否现实，也就是在投资上是否能够有可能。再好的设想如果没有经济做保障也只能是一个设想而已。一般情况下，建造同样的花园在屋顶要比在地面上的投资高出很多。因此，这就要求设计者必须结合实际情况，做出全面考虑，同时，屋顶花园的后期养护也应做到“养护管理方便，节约施工与养护管理的人力、物力”，在经济条件允许的前提下建造出“适用、精美、安全”并有所创新的优秀花园来。

4. 商务酒店屋顶花园的设计内容

商务酒店屋顶花园是指建立在宾馆、饭店等单位内部的屋顶花园，其建园的目的是为了吸引更多的客人。比如，东川泰隆商务大酒店的屋顶花园（见图4-2和图4-3），这类花园面积一般可达到数千平方米。在园内一般安排一些为顾客提供相应服务性的设施，如摆放一些茶座，同时考虑到顾客的使用要求，园内的照明设施是必不可少的。由于其服务对象不同于一般的花园，因此，这类花园中的一切景物、花卉、小品都要精美，档次要高，特别是在植物方面要注意选择具有芳香气味的花卉品种，为游人在晚间活动创造舒适的空间。另外，在园内还应布置一些园林小品，如水池、假山、喷泉等。

任务实施方法与步骤

（1）现状分析，准备某商务酒店屋顶花园设计图纸。

（2）提出改建思路与方法，根据现状的优缺点，有针对性地提出改建思路与方法，既要保留原有的亮点，又要使改建后的景观与之相协调。

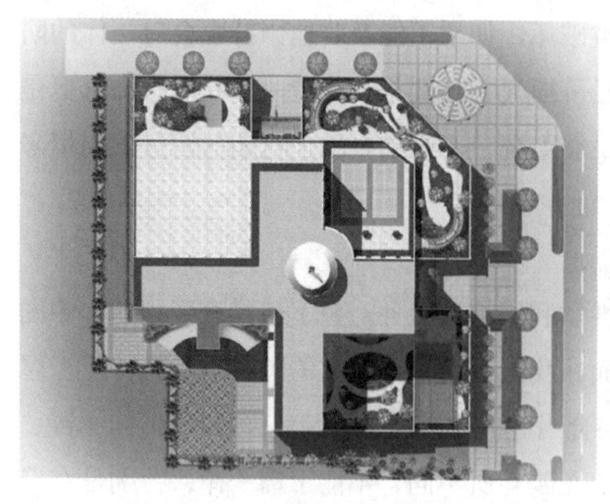

❖ 图 4-2　商务酒店屋顶花园平面图

❖ 图 4-3　商务酒店屋顶花园效果图

（3）改建中要注意气候、防水、承重等问题。

（4）徒手绘制铅笔草图。

（5）用计算机辅助绘制方案设计图。

（6）书写文本说明。

巩固训练

对屋顶花园的局部进行改建，对于初学者是比较合适的，课下同学们将课堂上未完成的设计做完并思考：如果将上述商务酒店的屋顶花园进行重建还应该注意哪些问题，如何构思，为下节课的学习做好铺垫。

自我评价

评价项目	技 术 要 求	分值	评 分 细 则	评分记录
缺点的提出	确实存在问题需要改建	20	是否存在问题需要改建，不存在扣 5~10 分	
改建内容与方法	改建合理并能做到扬长避短	30	是否合理，不合理扣 10 分； 改建后是否扬长避短，没有做到扣 10 分	
设计图整体	图面效果好，有实用价值	30	效果不好扣 10 分，实用价值不高扣 10 分	
文本说明	条理清楚、明白	20	说明不清楚明白扣 10 分	

4.2 公共建筑屋顶花园设计

知识和技能要求

1. 知识要求

（1）掌握屋顶小气候对植物的影响。

（2）掌握种植区的构造及设计。

（3）明确屋顶花园植物的选择。

（4）掌握公共建筑屋顶花园设计的内容与方法。

2. 技能要求

能熟练绘出某处公共建筑屋顶花园的设计平面图、种植区构造图及植物种植设计图，并写出相应的设计文本。

情境设计

（1）课前选择好某处公共建筑，方便学生前往。

（2）教师通过相关知识点的讲解，典型案例的分析，使学生掌握公共建筑屋顶花园的设计内容与方法。

（3）带领学生到课前选择好的某处公共建筑的屋顶，进行游客体验，并进行现场踏勘。

（4）回到室内进行模拟设计训练，对该处公共建筑的屋顶进行绿化，绘制图纸，书写设计文本。

任务分析

该任务主要是通过观摩实际案例及设计文本，提高学生的感性认知，让学生进行游客体验，去感受建筑屋顶的小气候特点。根据其特有的小气候特点进行植物的选择与设计；通过现场踏勘掌握现状特征，利用模拟设计训练强化公共建筑屋顶花园的设计方法与要求。

相关知识点

微课：屋顶花园绿化布置的形式

1. 屋顶花园绿化布置的形式

1）规则式

由于屋顶的现状多为几何形，且面积相对较小，为了使屋顶花园的布局形式与场地协调，通常采用规则式布局，特别是种植池多为几何形，以矩形、正方形、正六边形、圆形等为主，有时也做适当变换或为几种形状的组合（见图 4-4）。

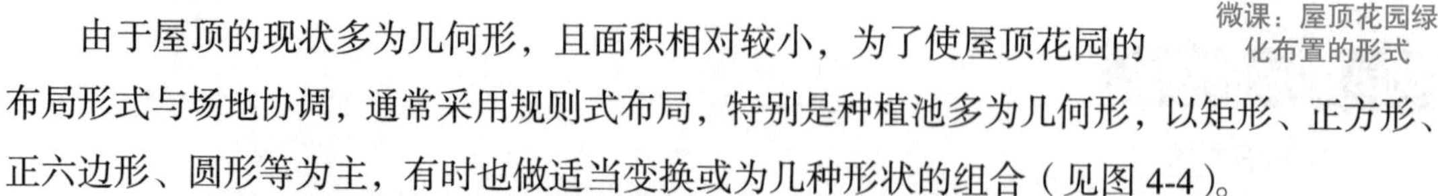

❖ 图 4-4 规则式屋顶花园

（1）周边规则式。在花园中植物主要种植在周边，形成绿色边框，这种种植形式给人一种整齐美。

（2）分散规则式。这种形式多采用几个规则式种植池分散地布置于园内，而种植池内的植物可为草本、灌木或草本与乔木的组合。这种种植形式形成一种类似花坛式的块状绿地，如兰州园林局屋顶花园的种植为此种类型。

（3）模纹图案式。这种形式的绿地一般成片栽植，绿地面积较大，在绿地内布置一些具有一定意义的图案，给人一种整齐美丽的感觉，特别是在底层的屋顶花园内布置，从高处俯视，其效果更佳，例如，我国香港海洋公司的屋顶花园，是以该园的“海马”图案来布置的；云南“世界园艺博览会”内的一个服务性建筑的屋顶，是以世界园艺博览会吉祥物来布置的。

（4）苗圃式。这种布置形式主要见于我国南方一些城市，居民常把种植的果树、花卉等用盆栽植，按行列式的形式摆放于屋顶，这种场所一般摆放花盆的密度较大，以经济效益为主。

2）自然式

中国园林的特点就是以自然式为主，主要特点是植物采用自然式种植，而种植池的形状是规则的，此种类型在屋顶花园属最常见的形式（见图 4-5）。

❖ 图 4-5 自然式屋顶花园

2. 屋顶花园的特点

1）地形、地貌和水体方面

在屋顶上营造花园，一切造园要素均受建筑顶层承重的制约，顶层的负荷是有限的。一般土壤容重在 1500~2000kg/m^3，水体的容重为 1000kg/m^3，山石就更大了。因此，在屋顶上利用人工方法堆山理水，营造大规模的自然山水是不可能的。屋顶花园上一般不能设置过大的山景，在地形处理上以平地为主，可以设置一些小巧的山石，但要注意必须安置在支撑柱的顶端。同时，还要考虑承重范围。在屋顶花园上的水池一般为形状简单的浅水池，水的深度在 30cm 左右为好，面积虽小，但可以利用喷泉来丰富水景。

2）建筑物、构筑物和道路、广场

园林建筑物、构筑物、道路、广场等是根据人们的实用要求出发，完全由人工创造的。地面上建筑物的大小是根据功能需要及景观要求建造的，不受地面条件制约，而在屋顶花园上这些建筑物大小必然受到花园的面积及楼体承重的制约。因为屋顶本身的面积有限，多数在数百平方米，大的不过上千平方米，因此，如果完全按照地面上所建造的尺寸来安排，势必会造成比例失调。另外，一些园林建筑（如石桥）远远超过楼体的承重能力，因此在屋顶上建造是不现实的。

根据上述分析，是否可以认为在屋顶花园中就不能建造这些建筑了呢？并非如此，在屋顶花园上建造的建筑必须遵循以下原则：一是从园内的景观和功能考虑是否需要建筑；二是建筑本身的尺寸必须与地面上尺寸有较大的区别；三是建造这些建筑的材料可以选择轻型材料；四是选择在支撑柱的位置建造。例如建造花架，在地面上通常用的材料是钢筋混凝土，而在屋顶花园建造中，则可以选择木质、竹质或钢材建造，这样同样可以满足使用要求。

另外，要求园内的建筑应相对少些，一般有1~3个即可，不可过多，否则将显得过于拥挤。

3）园内植物分布

由于屋顶花园的位置一般距地面高度较高，即使在首层屋顶部的花园高度也在4~5m，如北京首都宾馆的第16层和第18层屋顶花园距地面近百米，因此，植物本身与地面形成隔离的空间，屋顶花园的生态环境是不完全同于地面的，其主要特点表现在以下几个方面。

（1）园内空气通畅，污染较少，屋顶空气湿度比地面低，同时，风力通常要比地面大得多，使植物本身的蒸发量加大，而且由于屋顶花园内种植土较薄，很容易使树木倒伏。

（2）屋顶花园的位置高，很少受周围建筑物遮挡，因此接受日照时间长，有利于植物的生长发育。另外，阳光强度的增加势必使植物的蒸发量增加，在管理上必须保证水的供应，所以屋顶花园上选择的植物应尽可能的以阳性、耐旱、蒸发量较小的（一般为叶面光滑、叶面具有蜡质结构的树种，如南方的茶花、枸骨，北方的松柏、鸡爪槭等）植物为主，在种植层有限的情况下，可以选择浅根系树种，或以灌木为主，如需选择乔木，为防止被风吹倒，可以采取加固措施有利于乔木生存。

（3）屋顶花园的温度与地面也有很大的差别。一般在夏季白天花园内的温度比地面高出3~5℃，夜间则低于地面3~5℃，温差大对植物进行光合作用是十分有利的。在冬季，北方一些城市其温度比地面低6~7℃，致使植物在春季发芽晚，秋季落叶早，观赏期变短。因此，要求在选择植物时必须注意植物的适应性，应尽可能选择绿期长、抗寒性强的植物种类。

（4）植物在抗旱、抗病虫害方面也与地面不同。由于屋顶花园内植物所生存的土壤较薄，一般草坪为15~25cm，小灌木为30~40cm，大灌木为45~55cm，乔木（浅根系）为60~80cm。这样使植物在土壤中吸收养分受到限制，如果不及时为植物补充营养，必然会使植物的生长势变弱。同时，一般在屋顶花园上的种植土为人工合成轻质土，其容量较小，土壤孔隙较大，保水性差，土壤中的含水量与蒸发量受风力和光照的影响很大，如果管理跟不上，很容易使植物因缺水而生长不良，生长势变弱，必然使植物的抗病能力降低，一旦发生病虫害，轻者影响植物观赏价值，重者可使植物死亡。因此，在屋顶花园上选择植物时必须选择抗病虫害、耐瘠薄、抗性强的树种。

（5）由于屋顶花园面积小，在植物种类上应尽可能选择观赏价值高、没有污染（不飞毛、落果少）的植物，要做到少而精，矮而观赏价值高，只有这样才能建造出精巧的花园来。

3. 屋顶花园种植设计

1）植物对土层厚度的最低限度

土壤是保证植物能正常生长的基础，植物通过根系使固定于地面之上并从土壤中吸收各种养料和水分，没有土壤，植物就不能正常生长。

屋顶花园上种植植物与地面上相比，植物的生存条件发生了变化，为了减轻楼体的负荷，要求种植土越薄越好，越轻越好，但对植物本身来讲，在地面上种植的植物根系不受土层厚度限制，能充分吸收土壤中的养料和水分，根系深扎于土壤中，保证植物不会被风吹倒。在屋顶花园上的土层厚度与植物生长的要求是相矛盾的。在屋顶花园设计时，对植物种类的选择与数量的确定直接影响其方案能否实现，应注意多选草本和小灌木，而大乔木特别是深根系的要少用甚至不用，只要能起到同样的效果，最好不用深根系乔木。屋顶花园上不同植物种植方法，如图 4-6 所示。

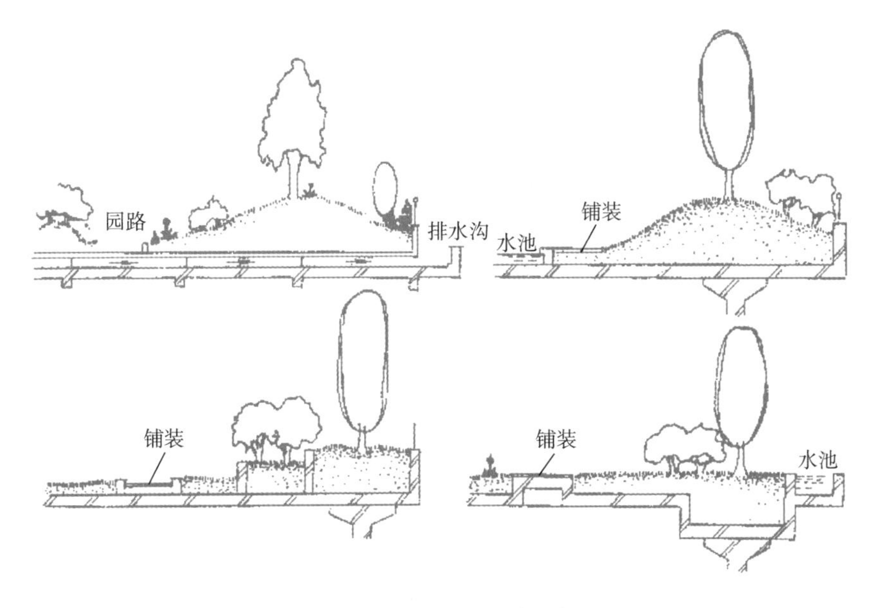

❖ 图 4-6 植物种植方法示意图

2）种植土的配制

植物生长除必须有足够厚的土壤作保证外，还必须要求土壤能够为其生长提供必需的养料和水分。一般屋顶花园的种植土为人工合成的轻质土，这样不仅可以大大减轻屋顶的荷重，还可以根据各类植物生长的需要配制养分充足、酸碱性适中的种植土，在屋顶花园设计时，要结合种植区的地形变化和植物本身的大小及不同植物的需要来确定种植区不同位置的土层厚度，以满足各类植物生长发育的需求。

人工配制种植土的主要成分有蛭石、泥炭、沙土、腐殖质和有机肥、珍珠岩、煤渣、发酵木屑等材料，但必须保证其容重在 700～1500kg/m³，容重过小，不利于固定树木根系，过大又对屋顶承重产生影响。日本采用自然土与轻质骨料的比为 3∶1 的合成土，其容重在 1400kg/m³ 左右；北京长城饭店采用的合成土配制比例为 7 份草炭 + 2 份蛭石 + 1 份沙土，容重为 780kg/m³。

以上容重均为土壤的干容重，如果土壤充分吸收水分后，其容重可增大 20%～50%，因此，在配制过程中应按照湿容重来考虑，尽可能降低容重。另外，在土壤配制好以后，还必须适当添加一些有机肥，其比例可根据不同植物的生长发育需要而定，本着“草本少施，木本多施，观叶少施，观花多施”的原则。

3）种植区的构造

种植区是屋顶花园绿化工程中重要的组成部分，它占地面积大，工作量也大，种植区的构造直接影响屋顶花园的绿化效果，而且关系到绿色植物能否正常生长。种植区一般包括以下几个部分（见图 4-7）。

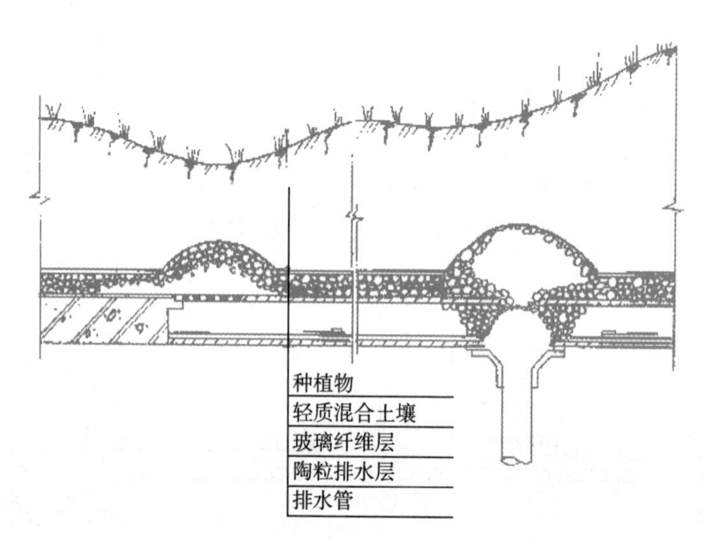

❖ 图 4-7 北京丽京花园别墅屋顶花园结构图

（1）植被。是指在花园上种植的各种植物，包括草本、小灌木、大灌木、乔木等。

（2）种植土层。此层为种植区中最重要的一个组成部分，一般为人工合成的轻质土，不同的植物对土层厚度的要求是有差异的，配制比例可根据各地现有材料的情况而定。

（3）过滤层。设置此层的目的是防止种植土随浇灌和雨水而流失，人工合成土中有很多细小颗粒，极易随水流失，不仅影响土壤的成分和养料，还会堵塞建筑屋顶的排水系统，因此在种植土的下方设置防止小颗粒流失的过滤层是十分必要的。

此层选用的材料应具备既能透水又能过滤，且颗粒本身比较细小，同时还应满足经久耐用、造价低廉的条件。常见的过滤层使用的材料有稻草、玻璃纤维布、粗砂、细炉渣等。

（4）排水层。此层位于过滤层之下，目的是为了改善种植土的通气情况，保证植物能有发达的根系，满足植物在生长过程中根系呼吸作用所需要的空气。由于种植土厚度较薄，当土壤中的水分过多时，排水层可以储藏多余的水分；当土壤中缺水时，植物又可以通过排水层吸收水分。有关资料表明，排水层可以使植物健壮地生长，而缺少排水层，将直接影响植物根部与微生物的呼吸过程，同时还影响土壤中各种元素的存在状况。通气条件良好的土壤，其大多数元素处于可以被植物吸收的状态，而通气条件较差的土壤，一些元素以毒质状态存在，从而对植物的生长起抑制作用。因此，设置排水层在屋顶花园建造中是必不可少的一项工作。

排水层选用的材料应该具备通气、排水、储水和质轻的特点，同时要求骨料间应有较大空隙，自重较轻。下面介绍几种可选用的材料供参考。

（1）陶料。容重小，约为 600kg/m^3，颗粒大小均匀，骨料间空隙大，通气、吸水性强，使用厚度为 200~250mm，北京林业大学校园绿地、美国加州太平洋电信大楼屋顶花园均采用该材料。

（2）焦碴。容重小，约为 1000kg/m^3，造价低，但要求必须经过筛选，使用厚度在100~200mm，吸水性较强，我国南方一些屋顶花园采用焦碴作为排水层材料。

（3）砾石。容重较大，在 2000~2500kg/m^3 要求必须经过加工成直径在 15~20mm，其排水通气较好，但吸水性很差。这种材料只能用在具有很大负荷量的建筑屋顶上。

4. 植物选择的原则

1）选择耐旱、抗寒性强的矮灌木和草本植物

由于屋顶花园夏季气温高、风大、土层保湿性能差，冬季则保温性差，因而应选择耐旱、抗寒性强的植物为主。考虑到屋顶的特殊地理环境和承重的要求，应注意多选择矮小的灌木和草本植物，以利于植物的运输、栽种。

微课：屋顶花园植物选择的原则

2）选择阳性、耐瘠薄的浅根性植物

屋顶花园大部分地方为全日照直射，光照强度大，植物应尽量选用阳性植物，但在某些特定的小环境中，如花架下面或靠墙边的地方，日照时间较短，可适当选用一些半阳性的植物种类，以丰富屋顶花园的植物品种，屋顶的种植层较薄，为了防止根系对屋顶建筑结构的侵蚀，应尽量选择浅根系的植物。因施用肥料会影响周围环境的卫生状况，故屋顶花园应尽量种植耐瘠薄的植物种类。

3）选择抗风、不易倒伏、耐积水的植物种类

在屋顶上空风力一般较地面大，特别是雨季或有台风来临时，风雨交加对植物的生存

危害最大，加上屋顶种植层薄，土壤的蓄水性能差，一旦下暴雨，易造成短时积水，故应尽可能选择一些抗风、不易倒伏，同时又能耐短时积水的植物。

4）选择以常绿为主，冬季能露地越冬的植物

营建屋顶花园的目的是增加城市的绿化面积，美化“第五立面”，屋顶花园的植物应尽可能以常绿为主，宜用叶形和株形秀丽的品种，为了使屋顶花园更加绚丽多彩，体现花园的季相变化，还可适当栽植一些色叶树种；另外在条件许可的情况下，可布置一些盆栽的时令花卉，使花园四季有花。

5）尽量选用乡土植物，适当引种绿化新品种

乡土植物对当地的气候有高度的适应性，在环境相对恶劣的屋顶花园，选用乡土植物有事半功倍之效，同时考虑屋顶花园的面积一般较小，为将其布置得较为精致，可选用一些观赏价值较高的新品种，以提高屋顶花园的档次。

屋顶花园的设计，必须充分考虑自然条件，并且必须具备一定的条件，如结构坚固的要求，具有承载力和隔水层、防水层以及排水设施等。

5. 种植区的种植设计

屋顶花园的植物，在种植时必须以“精美”为原则，不论在品种上还是在植物的种植方式上都要体现出这一特点。

微课：屋顶花园种植区的种植设计

1）孤植

孤植树又称孤赏树，这类树种与地面相比，要求树体本身不能巨大，以优美的树姿、艳丽的花朵或累累硕果为观赏目标，例如，桧柏、龙柏、南洋杉、龙爪槐、叶子花、紫叶李等均可作为孤赏树（见图 4-8）。

❖ 图 4-8　孤植

2）绿篱

在屋顶花园中，可以用绿篱来分隔空间，组织游览线路，同时在规则式种植中，绿篱是必不可少的镶边植物。我国北方可以用大叶黄杨、小叶黄杨、桧柏等做绿篱，南方则可以用九里香、珊瑚树、黄杨等做绿篱。

3）花境

花境在屋顶花园中可以起到很好的绿化效果。在设计时注意其观赏位置可为单面观赏，也可两面观赏或多面观赏，但不论哪种形式，都要注意其立面效果和景观的景象变化（见图 4-9）。

❖ 图 4-9 花境

4）丛植

丛植是自然式种植形式的一种，它是通过树木的组合创造出富于变化的植物景观。在配置树木时，要注意树种的大小、姿态及相互距离。

5）花坛

在屋顶花园中可以采用独立、组合等形式布置花坛，其面积可以结合花园的具体情况而定（见图 4-10）。花坛的平面轮廓为几何形，采用规则式种植，植物种类可以用季节性草花布置，要求在花卉失去观赏价值之前及时更新。花坛中央可以布置一些高大整齐的植物，可以利用五色草等布置一些模纹花坛，其观赏效果更是别致。

任务实施方法与步骤

（1）现场踏勘，了解周围环境，掌握工程概况，测绘原始地形的尺寸。

（2）手绘现状平面图。

（3）坚持“以人为本”的原则，通过游客体验来确定设计主题。

❖ 图 4-10　花坛

（4）绘出功能分布图。

（5）绘制设计平面图、种植结构图、植物种植设计平面图。

巩固训练

学生展示自己的作品，互相点评，进行修改，进行深化设计。

自我评价

评价项目	技术要求	分值	评分细则	评分记录
设计主题	符合游客要求，符合环境特点	10	主题是否鲜明，不鲜明不准确扣5分；主题是否符合环境特点，不符合扣5分	
功能分区	分区合理，各区间有分有连	20	分区是否合理，不合理扣5~10分；各区间的衔接是否顺畅，有开有合，不顺畅扣10分	
植物设计	植物选择配置合理，注意色彩、季相变化，景观效果好	30	植物选择配置是否合理，不合理扣10分；是否注意色彩、季相变化，没注意扣10分	
设计图整体	景观设计美观，图形流畅，特征鲜明	30	景观设计是否美观，不美观扣10~20分；图形表达是否流畅鲜明，不鲜明扣10分	
文本说明	条理清晰，说明介绍清楚明白	10	介绍是否清楚明白，不清楚明白扣5~10分	

模块 5 居住区绿地设计

【学习目标】

终极目标

（1）能结合居住区绿地设计规范，合理进行居住区绿地地形设计、水景设计、植物种植设计。

（2）能进行居住区中心游园深化设计。

（3）能绘制出居住区局部景观效果图。

促成目标

（1）了解城市居住区设计规范。

（2）掌握城市居住区绿地的设计要求。

（3）掌握各类居住区绿地的设计手法。

5.1 居住区公共绿地设计

知识和技能要求

1. 知识要求

（1）掌握居住区绿地的基本概念和主要功能。

（2）能准确分析多层住宅区绿地的组成和功能特点。

（3）掌握不同建筑类型的宅旁绿化知识。

2. 技能要求

（1）能对提供的多层住宅区进行景观分析。

（2）熟练地进行宅旁绿地的地形设计、水景设计、植物种植设计。

情境设计

（1）教师准备好一份学校附近的含有多层住宅楼的住宅区地形图。

（2）学生分析该住宅区的绿化设计要点。

（3）现场踏勘，记录设计所需的数据。

（4）进行该住宅区的公共绿地设计。

任务分析

该任务主要是让学生学好多层住宅区的绿化设计。该设计包含居住区的道路绿化、宅旁绿地和庭院绿化，要把这几种绿地进行综合考虑，统一绿化风格，既要做好行道树的树种选择，又要满足居民对宅旁绿地的各种景观要求。通过实际踏勘，了解多层住宅区建筑物的风格，附属建筑物、车等的位置；根据住宅楼的外形特点，确定设计的园林形式；根据居民的喜好，选择适宜的树种并进行科学的树种搭配；写出设计文本说明。

相关知识点

住房和城乡建设部颁布的国家标准《城市居住区规划设计规范》（GB 50180—2018）有以下规定：城市居住区规划设计应遵循创新、协调、绿色、开放、共享的发展理念，营造安全、卫生、方便、舒适、美丽、和谐以及多样化的居住生活环境。

1. 居住区绿化基础知识

微课：居住区绿地的类型

1）术语

（1）城市居住区。城市中住宅建筑相对集中布局的地区，简称居住区。

（2）十五分钟生活圈居住区。以居民步行 15 分钟可满足其物质与生活文化需求为原则划分的居住区范围；一般由城市干路或用地边界线所围合、居住人口规模为 50000~100000 人（17000~32000 套住宅），配套设施完善的地区。

（3）十分钟生活圈居住区。以居民步行 10 分钟可满足其基本物质与生活文化需求为原则划分的居住区范围；一般由城市干路、支路或用地边界线所围合、居住人口规模为 15000~25000 人（5000~8000 套住宅），配套设施齐全的地区。

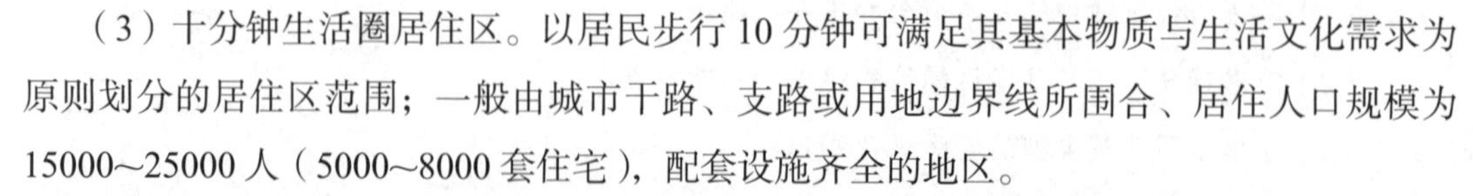

（4）五分钟生活圈居住区。以居民步行 5 分钟可满足其基本生活需求为原则划分的居住区范围；一般由支路及以上级城市道路或用地边界线所围合，居住人口规模为 5000~12000 人（1500~4000 套住宅），配建有社区服务设施的地区。

（5）居住街坊。由支路等城市道路或用地边界线围合的住宅用地，是住宅建筑组合形成的居住基本单元；居住人口规模为1000~3000人（300~1000套住宅，用地面积2~4hm^2），并配建有便民服务设施。

（6）居住区用地。城市居住区的住宅用地、配套设施用地、公共绿地以及城市道路用地的总称。

（7）公共绿地。为居住区配套建设、可供居民游憩或开展体育活动的公园绿地。

（8）住宅建筑平均层数。一定用地范围内，住宅建筑总面积与住宅建筑基底总面积的比值所得的层数。

（9）配套设施。对应居住区分级配套规划建设，并与居住人口规模或住宅建筑面积规模相匹配的生活服务设施；主要包括基层公共管理与公共服务设施、商业服务设施、市政公用设施、交通场站及社区服务设施、便民服务设施。

（10）社区服务设施。五分钟生活圈居住区内，对应居住人口规模配套建设的生活服务设施，主要包括托幼、社区服务及文体活动、卫生服务、养老助残、商业服务等设施。

（11）便民服务设施。居住街坊内住宅建筑配套建设的基本生活服务设施，主要包括物业管理、便利店、活动场地、生活垃圾收集点、停车场（库）等设施。

2）基本规定

（1）居住区按照居民在合理的步行距离内满足基本生活需求的原则，可分为十五分钟生活圈居住区、十分钟生活圈居住区、五分钟生活圈居住区及居住街坊4级，其分级控制规模应符合表5-1的规定。

微课：居住区绿地的定额指标

表5-1 居住区分级控制规模

距离与规模	十五分钟生活圈居住区	十分钟生活圈居住区	五分钟生活圈居住区	居住街坊
步行距离/m	800~1000	500	300	—
居住人口/人	50000~100000	15000~25000	5000~12000	1000~3000
住宅数量/套	17000~32000	5000~8000	1500~4000	300~1000

（2）居住区应根据其分级控制规模，对应规划建设配套设施和公共绿地，并应符合下列规定：新建居住区，应满足统筹规划、同步建设、同期投入使用的要求；旧区可遵循规划匹配、建设补缺、综合达标、逐步完善的原则进行改造。

（3）新建各级生活圈居住区应配套规划建设公共绿地，并应集中设置具有一定规模，且能开展休闲、体育活动的居住区公园公共绿地控制指标应符合表5-2的规定。

表 5-2 公共绿地控制指标

类别	人均公共绿地面积 /（m^2/人）	居住区公园		备注
		最小规模 /hm^2	最小宽度 /m	
十五分钟生活圈居住区	2.0	5.0	80	不含十分钟生活圈居住区及以下级居住区的公共绿地指标
十分钟生活圈居住区	1.0	1.0	50	不含五分钟生活圈居住区及以下级居住区的公共绿地指标
五分钟生活圈居住区	1.0	0.4	30	不含居住街坊的公共绿地指标

注：居住区公园中应设置 10%～15% 的体育活动设施。

（4）当旧区改建确实无法满足表 5-2 的规定时，可采取多点分布以及立体绿化等方式改善居住环境，但人均公共绿地面积不应低于相应控制指标的 70%。

居住街坊内的绿地应结合住宅建筑布局设置集中绿地和宅旁绿地。

（5）居住街坊内集中绿地的规划建设，应符合下列规定。

新区建设不应低于 0.5m^2/人，旧区改建不应低于 0.35m^2/人；宽度不应小于 8m；在标准的建筑日照阴影线范围之外的绿地面积不应少于 1/3，其中应设置老年人、儿童活动场地。

3）居住环境

（1）居住区规划设计应充分考虑气候及地形地貌等自然条件，并应塑造舒适宜人的居住环境。

（2）居住区规划设计应统筹庭院、街道、公园及小广场等公共空间形成连续、完整的公共空间系统，并应符合下列规定。

宜通过建筑布局形成适度围合、尺度适宜的庭院空间；应结合配套设施的布局塑造连续、宜人、有活力的街道空间；应构建动静分区合理、边界清晰连续的小游园、小广场；宜设置景观小品美化生活环境。

（3）居住区建筑的肌理、界面、高度、体量、风格、材质、色彩应与城市整体风貌、居住区周边环境及住宅建筑的使用功能相协调，并应体现地域特征、民族特色和时代风貌。

（4）居住区内绿地的建设及其绿化应遵循适用、美观、经济、安全的原则，并应符合下列规定。

宜保留并利用已有树木和水体；应种植适宜当地气候和土壤条件、对居民无害的植物；

应采用乔木、灌木、草本相结合的复层绿化方式；应充分考虑场地及住宅建筑冬季日照和夏季遮阴的需求；适宜绿化的用地均应进行绿化，并可采用立体绿化的方式丰富景观层次、增加环境绿量；有活动设施的绿地应符合无障碍设计要求并与居住区的无障碍系统相衔接；绿地应结合场地雨水排放进行设计，并宜采用雨水花园、下凹式绿地、景观水体、干塘、树池、植草沟等具备调蓄雨水功能的绿化方式。

（5）居住区公共绿地活动场地、居住街坊附属道路及附属绿地的活动场地的铺装，在符合有关功能性要求的前提下应满足透水性要求。

（6）居住街坊内附属道路、老年人及儿童活动场地、住宅建筑出入口等公共区域应设置夜间照明；照明设计不应对居民产生光污染。

（7）居住区规划设计应结合当地主导风向、周边环境、温度、湿度等微气候条件，采取有效措施降低不利因素对居民生活的干扰，并应符合下列规定。

应统筹建筑空间组合、绿地设置及绿化设计，优化居住区的风环境；应充分利用建筑布局、交通组织、坡地绿化或隔声设施等方法，降低周边环境噪声对居民的影响；应合理布局餐饮店、生活垃圾收集点、公共厕所等容易产生异味的设施，避免气味、油烟等对居民产生影响。

（8）居住区对生活环境进行的改造与更新，应包括无障碍设施建设、绿色节能改造、配套设施完善、市政管网更新、机动车停车优化、居住环境品质提升等。

4）居住区绿地设计的基本要求

（1）以城市生态环境系统作为重点基础，把生态效益放在第一位，以提高居民小区的环境质量，维护与保护城市的生态平衡。以生态学理论为指导，以再现自然，改善和维持小区生态平衡为宗旨，以人与自然共存为目标，以园林绿化的系统性、生物发展的多样性、植物造景为主题的可持续性为使命，达到平面上的系统性、空间上的层次性、时间上的连续性。

（2）绿化与美化相结合，树立用植物造景的观念。居住环境需要绿色植物的平衡与调节，根据居住区内外的环境特征、立地条件，结合景观规划、防护功能等，按照适地适树的原则进行植物规划，强调植物分布的地域性和地方特色。

（3）创造积极休闲的环境，提供人们更多户外活动空间和交流交往的机会。居民区的绿地是居民业余户外活动的主要场所，要留有一定面积的居民活动场地。可适当设置园林建筑、小品、广场等以满足人们进行休闲、观赏、娱乐、健身等活动要求。

5）居住区绿地设计应遵循的基本原则

（1）居住区绿地规划应在居住区总图规划阶段同时进行、统一规划，绿地均匀分布在居住区域小区内部，使绿地指标、功能得到平衡，居民使用方便。

（2）要充分利用原有自然条件，因地制宜，充分利用地形、原有树木、建筑，以节约用地和投资。尽量利用劣地、坡地、洼地及水面作为绿化用地，并且要特别对古树名木加以保护和利用。

（3）居住区绿化应以植物造景为主进行布局，并利用植物组织和分隔空间，改善环境卫生与小气候；利用绿色植物塑造绿色空间的内在气质，风格宜亲切、平和、开朗，各居住区绿地也应突出自身特点，各具特色。

（4）规划设计要处处以人为本，注意园林建筑、小品的尺度，营造亲切的人性空间。根据不同年龄居民活动、休息的需要，设立不同的休息空间，尤其注意要为残疾人的生活和社会活动提供条件，例如一些无障碍设施的设置。

（5）绿地设计要突出小区的特色，强调风格的体现，力求布局新颖，可通过小区主题的设置、园林建筑、小品的配置、园路铺装的设计和树种的选择与搭配等来体现。

（6）绿地设计注重绿化和环境设施相结合起来，共同满足舒适、卫生、安全、美观的综合要求，满足人们对室外绿地环境的各种使用功能的要求。

6）居住区绿地规划设计的基础工作

在进行居住区绿地设计之前，要先对地块进行详尽地调查，应做好社会环境和自然环境的调查。同时，还要了解规划部门或开发商对居住区的规划设计要求，只有全面地掌握居住区的现状信息，才能合理地做出规划设计。

（1）居住区所在地的自然环境调查。包括地形、气候、水文、土壤、植被等方面。

（2）居住区所在地的社会环境调查。包括居住区的规划发展要求；入住居民的人数、年龄结构、文化素质、习俗爱好等；居住区用地与城市交通的关系；居住区所在地的周边绿地条件；居住区所在地的历史、人文资料的调查。

（3）居住区用地现状及地形图、规划图和详细设计所需的测量图的收集。

（4）对调查所得资料进行整理和分析，确定居住区绿地规划设计的思想和绿化风格。

7）居住区绿地设计的树种选择

居住区人口集中、建筑密集、绿地紧张、养护困难，所以在树种的选择上要充分考虑选用具有以下特点的树种。

（1）选择生长健壮、寿命较长、无针刺、无落果、无飞絮、无毒、无花粉污染、管理粗放、少病虫害、有地方特色的乡土树种。

（2）在夏热冬冷地区，注意选择树形优美、冠大荫浓的落叶阔叶乔木，以利于居民夏季遮阴、冬季晒太阳。

（3）在公共绿地的重点地段或居住庭院中，以及儿童游戏场附近，注意选择常绿乔木和开花灌木，以及宿根球根花卉和自播繁衍能力强的1~2年生花卉。

（4）在房前屋后光照不足地段，注意选择耐阴植物，在院落围墙和建筑墙面，注意选择攀缘植物，实行立体绿化。

（5）根据居住区环境，因地制宜的选用具有防风、防晒、降噪、调节小气候以及能监测和吸附大气污染的植物，充分考虑果树、药材树等经济植物的运用。

微课：居住区绿地设计的基本原则与要求

2. 居住区绿地设计

居住区公共绿地是居民休息、观赏、锻炼身体和社会交往的良好场所，是居住区建设中不可缺少的，就居住区公共绿地而言，大致可分为3个级别，即居住区公园、居住小区中心游园及住宅组团绿地。

1）居住区公园

居住区公园是为整个居住区居民服务的，公园面积比较大，其布局与城市小公园相似，设施比较齐全，内容比较丰富，有一定的地形地貌、小型水体，有功能分区、划分景区。除了花草树木外，有一定比例的建筑、活动场地、园林小品及活动设施（见图5-1）。居住区公园与城市公园相比，游人成分单一，主要是本居住区的居民，游园时间比较集中，多在一早一晚，夏季的晚上是游园的高峰，因此，加强照明设施、灯具造型、夜香植物的布置，成为居住区公园的特点。一般5~10万人的居住区有5hm^{2}规模的公园。居住区公园里树木茂盛是吸引居民的首要条件。另外，居住区公园应在居民步行能到达的范围之内，最远服务半径不超过1000m，位置最好与居住区的商业文娱中心结合在一起。

❖ 图5-1 居住区公园

2）居住小区中心游园

微课：居住小区中心游园

居住小区中心游园（以下简称小游园）是为居民提供工余、饭后活动、休息的场所，利用率高。小游园的利用率与服务半径有着密切的关系，其服务半径一般以 200~300m 为宜，最多不超过 500m。小游园要求位置适中，多数布置在小区中心（见图 5-2）。也可在小区一侧沿街布置，以形成绿化隔离带，美化街景，方便居民及游人休息（见图 5-3）。为了方便居民前往，小游园应尽可能和小区公共活动场所或商业服务中心结合起来布置，使游憩与日常生活活动相结合。居民在购物之余到园内游憩、交换信息；或在游憩的同时，顺便购物，使游憩、购物两方便。

❖ 图 5-2　布置在小区中心的小游园

❖ 图 5-3　沿街布置的小游园

（1）小游园平面布置形式。

小游园平面布置形式可分为以下 3 种。

① 规则式。规则式即几何图形式，园路、广场、水体等均按一定的几何图形进行布置，有明显的主轴线，对称布置或不对称均衡布置，给人整齐、明快的感觉（见图 5-4 和图 5-5）。

❖ 图 5-4　规则式小游园（1）

❖ 图 5-5　规则式小游园（2）

② 自然式。自然式布局灵活，能充分利用自然地形、山丘、坡地、池塘等迂回曲折的道路穿插其间，给人自由活泼，置身于大自然的感觉。自然式布局可以充分运用在以行列式布置的居住区游园中，打破单一、呆板的格局，能获得良好的效果（见图 5-6）。

③ 混合式。混合式是规则式和自然式相结合的布置形式。既有规则式的整齐，又有自然式的灵活，与周围建筑、广场协调一致（见图 5-7）。

❖ 图 5-6　自然式小游园

❖ 图 5-7　混合式小游园

（2）小游园道路。

园路是小游园的骨架，既可分隔空间，又是联通各休息活动场地及景点的脉络，也是居民休息散步的地方。园路要随地形变化而起伏，随景观布局的需要而弯曲、转折，在转弯处布置树丛、小品、山石等，增加沿路的趣味（见图 5-8 和图 5-9）。设置座椅处要局部加宽。园路宽度以不小于两人并排行走的宽度为宜。一般主路宽为 3m 左右，次路宽为 1.5~2m，为了游人行走舒适和便于排水，横坡一般为 1.5%~2%，纵坡最小为 3%，超过 8% 时要以台阶式布置。路面最简易的为水泥、沥青铺装，也可用虎皮石、卵石、冰裂纹等样式铺砌，还可以用预制水泥板拼花等，以加强路面的艺术效果。

❖ 图 5-8　小游园道路（1）

❖ 图 5-9　小游园道路（2）

（3）小游园场地。

小游园广场（见图 5-10）是以休息为主，设置座椅、花架、花台、花坛、花钵、雕塑、喷泉等，有很强的装饰效果和实用效果，为居民游憩创造良好的条件。在小游园里可布置活动场地（见图 5-11和图 5-12），其地面可以进行铺装、设置草皮或以透吸性强的沙质铺地。居民可以在这里休息、做操、打球、打拳、玩棋牌等。打拳以每人占地 8~10m^2 计，广场上可适当栽植乔木来遮阳避晒；围着树干可设置座椅供居民休息。

❖ 图 5-10 小游园广场

❖ 图 5-11 小游园场地（1）

❖ 图 5-12 小游园场地（2）

（4）小游园建筑小品。

小游园以植物造园为主，在绿色植物映衬下，适当布置园林建筑小品，能丰富绿地内容，增加游憩趣味，使空间富于变化，起到点景的作用，也为居民提供停留休息观赏之所（见图 5-13 和图 5-14）。小游园面积小，又被住宅建筑所包围，因此要有尺度感，总的来说宜小不宜大、宜精不宜粗、宜巧不宜拙，使之起到画龙点睛的效果。小游园的园林建筑及小品有亭、廊、水榭、棚架、水池、花台、坐凳、雕塑、果皮箱、宣传栏等。

❖ 图 5-13　小游园建筑小品（1）

❖ 图 5-14　小游园建筑小品（2）

3）住宅组团绿地

微课：住宅组团绿地

住宅组团绿地是直接靠近住宅的公共绿地，通常是结合居住建筑组群布置，服务对象是组团内居民，主要为老人和儿童就近活动与休息的场所。有的小区不设中心游园，而是分散在各组团内的绿地、路网绿化、专用绿地等形成小区绿地系统（见图 5-15）。

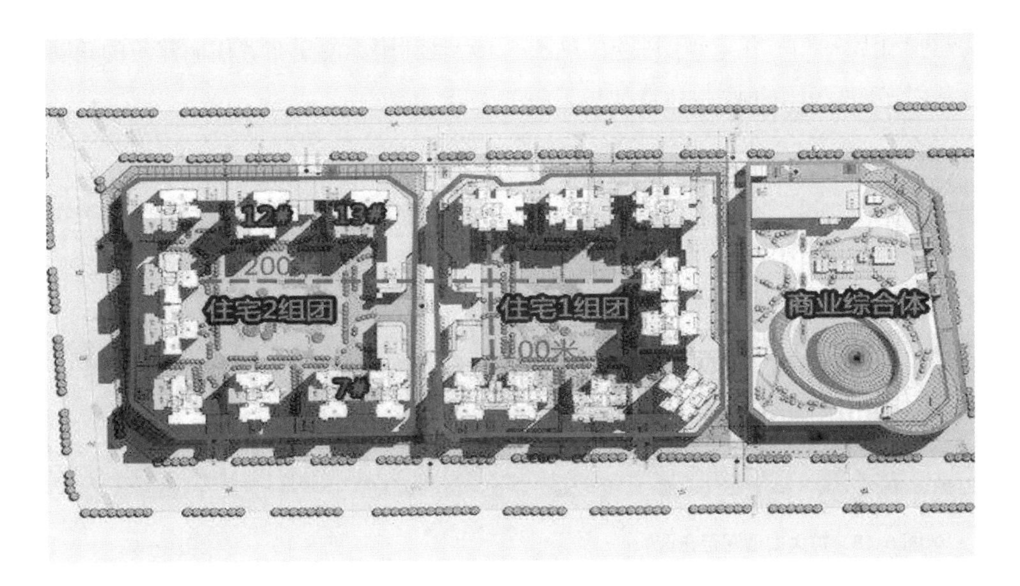

❖ 图 5-15　住宅组团绿地

组团绿地面积小、用地少、布置灵活、见效快、使用效率高，为居民提供了一个安全、方便、舒适的休息、游憩和社会交往的场所。

（1）组团绿地的位置。

组团绿地的位置根据建筑组群的不同组合有以下几种方式。

① 建筑形成院子。利用建筑形成的院子布置（见图 5-16），不受道路行人和车辆的影

响，环境安静，比较封闭，有较强的庭院感。

② 扩大住宅间距。扩大住宅间距布置（见图 5-17），可以改变行列式住宅的单调、狭长空间感，一般将住宅间距扩大到原来的 2 倍左右。

❖ 图 5-16　利用建筑形成的院子布置

❖ 图 5-17　扩大住宅间距布置

③ 扩大山墙间距。行列式住宅扩大山墙间距为组团绿地（见图 5-18），打破了行列式山墙间距形成的狭长胡同的感觉，组团绿地又与庭院绿地相互渗透，扩大绿化空间感。

④ 住宅组团一角。住宅组团一角（见图 5-19）是利用不便于布置住宅建筑的角隅空地，能充分利用土地。但由于在一角，加长了服务半径。

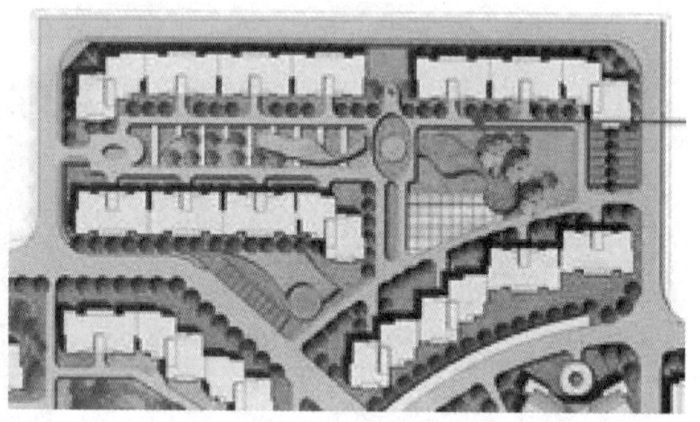

❖ 图 5-18　扩大山墙间距布置

❖ 图 5-19　住宅组团一角

⑤ 结合公共建筑。结合公共建筑布置（见图 5-20），使组团绿地同专用绿地连成一片，相互渗透，扩大绿化空间感。

⑥ 临街布置。居住建筑临街一面布置（见图 5-21），使绿化和建筑相互映衬，丰富了街道景观，也成为行人休息之地。

⑦ 穿插布置。自然式布置的住宅，组团绿地穿插其中（见图 5-22），组团绿地与庭院绿地结合，扩大绿化空间感，构图也显得自由活泼。

❖ 图 5-20 结合公共建筑布置

❖ 图 5-21 临街一面布置

（2）组团绿地的布置。

组团绿地的布置可有以下几种方式。

① 开敞式。居民可以进入绿地内休息活动，不以绿篱或栏杆分隔，如图 5-23 所示。

❖ 图 5-22 组团绿地穿插住宅间

❖ 图 5-23 开敞式布置

② 半封闭式。以绿篱或栏杆分隔，但留有若干出入口，如图 5-24 所示。

③ 封闭式。绿地以绿篱或栏杆分隔，居民不能进入绿地，也无休息活动场地，可望而不可即，使用效果较差，如图 5-25 所示。

❖ 图 5-24 半封闭式布置

❖ 图 5-25 封闭式布置

组团绿地从布局形式来分，有规则式、自然式和混合式。

（3）组团绿地的布置要注意以下问题。

出入口的位置和道路、广场的布置要与绿地周围的道路系统及人流方向结合起来考虑。

绿地内要有足够的铺装地面，既方便居民休息活动，也有利于绿地的清洁卫生，一般绿地覆盖率在 50% 以上，游人活动面积率为 50%~60%。为了有较高的覆盖率，并保证活动场地的面积，可采取铺装地上留穴种植乔木的方法。

组团绿地要有特色。一个居住小区往往有多个组团绿地，这些组团绿地从布局、内容及植物布置上要各有特色。

任务实施方法与步骤

1. 任务实施方法

1）整体布局——特点鲜明突出，布局简洁明快

小游园的平面布局不宜复杂，应当使用简洁的几何图形。从美学理论上看，明确的几何图形要素之间具有严格的制约关系，最能引起人的美感；同时，对于整体效果、远距离及运动过程中的观赏效果的形成也十分有利，具有较强的时代感（见图 5-26）。

2）竖向设计——因地制宜，力求变化

如果小游园规划地段面积较小，地形变化不大，周围是规则式建筑，则游园内部道路系统以规则式为佳；若地段面积稍大，又有地形起伏，则可以自然式布置。城市中的小游园贵在自然，最好能使人从嘈杂的城市环境中脱离出来。同时，园景也宜充满生活气息，有利于游人逗留休息。另外，要发挥艺术手段，将人带入设定的情境中去，做到自然性、生活性、艺术性相结合。硬质景观与软质景观要按互补的原则进行处理，如硬质景观突出点题入境，象征与装饰等表意作用，软质景观则突出情趣，和谐舒畅、情绪、自然等顺情作用。

3）功能定位——小中见大，充分发挥绿地的作用

（1）布局要紧凑。尽量提高土地的利用率，将园林中的死角转化为活角等。为满足不同人群活动的要求，设计小游园时要考虑到动静分区，并要注意活动区的公共性和私密性。在空间处理上要注意动观、静观，群游与独处兼顾，使游人找到自己所需要的空间类型。

（2）空间层次要丰富。利用地形道路、植物小品分隔空间，此外，也可利用各种形式的隔断花墙构成园中园。

（3）建筑小品要以小巧取胜。道路、铺地、坐凳、栏杆的数量与体量要控制在满足游人活动的基本尺度要求之内，使游人产生亲切感，同时扩大空间感。

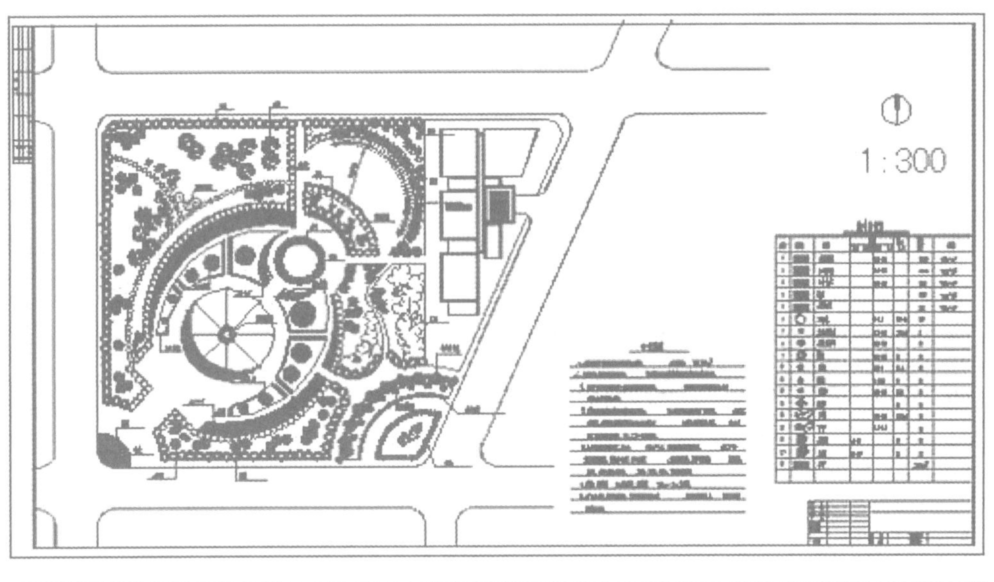

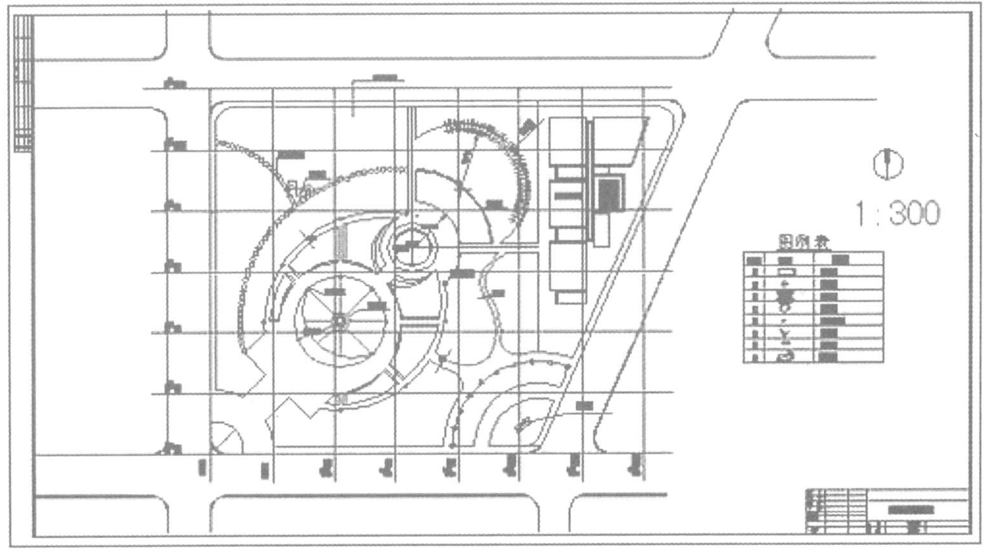

❖ 图 5-26　某小游园平面图

4）植物配置——与环境结合，体现地方风格

严格选择主调树种，考虑主调树种时，除注意其色彩美和形态美外，更多地要注意其风韵美，使其姿态与周围的环境气氛相协调。注意时相、季相、景相的统一，为在较小的绿地空间取得较大活动面积，而又不减少绿景，植物种植可以以乔木为主，灌木为辅，乔木以点植为主，在边缘适当辅以树丛，适当增加宿根花卉种类。此外，也可适当增加垂直绿化的应用。

5）园路处理——组织交通，吸引游人

在道路设计时，采用角穿的方式使穿行者从绿地的一侧通过，以保证游人活动的完整性。

2. 任务实施步骤

（1）调查当地的气候、土壤、水文条件等自然环境。

（2）了解居住区周边环境、当地居民生活习惯、当地人文历史等社会环境。

（3）实地考察测量，或者通过其他途径获得现状平面图。

（4）对调查所得资料进行整理和分析，确定居住区小游园规划设计的思想和绿化风格，做出总体方案的初步设计。

（5）经过严谨的推敲，综合考虑各种因素，确定最终平面图。

（6）完善其他图纸（功能分区图、地形设计图、植物种植设计图、建筑小品平面图、立面图、剖面图、局部效果图或总体鸟瞰图）。

（7）编制设计文本说明。

巩固训练

上课模拟设计的地段，不可能包括居住区小游园设计的全部内容，利用课外时间，将课堂上未完成的设计做完。还可虚拟几块地段，练习其他居住区小游园绿化形式的设计。

自我评价

评价项目	技术要求	分值	评分细则	评分记录
现状分布	抓住场地特征，根据现状确定设计内容	30	能否抓住场地特征，不能抓住特征扣10分； 内容确定是否准确，不准确扣10~15分	
设计图整体	景观设计美观，图形流畅，特征鲜明	40	景观设计是否美观，不美观扣10~20分； 图形是否流畅鲜明，不鲜明扣10分	
植物选择与配置	植物选择合理，植物配置合理美观	30	植物选择是否合理，不合理扣10~20分； 植物配置注重高低，色彩、季相搭配，不搭配扣10分	

5.2 居住区宅旁绿地、道路绿地设计

知识和技能要求

1. 知识要求

（1）掌握居住区宅旁绿地、道路绿地的基本概念和主要功能。

（2）能准确分析宅旁绿地、道路绿地的组成和功能特点。

（3）掌握不同建筑类型的居住区绿化知识。

2. 技能要求

（1）能对提供的宅旁绿地、道路绿地进行景观分析。

（2）熟练地进行宅旁绿地的地形设计、水景设计、植物种植设计。

情境设计

（1）教师准备好一份学校附近的含有多层住宅楼的住宅区地形图，复制到学生的计算机中。

（2）让学生分析该住宅区的宅旁绿地、道路绿地、教育用地绿化设计要点。

（3）现场踏勘，记录设计所需的数据。

（4）进行该住宅区的宅旁绿地设计。

任务分析

该任务主要是让学生学习居住区宅旁绿地、道路绿地、教育用地的绿化设计。该设计包含居住区的道路绿地、宅旁绿地和庭院绿地，要把这几种绿地进行综合考虑，统一绿化风格，既要做好行道树的树种选择，也要满足居民对宅旁绿地的各种景观要求。通过实际踏勘，了解多层住宅区建筑物的风格，附属建筑物、车棚等的位置；根据住宅楼的外形特点，确定设计的园林形式；根据居民的喜好，选择适宜的树种并进行科学的树种搭配；写出设计文本说明。

相关知识点

微课：植物配置和树种选择的原则

1. 植物配置和树种选择的原则

在居住区绿化中，为了更好地创造出舒适、卫生、宁静、优美的生活，休息、游憩的环境，要注意植物的配置和树种的选择，原则上要考虑以下几个方面。

1）绿化功能

要考虑绿化功能的需要，以树木花草为主，提高绿化覆盖率，起到良好的生态环境效益。

2）四季景观

要考虑四季景观及普遍绿化的效果，采用常绿树种与落叶树种、乔木与灌木、速生树种与慢生树种、重点与一般相结合、不同树形及色彩变化的树种相配置。种植绿篱、花卉、草皮，使乔木、灌木、花卉、绿篱、草地相映成景，丰富美化居住环境。

3）种植形式

树木花草种植形式要多种多样，除道路两侧需要成行栽植树冠宽阔、遮阴效果好的树种外，可多采用丛植、群植等手法，以打破成行成列住宅群的单调感和呆板感。用植物布置的多种形式，来丰富空间的变化，并结合道路的走向、建筑、门洞等形成对景、框景、借景等创造良好的景观效益。

4）植物材料

植物材料的种类不宜太多，又要避免单调，力求以植物材料形成特色，使统一中有变化。各组团、各类绿地在统一基调的基础上，又各有特色树种，如丁香路、玉兰院、樱花街等。

5）植物选择

居住区绿化宜选择生长健壮、管理粗放、少病虫害、有地方特色的优良乡土树种。还可栽植一些有经济价值的植物，特别在庭院内、专用绿地内可多栽既好看又实惠的植物，如核桃、樱桃、葡萄、玫瑰、连翘、垂盆草、麦冬等。花卉的布置使居住区增色添景，可大量种植宿根花卉及自播繁衍能力强的花卉，以省工节资，又获得良好的观赏效果，如美人蕉、蜀葵、玉簪、芍药、葱兰等。

6）攀缘植物

要多栽攀缘植物，以绿化建筑墙面、各种围栏、矮墙，提高居住区立体绿化效果，如地锦、五叶地锦、凌霄、常春藤等。

7）幼儿园及儿童游戏场植物

在幼儿园及儿童游戏场忌用有毒、带刺、带尖以及易引起过敏的植物，以免伤害儿童，如夹竹桃、凤尾兰、构骨、漆树等。在运动场、活动场地不宜栽植大量飞毛、落果的树木，如杨、柳、银杏（雌株）、悬铃木及构树等。

8）建筑、地下管网与植物的关系

植物与建筑、地下管网要有适当的距离，以免影响建筑的通风、采光，破坏地下管网。乔木距建筑物 5m 左右，距地下管网 2m 左右，灌木距建筑物和地下管网 1～1.5m。

2. 公共建筑和公共设施专用绿地

公共建筑和公共设施专用绿地是指居住区内一些带有院落或场地的公共建筑、公共设施的绿地，如中小学、托儿所、幼儿园的绿地（见图 5-27 和图 5-28）。虽然这些机构的绿地由本单位使用、管理，但是其绿化除了按本单位的功能和特点进行布置外，同时也是居住区绿化的重要组成部分。其绿化应结合周围环境的要求加以考虑。

❖ 图 5-27　公共建筑和公共设施专用绿地

❖ 图 5-28　小区幼儿园

公共建筑、公共设施的绿地与小区公共绿地相邻布置，连成一片，扩大绿地视野，使小区绿地更显宽阔，增大其卫生防护功能和视觉效果。

3. 道路绿化

微课：居住区道路绿化

道路绿化如同绿色的网络，将居住区各类绿化联系起来，是居民上班工作和日常生活的必经之地，极大地影响着居住区的绿化面貌。它有利于居住区的通风，改善小气候，减少交通噪声，保护路面，美化街景，提高生态环境效益。

道路绿化布置形式要结合道路横断面所处位置、地上地下管线状况等进行综合考虑。居住区道路也往往是居民散步的场所（见图 5-29），主要道路应绿树成荫，树木配置的方式和树种的选择应不同于城市街道，形成不同于城市街道的气氛，使乔木、灌木、花卉、绿篱、草地相结合，显得更为生动活泼。

1）居住区干道绿化

居住区干道是联系各小区及居住区内外的主要道路（见图5-30），除了行人外，车辆交通比较频繁，行道树的栽植要考虑行人的遮阴与交通安全，在交叉路口及转弯处要依照安全三角视距要求，保证行车安全。干道路面宽阔，选用体态雄伟、冠幅宽大的乔木，使干道绿树成荫。为了防止尘埃和噪声，在人行道和居住建筑之间可多行列植或丛植乔木、灌木。如行道树以馒头柳、桧柏和紫薇为主，以贴梗海棠、玫瑰、月季相辅，绿带内以开花繁密、花期长的半支莲为地被，在道路拓宽处还布置了花台、山石小品，使街景花团锦簇，层次分明，富于变化。

❖ 图5-29　居住区道路绿化

❖ 图5-30　居住区干道绿化

2）居住小区道路绿化

居住小区道路是联系各住宅组团之间的道路，是组织和联系小区各项绿地的纽带（见图5-31）。以行人为主，常是居民散步之地。树种配置要活泼多样，可多选择小乔木、开花灌木及叶色变化的树种，如合欢、樱花、五角枫、红叶李、栾树、乌桕等。每条道路可选择不同树种，既富于变化，又起到识别的作用，如在一条路上以某一两种花木为主体，形成合欢路、樱花路、紫薇路、丁香路等。

3）住宅小路绿化

住宅小路是联系各住宅的道路，宽2m左右，供人行走（见图5-32）。绿化布置时要退后0.5~1m，以便必要时急救车和搬运车驶进住宅。小路交叉路口有时可适当放宽，与休息场地结合布置，也显得灵活多样，丰富道路景观。行列式住宅各条小路，从树种选择到配置方式采取多样化，形成不同景观，也便于识别家门。如北京南沙沟居住小区，形式相同的住宅建筑间小路，在平行的11条宅间小路上，分别栽植馒头柳、银杏、柿树、元宝枫、油松、泡桐、香椿等树种，既有助于识别住宅，又丰富了住宅绿化的艺术面貌。

❖ 图 5-31　居住小区道路绿化

❖ 图 5-32　住宅小路绿化

4. 宅旁绿化

微课：宅旁绿化

宅旁绿化包括住宅间绿化和庭院绿化，即住宅前后及两栋住宅之间的用地，是居民家门口的绿地，最接近居民，是住宅区绿化的最基本单元（见图 5-33）。其用地面积占住宅绿化比例比较大，约占小区绿化总用地面积的 50%。宅旁绿化与居民日常生活有着密切的关系，为居民的户外活动创造良好的条件和优美的环境，满足居民休息、观赏、活动等的需要。其绿化布置形式因建筑组合形式、层次、间距、住宅类型及其平面布置的不同而异，也直接关系到室内的安宁、卫生、通风、采光以及居民的视觉美和嗅觉美。阵阵花香飘满院，绿叶红花入室来，是一种美的享受。宅旁绿化遍及整个居住区，绿化状况反映居住区绿化的总体效果，因此，宅旁绿化是居住区绿化的重要组成部分。

❖ 图 5-33　宅旁绿化

1）住宅间的绿化

住宅间绿化的布置形式多种多样，归纳起来，可采取以下几种形式。

（1）树林型布置。

用高大的乔木，多行成排地布置（见图 5-34）。对改善环境、改善小气候有良好的作用，也为居民在树荫下进行各项活动创造了良好的条件。这种布置比较粗放、单调，也容易影响室内的通风及采光。

❖ 图 5-34 树林型布置

（2）绿篱型布置。

在住宅前后用绿篱围出一定的面积，种植花木、草皮，是早期住宅绿化中比较常用的方法。绿篱多采用常绿树种，如大叶黄杨、侧柏、桧柏、蜀桧、女贞、小叶女贞、桂花等，也可采用花灌木、带刺灌木、观果灌木等，做成花篱、果篱、刺篱，如贴梗海棠、火棘、六月雪、溲疏、扶桑等。其中花木的布置，在有统一基调树种的前提下，各有特色，或根据住户的爱好种植花木。

（3）围栏型布置。

用砖墙、预制花格墙、水泥栏杆、金属栏杆、竹篱笆等在建筑正面（南、东）围出一定面积，形成庭院，布置花木。在庭院内居民可根据不同的需要、爱好选种花木、安排晒衣、休息、游憩的场地。在围栏上布满攀缘植物，开花时节形成一条美丽的花廊，如凌霄、蔓生蔷薇、藤本月季等。

（4）花园型布置。

在宅间用地上，用绿篱或栏杆围出一定的用地，采用自然式或规则式，或开放式或封闭式的布置（见图 5-35），起到隔声、防尘、遮挡视线、美化环境的作用。形式多样、层次丰富，也为居民提供休息场所。

（5）独院型布置。

一般在独院式住宅内布置（见图 5-36）。除花木外，往往还有山石、水池、棚架、园林小品的布置，形成自然、幽静的居住生活环境。也可以草坪为主，栽种树木、花草，设置园路、场地等，使其平面布置显得多样而活泼，开敞而恬静。

❖ 图 5-35 花园型布置

❖ 图 5-36 独院型布置

2）住宅建筑旁的绿化

住宅建筑旁的绿化应与庭院绿化及建筑格调相协调（见图 5-37）。

3）入口处的绿化

小区住宅单元大部分是北（西）入口，低层庭院是南（东）入口。北入口以对植、丛植布置手法，栽植耐阴灌木，如金丝桃、金丝梅、珍珠梅等。南入口除了上述布置外，常栽植攀缘植物，如凌霄、常春藤、地锦、金银花等，可做成拱门等形状。在入口处注意不要栽种有尖、有刺、有毒的植物，如凤尾兰、丝兰等，以免伤害居民，特别是幼童，如图 5-38 所示。

❖ 图 5-37 住宅建筑旁的绿化

❖ 图 5-38 入口处的绿化

5. 墙基、角隅的绿化

在垂直的建筑墙体与水平的地面之间以绿色植物为过渡，如种植铺地柏、麦冬、葱兰、玉簪等。角隅种植珊瑚树、八角金盘、凤尾竹、棕竹等。打破墙基、角隅呆板、枯燥、僵硬的感觉，如图 5-39 和图 5-40 所示。

❖ 图 5-39 墙基绿化

❖ 图 5-40 角隅绿化

6. 防西晒的绿化

防西晒的绿化也是住宅绿化的重要部分，可采取以下两种方法。

1）利用垂直绿化墙面防西晒

种植攀缘植物，垂直绿化墙面（见图 5-41），可有效地降低墙面温度和室内气温，同时也美化了墙面、增加了绿化面积。常见的绿化植物有地锦、五叶地锦、凌霄、常春藤等。

❖ 图 5-41 利用垂直绿化墙面防西晒

2）栽植高大的落叶乔木防西晒

在西墙外栽植高大的落叶乔木，既可盛夏遮阴，又不影响寒冬室内采光。常见的绿化植物有杨树（雄株为宜）、水杉、枫香、垂丝海棠、红叶李等。

7. 生活杂物用地的绿化

住宅区的晒衣场、杂物院、垃圾站点等，一要位置适中；二要用绿化将其遮蔽，以免有碍观瞻。近年来，建造的住宅都有生活阳台，首层庭院不另设置晒衣场。但若有的住宅无此设施，可在宅旁或组团绿地上设置集中管理的晒衣场，其周围栽植常绿灌木，如珊瑚树、女贞、黄杨等。既不遮挡阳光，又显得整齐，还能防止尘埃弄脏衣服。垃圾站点的设置也要选择适当位置，既便于使用、清运垃圾，又易于遮蔽。一般情况下，在垃圾站点外围密植常绿树木，将其隐蔽，可起到绿化作用并可防止垃圾因风飞散而造成污染，但是要留好出入口，一般出入口应位于背风面。

综上所述，宅旁绿化应注意以下问题。

1）绿化布局、树种选择多样化

行列式住宅容易造成单调感，甚至不易辨认外形相同的住宅，因此，可以选择不同的树种、不同布置形式，成为识别的标志，起到区别不同行列、不同住宅单元的作用。

2）注意耐阴树种的配置

住宅周围常因建筑物的遮挡造成大面积的阴影，树种的选择受到一定的限制，因此，要注意耐阴树种的配植，以保障阴影部位良好的绿化效果。耐阴植物有桃叶珊瑚、罗汉松、十大功劳、金丝桃、金丝梅、珍珠梅、绣球花及玉簪等宿根花卉。

3）住宅附近管线比较密集

树木的栽植与自来水管、污水管、雨水管、煤气管、热力管、化粪池等要留够距离，以免后患。

4）树木的栽植不要影响室内的通风采光

特别是南向窗前不要栽植乔木，尤其是常绿乔木，以免在冬天由于常绿树木的遮挡，导致室内晒不到太阳而有阴冷之感。一般应在窗外5m距离外栽植乔木。

5）绿化布置要注意尺度感

以免由于树种选择不当而造成拥挤、狭窄的不良心理感觉。树木的高度、行数、大小要与庭院的面积、建筑间距、层数相适应。

6）使庭院、屋基、天井、阳台、室内的绿化结合起来

把室外自然环境通过植物的安排与室内环境连成一体，使居民有一个良好的绿色环境心理感，使人赏心悦目。

任务实施方法与步骤

（1）开始设计。调查周边环境。

（2）确定主要方案。居住区绿地的整体布局和居住区绿地的植物搭配。

（3）绘制草图。

（4）利用 CAD 和 Photoshop 软件设计。

（5）设定比例。用 A1 图纸输出。

（6）打印图纸。

（7）查找打印图纸的问题。

巩固训练

进行设计时，在把握设计主题的原则下，可以只考虑空间构成以及使用者的活动需要。树种搭配、游憩设施等内容，可在完成空间布局、功能分析以后再进行。

利用课外时间，参照图 5-42 名门现代城小区绿化设计、图 5-43 和图 5-44 怡和・星国际小区绿化设计，将课堂上未完成的设计做完，并认真地进行描图，将设计图描绘在图纸上。

自我评价

评价项目	技术要求	分值	评分细则	评分记录
功能分区的提出	功能分区设计合理	20	功能分区是否合理，不合理扣 5~10 分	
设计内容与方法	设计合理并能做到扬长避短	30	设计是否合理，不合理扣 5~10 分； 改建后是否扬长避短，没有做到扣 10 分	
设计图整体	图面效果好，有实用价值	30	图面效果好，效果不好扣 10 分； 实用价值高，不高扣 10 分	
文本说明	条理清晰，说明介绍清楚明白	20	介绍是否清楚明白，不清楚明白扣 10 分	

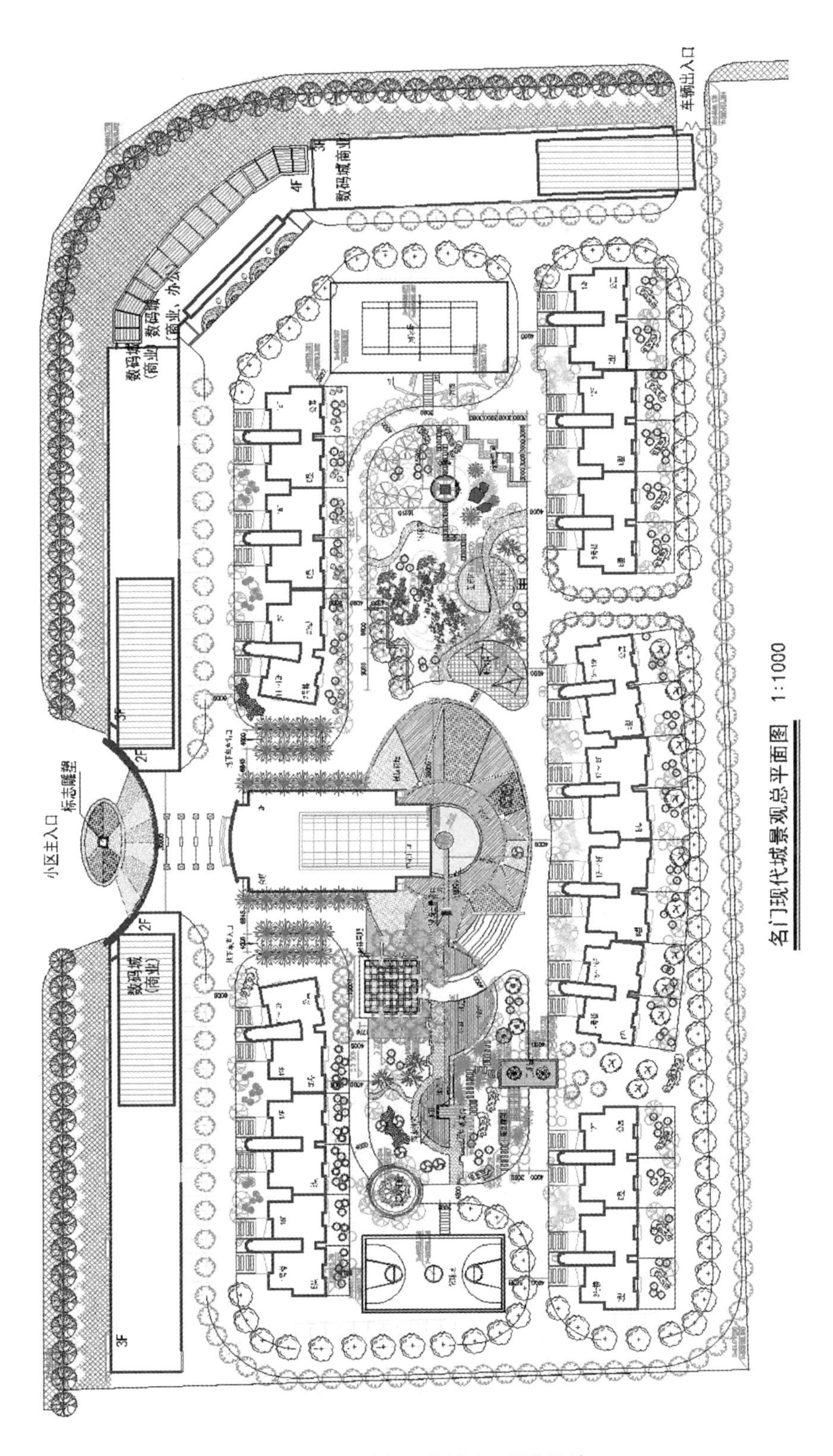

❖ 图 5-42　名门现代城小区绿化设计

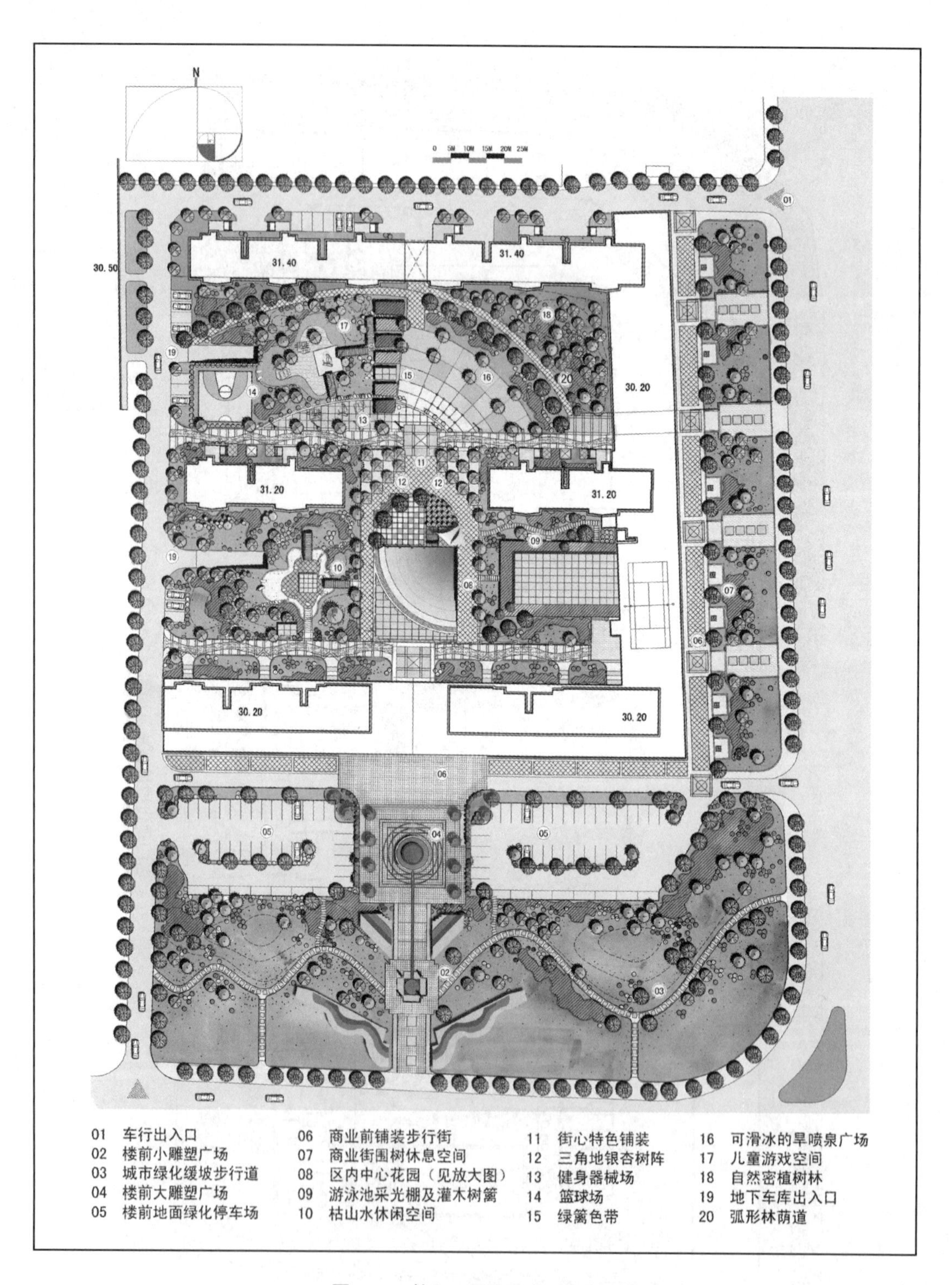

❖ 图 5-43 怡和 · 星国际小区绿化设计

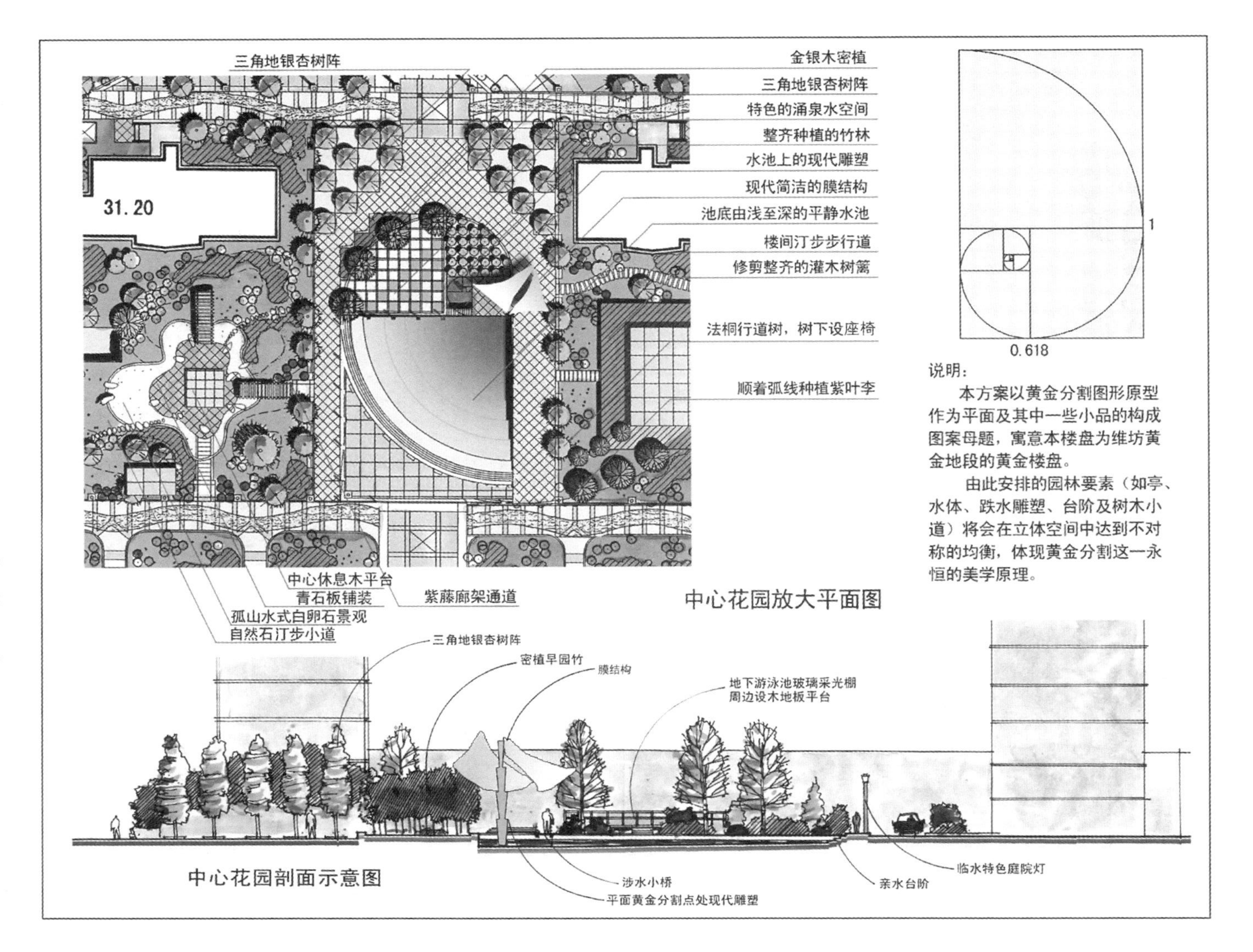

❖ 图 5-44 怡和 · 星国际小区中心花园设计

模块 6 单位附属绿地设计

【学习目标】

终极目标

（1）合理进行不同层次校园绿地方案设计、种植设计，并编制设计概算。

（2）合理进行不同企业厂区绿地方案设计、种植设计，并编制设计概算。

促成目标

（1）能结合校园绿地设计规范、工厂绿地设计规范、医院绿地设计规范。

（2）掌握单位附属绿地的设计方法。

6.1 学校绿地设计

知识和技能要求

1. 知识要求

（1）了解学校绿地设计的基本要求。

（2）掌握学校绿地的设计思路。

（3）掌握园林植物景观的搭配手法。

2. 技能要求

能熟练地进行学校绿地设计，并绘制局部效果图，标注树种名称，写出设计文本说明。

情境设计

（1）教师准备好学校设计平面图，学生每人一份，识别学校设计平面图的各项内容。

（2）教师提问，让学生分析所发图纸的设计的优点与缺点。

（3）教师在图纸上指定一处地点，让学生进行学校绿地设计。

任务分析

该任务主要是让学生学习学校绿地设计，要注意学校的类型，以及学校绿地同其他绿地的区别。设计时要充分考虑学校的立地条件和主导风向，主要活动人群、年龄段以及其他特定要求。

相关知识点

校园绿地是单位附属绿地中的一个重要组成部分，随着国家对教育行业投资的逐渐加大，校园环境建设也更加受到人们的关注。校园绿地的主要目的是创造浓荫覆盖、花团锦簇、绿草如茵、清洁卫生、安静清幽的校园绿地，从而为师生们的工作、学习和生活提供良好的环境景观与场所。

1. 校园绿地的作用与特点

1）校园绿地的作用

校园是学校精神、学术和文化的物质载体。校园绿地建设是学校建设工作的重要组成部分，它既是两个文明建设必不可少的内容，又是一个学校整体面貌和外在形象的表现。

良好的校园环境是一部立体、多彩、富有吸引力的教科书，具有独特的感染力和约束力，有利于陶冶学生的情操，净化学生的心灵。创建优美的校园环境是当前各类学校日益关注和重视的环境建设问题。

2）校园绿地的特点

校园绿地应体现学校的特点和校园文化特色，形成充满生机和活力的现代学校校园环境，满足师生学习、活动、交流与休闲的需要。

绿化建设工程是表达人与自然融合的最直接、最完美的一种物质手段和精神创作。园林把建筑、山水、植物等有机地融为一体，在有限的空间范围内，利用自然条件或模拟大自然中的美景，经过加工提炼，把自然美与人工美在新的基础上统一起来，结合植物的栽植和建筑布局，构成一个可供人观赏、工作、学习、居住、游憩的优美舒适环境。因此，更应该重视校园的绿地建设，为师生创造一个幽雅、宜人的教学环境。

另外，根据我国目前的教育模式，学校教育可分为小学、中学和大学，由于学校规模、教育阶段、学生年龄的不同，其绿地建设也有很大的差异。一般中小学校的规模较小、学生年龄较小，学生以走读方式为主，因此绿地无论是从设计还是从功能角度来讲都比较简单；而大学由于规模大、学生年龄较大、学生以住校方式为主，因此绿地设计以及功能要求比较复杂。

2. 大学绿地设计

大学是促进城市技术经济、科学文化繁荣与发展的园地，是带动城市高科技发展的动力，也是科教兴国的主阵地。大学在认知未知世界，探索真理，为人类解决重大课题提供科学依据，推动知识创新和科学技术成果推广，实现生产力转化诸方面，发挥着不可估量的作用。

优美的校园绿地和环境，不仅有利于师生的工作、学习和身心健康，同时也为社区乃至城市增添了亮丽的风景。在我国许多环境优美的校园，都令国内外广大来访者赞叹不已，流连忘返，令学校广大师生、员工引以为荣，终生难忘。如水清木秀、湖光塔影的北京大学，古榕蔽日、楼亭入画的中山大学，依山面海、清新典雅的深圳大学等，都是校园绿地建设的典范。

1）大学的特点

（1）面积与规模。

微课：大学的特点

大学一般规模大、面积广、建筑密度小，尤其是重点院校，相当于一个小城镇，需要占据相当规模的用地，其中包含着丰富的内容和设施。校园内部具有明显的功能分区，各功能区以道路分隔和联系，不同道路选择不同树种，形成了鲜明的功能区标志和道路绿化网络，也成为校园绿化的主体和骨架。

（2）师生学习工作特点。

大学是以课时为基本单元组织教学工作的，学生们一般没有固定的教室，一天之中要多次往返、穿梭于校园内各处的教室、实验室之间，匆忙而紧张，是一个从事繁重脑力劳动的群体。

大学中教师的工作，包括科研和教学两个部分，没有固定的8小时工作制，工作学习时间比较灵活。

（3）学生特点。

大学生正处在青年时代，其人生观和世界观处于树立与形成时期，各方面逐步走向成熟。他们精力旺盛，朝气蓬勃，思想活跃，开放活泼，可塑性强，又有独立的个人见解，掌握一定的科学知识，具有较高的文化素养。他们需要良好的学习、运动环境和高品位的娱乐交往空间，从而获得德、智、体、美、劳全面发展。

2）大学的绿地组成

微课：大学的绿地组成

大学一般面积较大，总体布局形式多样。由于学校规模、专业特点、办学方式以及周围的社会条件的不同，其功能分区的设置也不尽相同。一般情况下，可分为教学科研区、学生生活区、体育活动区、后勤服务区及教工生活区。

（1）教学科研区绿地。

教学科研区是大中专院校的主体，主要包括教学楼、实验楼、图书馆以及行政办公楼等建筑，该区也常常与学校主出入口综合布置，体现学校的面貌和特色。教学科研区周围要保持安静的学习环境与研究环境，其绿地一般沿建筑周围、道路两侧呈条带状或团块状分布。

（2）学生生活区绿地。

学生生活区为学生生活、活动区域，主要包括学生宿舍、学生食堂、浴室、商店等生活服务设施及部分体育活动器械。该区与教学科研区、体育活动区、校园绿化景区、城市交通及商业服务有密切联系。一般情况下，绿地沿建筑、道路分布，比较零碎、分散。但是该区又是学生课余生活比较集中的区域，绿地设计要注意满足其功能性。

（3）教工生活区绿地。

教工生活区为教工生活、居住区域，主要是居住建筑和道路，一般单独布置，或者位于校园一隅，与其他功能区分开，以求安静、清幽。其绿地分布与普通居住区无差别。

（4）休息游览区绿地。

休息游览区是在校园的重要地段设置的集中绿化区或景区，供学生休息散步、自学、交往。另外，还起着陶冶情操、美化环境、树立学校形象的作用。该区绿地呈团块状分布，是校园绿化的重点部位。

（5）体育活动区绿地。

体育活动区是大学校园的重要组成部分，是培养学生德、智、体、美、劳全面发展的重要设施。其内容主要包括大型体育场、游泳馆、各类球场及器械运动场等。该区要求与学生生活区有较方便的联系。除足球场草坪外，绿地沿道路两侧和场馆周边呈条带状分布。

（6）校园道路绿地。

校园道路绿地分布于校园内的道路系统中，对各功能区起着联系与分隔的双重作用，且具有交通运输功能。道路绿地位于道路两侧，除行道树外，道路外侧绿地与相邻的功能区绿地融合。

（7）后勤服务区绿地。

后勤服务区分布着为全校提供水、电、热力及各种气体动力站及仓库、维修车间等设施，占地面积大，管线设施多，既要有便捷的对外交通联系，又要离教学科研区较远，避免干扰。其绿地也是沿道路两侧及建筑场院周边呈条带状分布。

3）大学绿地设计的原则

大学生是具有一定文化素养和道德素养，朝气蓬勃、活力四射的年轻一代，他们是祖国的未来，也是民族的希望。大学是培养具有一定政治觉悟，德、智、体、美、劳全面发展的高科技人才的园地。因此，大学的园林绿地设计应遵循以下原则。

微课：大学绿地的设计原则

（1）以人为本。

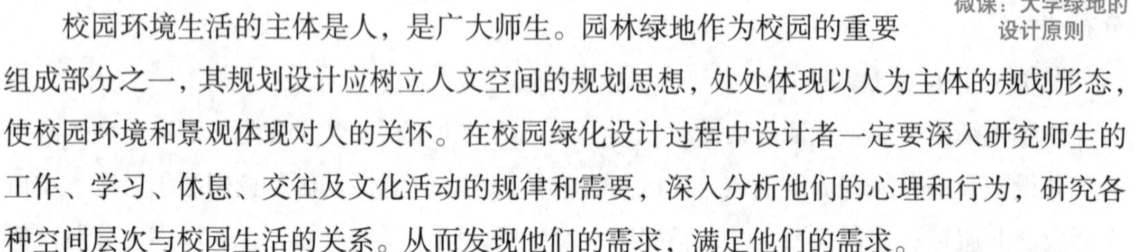

校园环境生活的主体是人，是广大师生。园林绿地作为校园的重要组成部分之一，其规划设计应树立人文空间的规划思想，处处体现以人为主体的规划形态，使校园环境和景观体现对人的关怀。在校园绿化设计过程中设计者一定要深入研究师生的工作、学习、休息、交往及文化活动的规律和需要，深入分析他们的心理和行为，研究各种空间层次与校园生活的关系。从而发现他们的需求，满足他们的需求。

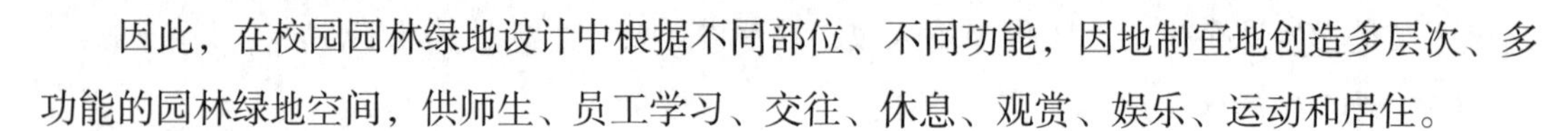

因此，在校园园林绿地设计中根据不同部位、不同功能，因地制宜地创造多层次、多功能的园林绿地空间，供师生、员工学习、交往、休息、观赏、娱乐、运动和居住。

（2）突出校园文化特色。

大学的环境设计应充分挖掘学校历史的文化内涵，利用校区中独特的环境特色和文化因素，通过景观元素的提供、组合、搭配，塑造自然环境与人文环境完美结合的校园景观。从而，突出校园景观的文化特色，陶冶学生的情操并培养其健康向上的人生观。

（3）突出育人氛围。

校园既是文化环境，也是教育环境。环境是无声的课堂，优美的校园环境对青年学子高尚品格的塑造、健康的心理状态和精神结构的形成，将起着潜移默化的重要作用，正所谓校园环境中“一草一木都参与教育”。

在进行设计时，应以富于情感特质的场所来实现环境与人的互动，做到山水明德，花木移性；诗意景观，人文绿地；静赏如画，动观似乐；绿团锦簇，水意朦胧。

（4）突出校园景观的艺术特色。

创造符合大学高文化内涵的校园艺术环境美，被称为“心灵的体操”。美的环境令人心地纯洁、情感高尚，使人的个性获得比较全面、和谐的发展。

大学校园是高文化环境，是社会文明的橱窗。校园的形象环境，理应具有更深层次的美学内涵和艺术品位，因为追求校园景观的艺术特色是众望所归。

① 校园景观应具有整体美。凡能形成撼人心灵的建筑群体和园林佳景，无不是其整体美的体现，正如格式塔心理学所指出的美学现象：“整体大于个体的总和。”校园整体美的内涵是十分丰富的，如建筑个体之间，通过形状、体量、材质、色彩之间的对比与协调，统一与变化，所形成的总体美学效果，建筑群所形成的校园空间的整体性，以及校园空间序列的起、承、转、开、合、围、透所构成的整体效果，建筑群体与绿化、小品所形成的整体效果，园林绿地中造景素材协调配置所形成的整体美学效果，人工环境与自然环境构

成随机的、和谐的、整体的效果，校园环境与周边环境所构成的整体效果……总之，人们所感受的是校园的整体，局部只有处在整体脉络中才能使人认同。

在校园中，建筑群形成的主体骨架，道路显示出整体的脉络，广场及标志形成校园的核心和节点，边缘划分出校园的范围，园林绿地衬托出美化建筑、填充面域空间，体现自然美和园林美，这些构成因素共同交织，形成校园环境整体美的生动形象。

② 校园景观应具有特色美。没有特色的校园，无法引起人的深切感知，也最容易被人遗忘。校园中不同院系的建筑、道路、绿地，在总体环境协调的前提下，也应具有各自的特点和个性。校园环境既要传承文脉，显示出历史久远的印痕，又要体现新的时代特色。校园环境的特色主要通过形式与内容特色、自然环境特色、地方民族文化特色和技术材料特色来体现，其中自然环境特色往往成为影响最大的主要因素。校园园林绿地以表现自然景观为主题，将自然环境引入城市和校园，与建筑、道路等人工环境相协调，其特色表现在园林绿地的形式与内容的独创性，乡土树种和植物季相变化诸方面。如南京林业大学校园内参天的鹅掌楸行道树；武汉大学春季盛开的樱花（见图 6-1），是校园乃至城市富有特色的景观，常常吸引市民来此观赏。

❖ 图 6-1 武汉大学春季盛开的樱花

③ 校园景观应具有朴素的、自然的美。自然环境是大地提供给人类的宝贵财富，也是启发人类灵感的重要源泉。自然环境最能体现原始的、朴素的、自然的美，也正因为如此，我国人民具有热爱自然的传统，在咫尺天地里，可创造出千变万化、富有自然情趣的园林佳境。中国传统造园手法，在校园园林绿地规划设计中值得借鉴。依顺自然，尊重和发掘自然美，寻求与自然的交融；强化自然，以人工手段，组织改造空间形态，突出自然特色，形成环境特征；创造自然，筑山理水，使自然与人工一体化；再现自然，追求真趣，

抒发灵性。世界上许多大学校园都保持着基地原有的自然地形地貌植被和生态印痕，体现自然的、朴素的美，形成校园环境特色。

（5）创造宜人的小空间环境。

符合生态学、美学原理的小空间环境，宜人的尺度、优美的环境、个性化的空间，有利于调节情绪、活跃思维、陶冶情操，而良好的交往场所，往往是智慧的碰撞、科技创新的摇篮。

一般情况下，凡能形成围合、隐蔽、依托、开敞的空间环境，都会使人们渴望在其中滞留。因此，在校园绿地规划设计时要注重创造具有可容性、围蔽性、开放性及领域感、依托感等环境氛围的校园绿地空间，让人们在各种清新幽静、充满温馨的环境中感到轻松，得到休息，或调整思绪，静心思考，或潜心读书，或散步赏景，或聚会谈心，相互交流沟通，开展集体活动。为满足人们的休息、遮阳、避雨等功能，可在园林绿地中适当点缀园林建筑和小品，使校园绿地更具实用性、人情味、亲切感和鲜明的时代特征。如图 6-2 所示是 3 种不同的校园空间环境。

❖ 图 6-2　3 种不同的校园空间环境

（6）以自然为本，创造良好的校园生态环境。

学校园林绿地作为城市园林绿地系统的构成之一，对学校和城市气候的改善与环境的保护，起着重要的作用。因此，校园应是一个富有自然生机的、绿色的良好生态环境。校园绿地规划设计要结合其总体规划进行，强调绿色环境与人的活动及建筑环境的整合，体现人与自然共存的理念，形成人的活动能融入自然的有机运行的生态机制。充分尊重和利用自然环境，尽可能保护原有的生态环境。在建设中树立不再破坏生态环境的意识，坚决反对“先破坏，后治理”的错误观点。对已被破坏的生态环境，要尽可能抢救，使其恢复到原有的平衡状态。对于坡地、台地、山地，要随形就势进行布局，尽量减少填挖土方量。对原有的水面，尽可能结合校园环境设计，使其成为校园一景。如新江汉大学基地呈弧形带状，与自然山丘、湖泊、田野、植被构成一片宁静优美的环境，设计中保留原有的自然山体和植被，充分利用湖岸景观，形成大片绿地空间。

校园园林绿地应以植物绿化美化为主，园林建筑小品辅之。在植物选择配置上要充分体现生物多样性原则，以乔木为主，乔灌花草结合，使常绿树种与落叶树种，速生树种与慢生树种，观叶树木、观花树木与观果树木，地被物与草坪草地保持适当的比例。要注意选择乡土树种，突出特色。尽可能保留原有树木，尤其是古树名木。对于成材的树木伐不如移，移不如不移，其原因如《园冶》所云：“斯谓雕栋飞楹构易，荫槐挺玉成难。”

另外，农、林、师范院校还可以把树木标本园的建设与校园园林绿化结合起来。这样一来，校园中的树木花草，既是校园景观和生态环境的组成部分，又是教学实习的活标本。如南京林业大学、华南农业大学、杨凌职业技术学院、河南科技大学林业职业学院等学校都运用了这种方法。

4）大学各区绿地规划设计要点

（1）校前区绿化。

微课：大学各区绿地规划设计要点

校前区主要是指学校、出入口与办公楼、教学主楼之间的空间，有时也称作校园的前庭，是大量行人、车辆的出入口，具有交通集散功能的同时起着展示学校标志、校容校貌及形象的作用，一般有一定面积的广场和较大面积的绿化区，是校园重点绿化美化地段之一。校前空间的绿化要与大门建筑形式相协调，以装饰观赏为主，衬托大门及立体建筑，突出庄重典雅、朴素大方、简洁明快、安静优美的高等学府校园环境，如图 6-3 所示。

校前区绿化主要分为两部分：门前空间（主要是指城市道路到学校大门之间的空间）和门内空间（主要是指大门到主体建筑之间的空间）。

门前空间一般使用常绿花灌木形成活泼而开朗的门景，两侧花墙用藤本植物进行配置。在四周围墙处，选用常绿乔灌木自然式带状布置，或以速生树种形成校园外围林带。另外，门前的绿化既要与街景有一致性，又要体现学校特色。

❖ 图 6-3 山东大学（青岛校区）入口景观效果图

门内空间的绿化设计一般以规则式绿地为主，以校门、办公楼或教学楼为轴线，在轴线上布置广场、花坛、水池、喷泉、雕塑和主干道。轴线两侧对称布置装饰或休息性绿地。在开阔的草地上种植树丛，点缀花灌木，自然活泼，或种植草坪及整形修剪的绿篱、花灌木，低矮开朗，富有图案装饰效果。在主干道两侧植高大挺拔的行道树，外侧适当种植绿篱、花灌木，形成开阔的林荫大道。

校前区绿化要与教学科研区绿化衔接过渡，为体现庄重效果，常绿树应占较大比例。

（2）教学科研区绿化。

教学科研区绿地主要是指教学科研区周围的绿地，一般包括教学楼、实验楼、图书馆以及行政办公楼等建筑，其主要功能是满足全校师生教学、科研的需要，为教学科研工作提供安静、优美的环境，也为学生提供课间进行适当活动的绿色室外空间，如图 6-4 所示。

❖ 图 6-4 东南大学九龙湖校区教学科研区效果图

教学科研区主楼前的广场设计，一般以大面积铺装为主，结合花坛、草坪，布置喷泉、雕塑、花架、园灯等园林小品，体现简洁、开阔的景观特色（有的学校也将校前区和其结合起来布置）。

为满足学生休息、集会、交流等活动的需要，教学楼之间的广场空间应注意体现其开放性、综合性的特点，并具有良好的尺度和景观，以乔木为主，花灌木点缀。绿地布局平面上要注意其图案构成和线形设计，以丰富的植物及色彩，形成适合师生在楼上俯视的鸟瞰画面，立面要与建筑主体相协调，并衬托美化建筑，使绿地成为该区空间的休闲主体和景观的重要组成部分。教学楼周围的基础绿带，在不影响楼内通风采光的条件下，多种植落叶乔灌木，如图 6-5 所示。

❖ 图 6-5 青岛大学入口游园

大礼堂是集会的场所，正面入口前一般设置集散广场，由于其周围绿地空间较小，内容相应简单。礼堂周围基础栽植，以绿篱和装饰树种为主。礼堂外围可根据道路和场地大小，布置草坪、树林或花坛，以便人流集散。

实验楼的绿化基本与教学楼相同。另外，还要注意根据不同实验室的特殊要求，在选择树种时，综合考虑防火、防爆及空气洁净程度等因素。

图书馆是图书资料的储藏之处，为师生教学、科学活动服务，也是学校标志性建筑，其周围的布局与绿化基本与大礼堂相同。

（3）学生生活区绿化。

大学为方便师生学习、工作和生活，校园内设置有生活区和各种服务设施，该区是丰富多彩、生动活泼的区域。学生生活区绿化应以校园绿化基调为前提，根据场地大小，兼顾交通、休息、活动、观赏诸功能，因地制宜地进行设计。食堂、浴室、商店、银行、邮局前要留有一定的交通集散及活动场地，周围可留基础绿带，种植花草树木，活动场地中心或周边可设置花坛或种植庭荫树。

学生宿舍区绿化可根据楼间距大小，结合楼前道路，进行设计。楼间距较小时，在楼梯口之间只进行基础栽植或硬化铺装。场地较大时，可结合行道树，形成封闭式的观赏性绿地，或布置成庭院式休闲性绿地，铺装地面，花坛、花架、基础绿带和庭荫树池结合，形成良好的学习、休闲场地，如图 6-6 所示。

❖ 图 6-6 学生公寓周围绿化

（4）教工生活区绿化。

教工生活区绿地与普通居住区的绿化设计相同，设计时可参阅居住区绿地中的有关内容。

（5）休息游览区绿化。

大学一般面积较大，在校园的重要地段设置花园式或游园式绿地，供师生休闲、观赏、游览和读书。另外，大学中的花圃、苗圃、气象观测站等科学实验园地，以及植物园、树木园也可以园林形式布置成休息游览绿地。

休息游览区绿地规划设计构图的形式、内容及设施，要根据场地地形地势、周围道路、建筑等环境，综合考虑，因地制宜地进行，如图 6-7 所示。

（6）体育活动区绿化。

体育活动区一般在场地四周栽植高大乔木，下层配置耐阴的花灌木，形成一定层次和密度的绿荫，能有效地遮挡夏季阳光的照射和冬季寒风的侵袭，减弱噪声对外界的干扰，如图 6-8 所示。

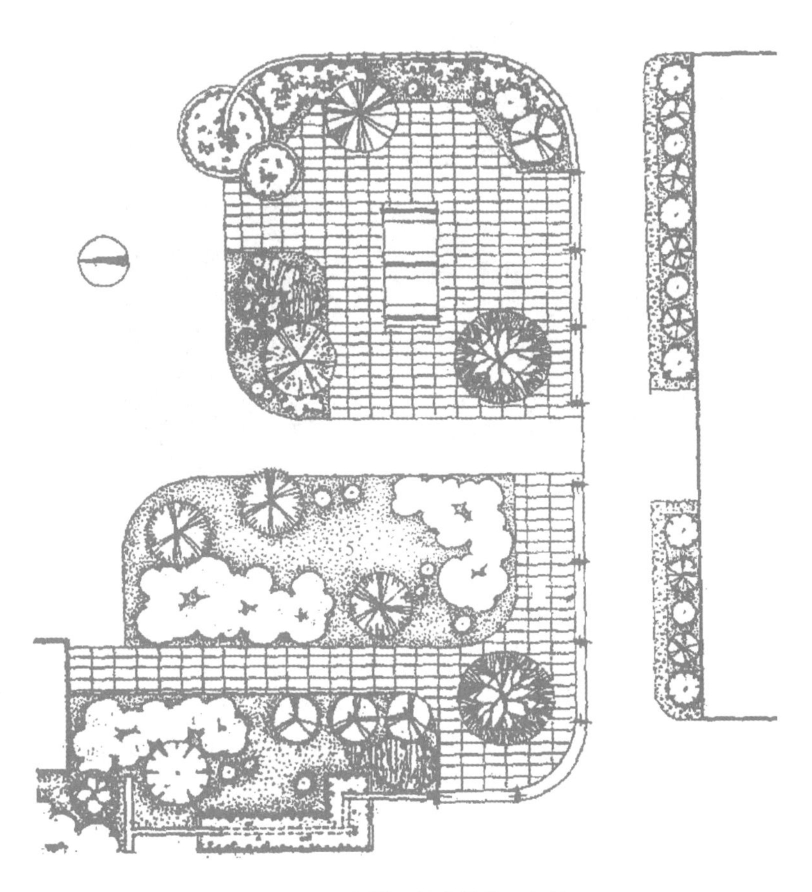

❖ 图 6-7　某校园休息游览区绿地

❖ 图 6-8　体育活动区绿地

室外运动场的绿化不能影响体育活动和比赛，以及观众的通视，应严格按照体育场地及设施的有关规范进行。为保证运动员及其他人员的安全，运动场四周可设围栏。在适当之处设置坐凳，供人们观看比赛。设坐凳处可种植落叶乔木遮阳，如图 6-9 所示。

❖ 图 6-9　运动场周边结合花坛设置的坐凳及绿化效果

体育馆建筑周围应因地制宜地进行基础绿带绿化。

（7）校园道路绿化。

校园道路两侧行道树应以落叶乔木为主，构成道路绿地的主体和骨架，浓荫覆盖，有利于师生的工作、学习和生活，在行道树外还可以种植草坪或点缀花灌木，形成色彩、层次丰富的道路侧旁景观。

校园道路绿化可参阅交通绿地中有关内容。

（8）后勤服务区绿化。

后勤服务区绿化与生活区绿化基本相同，不同的是还要考虑水、电、热力及各种气体动力站、仓库、维修车间等管线和设施的特殊要求，在选择配置树种时，综合考虑防火、防爆等因素。

3. 中小学校园绿地设计

1）中小学校园的特点

（1）面积与规模。

微课：中小学校园绿地设计要点

与大学相比，一般情况下，中小学校规模小、建筑密度大、绿化用地紧张，尤其是小学和一些普通中学，用地更是紧张。图 6-10 所示为某中学平面图。

（2）师生学习工作特点。

微课：中小学校园的特点

中小学校的学生以走读为主，学生在校内停留的时间仅限于上课时间，且一般中小学校由于师生、员工较少、用地紧张，教师在校内居住的并不是很多，因此，绿地从功能上讲比较单一，主要以观赏功能为主。

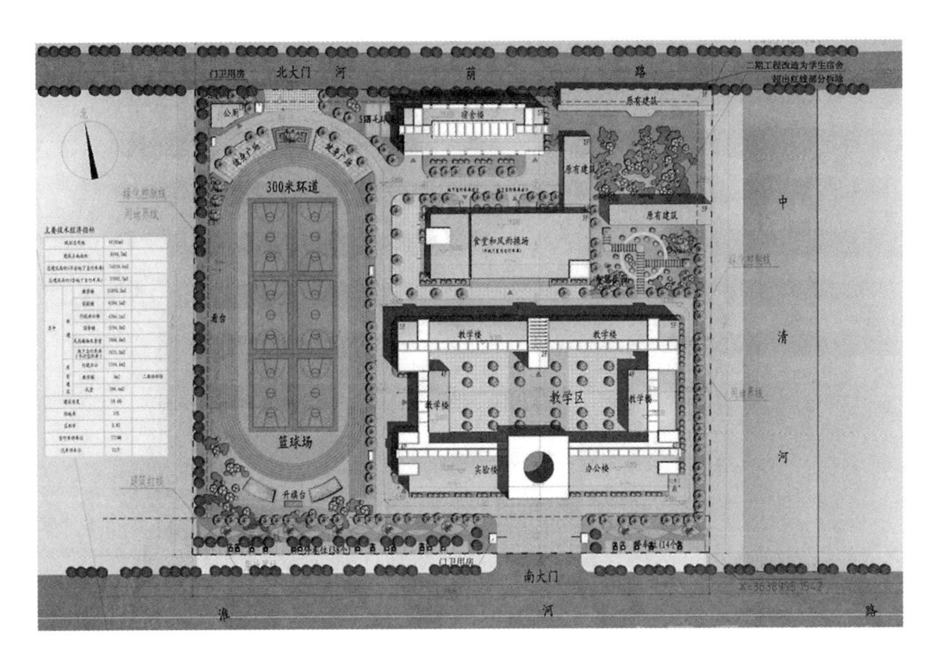

❖ 图 6-10　某中学平面图

（3）学生特点。

中小学生一般年龄较小，学习任务比较繁重，因此，绿地设计时应主要考虑学生的年龄特点，并注意满足学生休息、活动、放松的需求。

2）中小学校园绿地设计要点

中小学用地一般可分为建筑用地（包括办公楼、教学楼及实验楼、广场道路及生活杂务场院）、体育场地和道路用地。如图 6-11 所示为某小学校园总体规划。

3）建筑用地周围的绿地设计

中小学建筑用地绿化，往往沿道路两侧、广场、建筑周边和围墙边呈条带状分布，以建筑为主体，绿化相衬。因此，绿地设计既要考虑建筑物的使用功能，如通风采光，遮阳、交通集散，又要考虑建筑物的形状、体积、色彩和广场、道路的空间大小。

大门出入口、建筑门厅及庭院，可作为校园绿化的重点，结合建筑、广场及主要道路进行绿化布置，注意色彩、层次的对比变化，建花坛，铺草坪，植绿篱，配植四季花木，衬托大门及建筑物入口空间和正立面景观，丰富校园景色。建筑物前后做低矮的基础栽植，5m 内不能种植高大乔木。在两山墙外可种植高大乔木，以防日晒。庭院中也可种植乔木，形成庭荫环境，并可适当设置乒乓球台、阅报栏等文体设施，供学生课余活动之用，如图 6-12 所示。

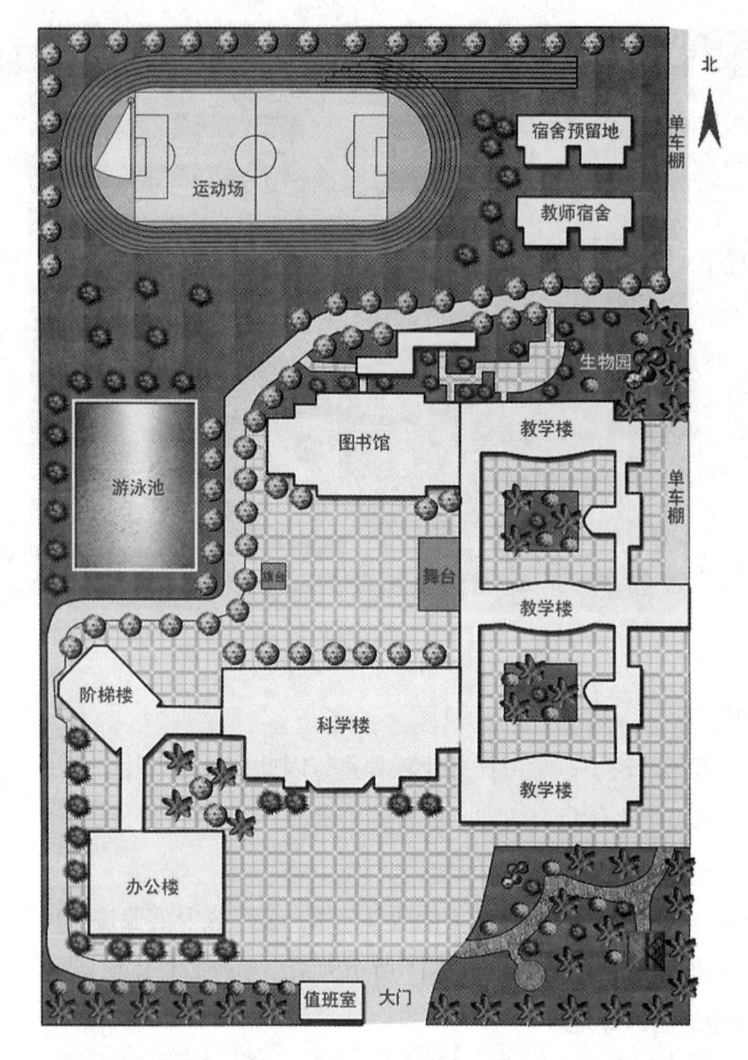

❖ 图 6-11 某小学校园总体规划

4）体育场地周围绿地设计

体育场地主要供学生开展各种体育活动。一般小学操场较小，经常以楼前后的庭院代之。中学单独设立较大的操场，可划分标准运动跑道、足球场、篮球场及其他体育活动用地。

运动场周围种植高大遮阳落叶乔木，少种花灌木。地面铺草坪（除道路外），尽量不硬化。运动场要留出较大空地满足户外活动使用，并且要求视线通透，以保证学生安全和体育比赛的进行。

5）道路绿地设计

校园道路绿化，主要考虑功能要求，满足遮阳需要，一般多种植落叶乔木，也可适当点缀常绿乔木和花灌木。

❖ 图 6-12　某中学教学楼前装饰性绿地

另外，学校周围沿围墙种植绿篱或乔灌木林带，与外界环境相对隔离，避免相互干扰。

4. 幼儿园绿地设计

微课：幼儿园绿地设计

幼儿园主要承担学龄前幼儿的教育，一般正规的幼儿园包括室内活动和室外活动两部分，根据活动要求，室外活动场地又分为公共活动场地、自然科学等基地和生活杂务用地，如图 6-13 所示。

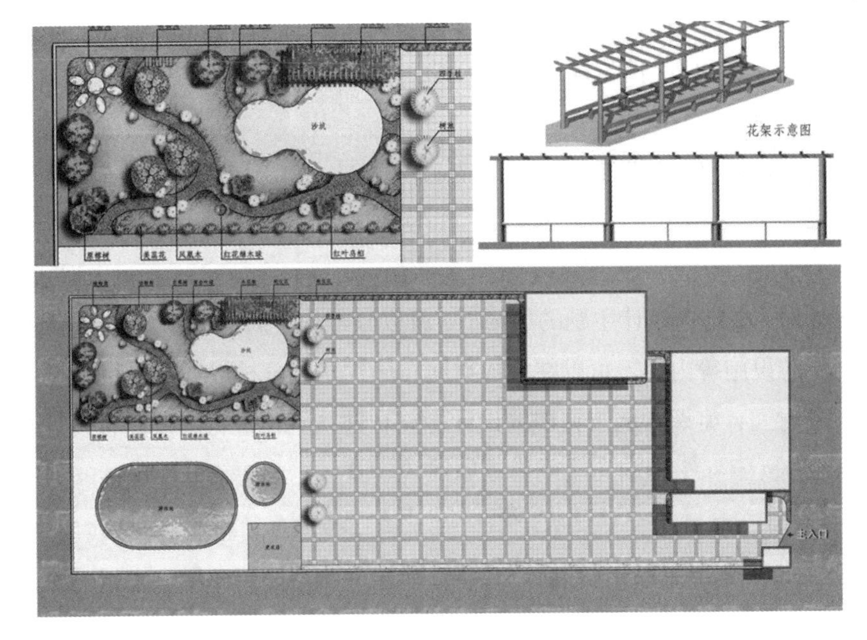

❖ 图 6-13　某幼儿园绿化图

公共活动场地是儿童游戏活动场地，也是幼儿园重点绿化区。该区绿化应根据场地大小，结合各种游戏活动器械的布置，适当设置小亭、花架、涉水池、沙坑。在活动器械附近，以遮阳的落叶乔木为主，角隅处也可适当点缀花灌木，所有场地应开阔、平坦、视线通畅，不能影响儿童活动。

菜园、果园及小动物饲养地，是培养儿童热爱劳动、热爱科学的基地。有条件的幼儿园可将其设置在全园一角，用绿篱隔离，里面种植少量果树、油料、药用等经济植物，或饲养少量家畜、家禽。

整个室外活动场地，应尽量铺设耐践踏的草坪，或采用塑胶铺地，在周围种植成行的乔灌木，形成浓密的防护带，起防风、防尘和隔离噪声作用。

幼儿园绿地植物的选择，要考虑儿童的心理特点和身心健康，选择形态优美、色彩鲜艳、适应性强、便于管理的植物，禁用有飞毛、飞絮、毒、刺及引起过敏的植物，如花椒、黄刺梅、漆树、凤尾兰等。同时，建筑周围注意通风采光，5m 内不能植高大乔木。

任务实施方法与步骤

（1）开始设计。调查周边环境。

（2）确定主要方案。学校绿地的整体布局和学校绿地的植物搭配。

（3）绘制草图。

（4）利用 CAD 和 Photoshop 软件设计。

（5）设定比例。用 A1 图纸输出。

（6）打印图纸。

（7）查找打印图纸的问题。

巩固训练

进行设计时，在把握设计主题的原则下，可以只考虑空间构成以及使用者的活动需要。树种搭配、游憩设施等内容，可以在完成空间布局、功能分析以后再进行。

利用课外时间，将课堂上未完成的设计做完，并认真地进行描图，将设计图描绘在图纸上。

自我评价

评价项目	技术要求	分值	评分细则	评分记录
功能分区的提出	功能分区设计合理	20	功能分区是否合理，不合理扣5~10分	
设计内容与方法	设计合理并能做到扬长避短	30	设计是否合理，不合理扣5~10分； 改建后是否扬长避短，没有做到扣10分	
设计图整体	图面效果好，有实用价值	30	效果不好扣5~10分，实用价值不高扣5~10分	
文本说明	条理清晰，说明介绍清楚明白	20	介绍是否清楚明白，不清楚明白扣5~10分	

6.2 现代企业厂区绿地设计

知识和技能要求

1. 知识要求

（1）了解现代企业厂区绿地设计的基本要求。

（2）掌握现代企业厂区绿地的设计思路。

（3）掌握园林植物景观的搭配手法。

2. 技能要求

能熟练进行现代企业厂区绿地的设计，并绘制局部效果图，标注树种名称，写出设计文本说明。

情境设计

（1）教师准备好一份工厂（企业）设计平面图，上课前进行复印，学生每人一份，识别工厂设计平面图的各项内容。

（2）教师提问，让学生分析所发图纸的设计的优点与缺点。

（3）在图纸上制定一处地点，让学生进行工厂绿地设计。

任务分析

该任务主要是让学生学习工厂（企业）绿地设计，要注意工厂的类型，以及工厂同其他绿地的区别。设计时要充分考虑工厂的立地条件和主导风向，主要污染物以及其他特定要求。

相关知识点

微课：工厂（企业）绿地的作用

1. 工厂（企业）绿地的作用

1）保护生态环境，保障职工健康

工业生产在国民经济的发展中，发挥着至关重要的作用，给社会创造了巨大的物质财富和经济效益，促进了社会文明的进步和发展，同时也给人类赖以生存的环境带来了严重污染，形成危害，造成灾难，有时甚至威胁人们的生命。世界上著名的“伦敦烟雾”事件一次就造成4000多人死亡，近年来不断报道近陆海洋生物（如海豚）大批死亡的事件，以及人类出现的癌症、心脑血管疾病，都与日益严重的环境污染有一定的关系。从某种意义上讲，工业是城市环境的大污染源，特别是一些污染性较大的厂矿，如钢铁厂、化工厂、造纸厂、玻璃厂、水泥厂、煤矿等，排出的废气、废水、粉尘、废渣及产生的噪声，污染了空气、水体和土壤，破坏了清洁、宁静的环境，严重影响了城市生态平衡。

1972年，在瑞典斯德哥尔摩召开的第一次人类环境会议上，提出了改善城市环境质量的3条途径：在城市规划建设中，进行合理的工业布局；在工业生产中，改进工艺流程，治理“三废”（废水、废气、废料），根治跑、冒、滴、漏；在城市中，大力提倡植树、栽花、种草，进行环境绿化。园林绿化之所以能改善人类环境质量，就在于它是以人工方法形成植物群落，恢复自然环境，通过生物的力量保护生态平衡，使之减少并缓冲大规模建设以及工业生产过程中有害物质对生态环境的破坏。

而绿色植物对环境有着较强的保护作用和改善作用，主要表现在以下几个方面：吸收二氧化碳放出氧气、吸收有害气体、吸收放射性物质、吸滞烟尘和粉尘、调节和改善小气候、减弱噪声、监测环境污染（主要是指在工厂种植一些对污染物质比较敏感的“信号植物”，实现对环境的监测作用）。

总之，工厂绿化不仅可以减轻污染，改善厂区环境质量，还为职工提供良好的劳动场所，保障身体健康，而且对城市环境的生态平衡起着巨大的作用。

2）美化环境，树立企业形象

在社会主义市场经济体制下，工厂企业要走进市场，开拓市场，良好形象的塑造对于工厂（企业）的生存和发展有着密切的关系。工厂绿化的好坏，不但能体现出工厂生产管理水平和厂容厂貌，而且和厂区建筑布局、环境保护、职工精神面貌等构成企业形象建设的硬件，与商标一样，是企业的信誉投资和珍贵资产。如苏州刺绣厂内古典风格的园林绿化，吸引着众多的国内外友人和客户前去参观，其产品畅销世界各地，供不应求。南京江南光学仪器厂的绿化，使其主要产品显微镜的清洁度提高了一倍，成为优质和信得过产品，客商拍了该厂优美环境的录像，广为宣传，其产品不仅畅销全国，还远销世界十多个国家和地区。

3）改善工作环境

工厂（企业）绿化、美化是社会主义现代化建设中精神文明的重要标志。通过园林绿化，形成绿树成荫、繁花似锦、清新整洁、富有生机的厂区环境，不但可以使职工在紧张的劳动之余，进行充分的休息，体力上得到调节和恢复，以更充沛的精力投身到劳动生产中去，提高生产劳动积极性，为建设美好的生活多做贡献，而且也使职工在精神上得到美的享受，心情愉快，精神振奋，有利于高尚情操的陶冶和道德风尚的培养。国外的研究资料表明，优美的厂区环境可以使生产率提高15%~20%，使工伤事故率下降40%~50%。南京江南光学仪器厂绿地面积占全厂面积的31%，人均绿地面积16m^2，厂内建筑、花草树木、园林小景相映成趣，职工赋诗赞曰："春风姗姗来我厂，桃红柳绿笑开颜。鸟语花香蝶儿飞，都说江光胜花园。"总之，工厂（企业）绿化的精神价值是不可低估的。

4）创造经济效益

工厂（企业）绿化可以创造物质财富，产生直接和间接的经济效益。直接经济效益是园林植物提供的果品、蔬菜、药材、饲料和编织材料。间接经济效益体现在优美的厂容环境使职工的健康水平、劳动积极性和效率得到提高，产品的数量和质量也得到了提高，促进了销量，获得了良好的经济效益。

在进行工矿企业绿地设计时我们应尽可能地注意将环境效应与工厂园林绿化的经济效益相结合。

2. 工厂（企业）绿地的环境条件

微课：工厂（企业）绿地的环境条件

工厂（企业）绿地与其他园林绿地相比，环境条件有其相同的一面，也有其特殊的一面。认识工厂（企业）绿地环境条件的特殊性，有助于正确选择绿化植物，合理进行规划设计，满足功能和服务对象的需要。

1）环境恶劣，不利于植物生长

工厂（企业）在生产过程中常常排放、逸出各种有害于人体健康和植物生长的气体、粉尘、烟尘和其他物质，使空气、水、土壤受到不同程度的污染。虽然人们采取各种环保措施进行治理，但由于经济条件、科学技术和管理水平的限制，污染还不能完全杜绝。另外，工业用地的选择尽量不占用耕地良田，加之工程建设及生产过程中材料的堆放，废物的排放，使土壤结构、化学性能和肥力都较差。因而，工厂（企业）绿地的气候、土壤等环境条件，对植物生长发育是不利的，在有些污染性大的厂矿甚至是恶劣的，这也相应增加了绿化的难度，如图 6-14 所示。

❖ 图 6-14　某热电厂生产环境

因此，根据不同类型、不同性质的厂矿企业，慎重选择那些适应性强、抗性强、能耐恶劣环境的花草树木，并采取措施加强管理和保护，是工厂（企业）绿化成败的关键环节，否则会出现植物死亡、事倍功半不见效的结果。

2）用地紧凑，绿化用地面积小

工厂（企业）内建筑密度大，道路、管线及各种设施纵横交错，尤其是城镇中小型工厂（企业），绿化用地就更为紧张。因此，工厂（企业）绿化要“见缝插绿”“找缝插绿”“寸土必争”，灵活运用绿化布置手法，争取较多的绿化用地。如在水泥地上砌台栽花，挖坑植树，墙边栽植攀缘植物垂直绿化，开辟屋顶花园等，都是增加工厂（企业）绿地面积行之有效的办法。

3）要把保证生产安全放在首位

工厂（企业）的中心任务是发展生产，为社会提供质优量多的产品。工厂（企业）的绿化要有利于生产正常运行，有利于产品质量的提高。工厂（企业）地上、地下管线密布，可谓“天罗地网”，建筑物、构筑物、铁道、道路交叉如织，厂内外运输繁忙。有些精密仪器厂、仪表厂、电子厂的设备和产品对环境质量有较高的要求。因此，工厂（企业）绿化首先要处理好与建筑物、构筑物、道路、管线的关系，保证生产运行的安全，既要满足设备和产品对环境的特殊要求，也要使植物能有较正常的生长发育条件。

4）服务对象主要以本厂职工为主

工厂（企业）绿地的服务对象主要是本厂职工，因此，工厂（企业）绿化必须以有利于职工工作、休息和身心健康，有利于创造优美的厂区环境来进行。所以在进行设计之前必须详细了解职工工作的特点，在设计中处处体现为工人服务、为生产服务。

3. 工厂（企业）绿地的设计原则

微课：工厂（企业）绿地的设计原则

工厂（企业）绿化关系到全厂各区、各车间内外生产环境和厂区容貌的好坏，规划设计时应遵循以下几项基本原则。

1）满足生产和环境保护的要求，把保证工厂（企业）安全生产放在首位

工厂（企业）绿化应根据工厂的性质、规模、生产和使用特点、环境条件对绿化的不同功能要求进行设计。在设计中不能因绿化而任意延长生产流程和交通运输路线，影响生产的合理性。

例如，厂区内道路两旁的绿地要服从于交通功能的需要，服从于管线使用与检修的要求，在某些一地多用或者兼作交通、堆放、操作等地方尽量用大乔木来绿化，用最小绿化占地获得最大绿化覆盖率，以充分利用树下空间。车间周围的绿化必须注意绿化与建筑朝向、门窗位置以及风向等的关系，充分保证车间对通风和采光的要求。在无法避开的管线处进行绿化设计时必须考虑各类植物距各种管线的最小净间距，不能妨碍生产的正常进行。只有从生产的工艺流程出发，根据环境的特点，明确绿地的主要功能，确定适合的绿化方式、方法，合理地进行规划，科学地进行布局，才能达到预期的绿化效果。

2）工厂（企业）绿化应充分体现各自的特色和风格

工厂（企业）绿化是以厂内建筑为主体的环境净化、绿化和美化，绿化设计时要体现本厂绿化的特色和风格，充分发挥绿化的整体效果，以植物与工厂特有的建筑的形态、体量、色彩相衬托、对比、协调，形成别具一格的工业景观（远观）和独特优美的厂区环境（近观）。如电厂高耸入云的烟囱和造型优美的双曲线冷却塔，纺织厂锯齿形天窗的生产车间，炼油厂、化工厂的烟囱，各种反应塔，银白色的储油罐，纵横交错的管道等。这些建筑物、装置与花草树木形成形态、轮廓和色彩的对比变化，刚柔相济，从而体现各个工厂（企业）的特点和风格。

同时，工厂（企业）绿化还应根据本厂实际，在植物的选择配置、绿地的形式和内容、布置风格和意境等方面，体现出厂区宽敞明朗、洁净清新、宏伟壮观、简洁明快的时代气息和精神面貌。

3）充分体现为生产服务，为职工服务的宗旨

工厂（企业）绿化要充分体现为生产服务、为职工服务的宗旨，在设计时首先要体现

为生产服务，具体的做法为充分了解工厂（企业）及其车间、仓库、料场等区域的特点，综合考虑生产工艺流程、防火、防爆、通风、采光以及产品对环境的要求，使绿化服从或满足这些要求，有利于生产和安全。

其次要体现为职工服务，具体的做法为在了解工厂（企业）及各个车间生产特点的基础上创造有利于职工劳动、工作和休息的环境，有益于工人的身体健康。尤其是生产区和仓库区，占地面积大，又是职工生产劳动的场所，绿化的好坏直接影响厂容厂貌和工人的身体健康，应作为工厂（企业）绿化的重点之一。应根据实际情况，从树种选择、布置形式，到栽植管理上多下功夫，充分发挥绿化在净化空气、美化环境、消除疲劳、振奋精神、增进健康等方面的作用。

4）增加绿地面积，提高绿地率

工厂（企业）绿地面积的大小，直接影响到绿化的功能、工业景观，因此要想方设法，多种途径，多种形式地增加绿地面积，以提高绿地率、绿视率。由于工厂（企业）的性质、规模、所在地的自然条件以及对绿化要求的不同，绿地面积差异悬殊。我国目前大多数工厂（企业）绿化用地不足，特别是一些位于旧城区的工厂（企业）绿化用地更加偏紧。

我国一些学者提出为了保证工厂（企业）实行文明生产，改善厂区环境质量，必须有一定的绿地面积；重工业类企业厂区绿地面积应占厂区面积的 10%，化学工业类企业绿地面积应占 20%~25%，轻工业、纺织工业类占 40%~50%，精密仪器工业类占 50%，其他工业类在 30% 左右。

现在，世界上许多国家都很注重工厂（企业）绿化美化。如美国把工厂（企业）绿化称为“产业公园”。日本土地资源紧缺，20 世纪 60 年代，工厂（企业）绿地率仅为 3%，后来要求新建厂要达到 20% 的绿地率，实际上许多工厂（企业）已超过这一指标，有的高达 40% 左右。一些工厂（企业）绿树成荫，芳草萋萋，不但技术先进，产品质量高，而且以环境优美而闻名。

总之，在进行工厂（企业）绿化时，应尽可能地通过多种途径，积极扩大绿化面积，坚持多层次绿化，充分利用地面、墙面、屋面、棚架、水面等形成全方位的绿化空间。

5）统一规划、合理布局，形成点、线、面相结合的厂区绿地系统

工厂（企业）绿化要纳入厂区总体规划中，在工厂建筑、道路、管线等总体布局时，要把绿化结合进去，做到统一规划、合理布局，形成点、线、面相结合的厂区绿地系统。点的绿化是厂前区和游憩性游园，线的绿化是厂内道路、铁路、河渠及防护林带，面的绿化就是车间、仓库、料场等生产性建筑、场地的周边绿化。从厂前区到生产区、仓库、作业场、料场，到处是绿树、红花、青草，让工厂掩映在绿荫丛中。同时，也要使厂区绿化与市区街道绿化联系衔接，过渡自然。

6）绿化应与全厂的分期建设协调并适当结合生产

工厂（企业）绿化应与全厂的分期建设紧密协调，并且可以适当结合生产。例如，在各分期建设用地中，绿地可以设置成苗圃的形式，既起到绿化、美化、保护环境的作用，又可为下一期的绿化提供苗木。

微课：厂前区绿地设计

4. 厂前区绿地设计

1）环境特点

（1）工厂（企业）对外联系的中心，要满足人流集散及交通联系的要求。

（2）代表工厂（企业）形象，体现工厂（企业）面貌，也是工厂（企业）文明生产的象征。

（3）与城市道路相邻，环境好坏直接影响到城市的面貌。

2）厂前区绿地组成及其规划

厂前区的绿化要美观、整齐、大方、开朗明快，给人深刻印象，还要方便车辆通行和人流集散。绿地设置应与广场、道路、周围建筑及有关设施（光荣榜、画廊、阅报栏、黑板报、宣传牌等）相协调，一般多采用规则式或混合式。植物配置要和建筑立面、形体、色彩相协调，与城市道路相联系，种植类型多用对植和行列式。因地制宜地设置林荫道、行道树、绿篱、花坛、草坪、喷泉、水池、假山、雕塑等。入口处的布置要富于装饰性和观赏性，并注意入口景观的引导性和标志性以起到强调作用。建筑周围的绿化还要处理好空间艺术效果、通风、采光、各种管线的关系。广场周边、道路两侧的行道树，选用冠大荫浓、耐修剪、生长快的乔木或用树姿优美、高大雄伟的常绿乔木，形成外围景观或林荫道。花坛、草坪及建筑周围的基础绿带或用修剪整齐的常绿绿篱围边，点缀色彩鲜艳的花灌木、宿根花卉，或种植草坪，用低矮的色叶灌木形成模纹图案，如图 6-15 和图 6-16 所示。

❖ 图 6-15 海尔集团总部绿化

❖ 图 6-16　某工厂厂前区设计

如用地宽余，厂前区绿化还可与小游园的布置相结合，设置山泉水池、建筑小品、园路小径，放置园灯、凳椅，栽植观赏花木和草坪，形成恬静、清洁、舒适、优美的环境。为职工休息、散步、谈心、娱乐提供场所，也体现了厂区面貌，成为城市景观的有机组成部分。可以通过多种途径，积极扩大绿化面积，坚持多层次绿化，充分利用地面、墙面、屋面、棚架、水面等形成全方位的绿化空间。

为丰富冬季景色，体现雄伟壮观的效果，厂前区绿化常绿树种应有较大的比例，一般为 30%~50%。

5. 生产区绿地设计

1）环境特点

（1）污染严重、管线多。

（2）绿地面积小，绿化条件差。

（3）占地面积大，发展绿地的潜力大，对环境保护的作用突出。

2）生产区绿地设计应注意的问题

（1）了解生产车间职工生产劳动的特点。

（2）了解职工对园林绿化布局、形式以及观赏植物的喜好。

（3）将车间出入口作为重点美化地段。

（4）注意合理的选择绿化树种，特别是有污染的车间附近。

（5）注意车间对通风、采光以及环境的要求。

（6）绿地设计要满足生产运输、安全、维修等方面的要求。

（7）处理好植物与各种管线的关系。

（8）绿地设计要考虑四季的景观效果与季相变化，如图 6-17 所示。

❖ 图 6-17 厂房周围绿地设计

3）生产区绿地规划设计

微课：生产区绿地规划设计

（1）有污染车间周围的绿化

有污染车间在生产的过程中会对周围环境产生不良影响和严重污染，如排放有害气体、烟尘、粉尘、噪声等。我们在设计时应该首先掌握车间的污染物成分以及污染程度，有针对性地进行设计。植物种植形式可采用开阔草坪、地被、疏林等，以利于通风，及时疏散有害气体。在污染严重的车间周围不宜设置休息绿地，应选择抗性强的树种并在与主导风向平行的方向上留出通风道。在噪声污染严重的车间周围应选择枝叶茂密、分枝点低的灌木，并多层密植形成隔声带。

（2）无污染车间周围的绿化

无污染车间周围的绿化与一般建筑周围的绿化一样，只需考虑通风、采光的要求，并妥善处理植物与各类管线的关系即可。

（3）对环境有特殊要求的车间周围的绿化

对于类似精密仪器车间、食品车间、医药卫生车间、易燃易爆车间、暗室作业车间等这些对环境有特殊要求的车间，设计时也应特别注意，具体做法参考表 6-1。

表 6-1 各类生产车间周围绿化特点及设计要点

车间类型	绿化特点	设计要点
精密仪器车间、食品车间、医药卫生车间、供水车间	对空气质量要求较高	以栽植藤本、常绿树木为主，铺设大块草坪，选用无飞絮、种毛、落果及不易落叶的乔灌木和杀菌能力强的树种
化工车间、粉尘车间	有利于有害气体、粉尘的扩散、稀释或吸附，起隔离、分区、遮蔽作用	栽植抗污、吸污、滞尘能力强的树种，以草坪、乔灌木形成一定空间和立体层次的屏障
恒温车间、高温车间	有利于改善和调节小气候	以草坪、地被物、乔灌木混交，形成自然式绿地。以常绿树种为主，花灌木色淡味香，可配置园林小品
噪声车间	有利于减弱噪声	选择枝叶茂密、分枝低、叶面积大的乔灌木，以常绿落叶树木组成复层混交林带
易燃易爆车间	有利于防火、防爆	栽植防火树种，以草坪和乔木为主，不栽或少栽花灌木，以利于可燃气体稀释、扩散，并留出消防通道和场地
露天作业区	起隔声、分区、遮阳作用	栽植大树冠的乔木混交林带
工艺美术车间	创造美好的环境	栽植姿态优美、色彩丰富的树木花草，配置水池、喷泉、假山、雕塑等园林小品，铺设园路小径
暗室作业车间	形成幽静、蔽阴的环境	搭阴棚，或栽植枝叶茂密的乔木，以常绿乔木、灌木为主

6. 仓库、堆物场绿地设计

仓库区的绿化设计，要考虑消防、交通运输和装卸方便等要求，选用防火树种，禁用易燃树种，疏植高大乔木，间距为 7~10m，绿化布置宜简洁。在仓库周围留出 5~7m 宽的消防通道。并且应尽量选择病虫害少、树干通直、分枝点高的树种。

装有易燃物的储罐周围应以草坪为主，防护堤内不种植物。

露天堆物场绿化，在不影响物品堆放、车辆进出、装卸条件下，周边栽植高大、防火、隔尘效果好的落叶阔叶树，以利于夏季工人遮阳和休息，并起到隔离作用。

7. 厂内道路、铁路绿地设计

1）厂内道路绿化

厂内道路是工厂生产组织、工艺流程、原材料及成品运输、企业

微课：厂内道路、铁路绿地设计

管理、生活服务的重要通道，是厂区的动脉。满足生产要求、保证厂内交通运输的畅通和职工安全既是厂内道路规划的第一要求，也是厂内道路绿化的基本要求。

厂内道路是连接内外交通运输的纽带，职工上下班时人流集中，车辆来往频繁，地上下的管线纵横交错，这都给绿化带来了一定的困难。因此在进行绿化设计时，要充分了解这些情况，选择生长健壮、适应性强、抗性强、耐修剪、树冠整齐、遮阳效果好的乔木做行道树，以满足遮阳、防尘、降低噪声、交通运输安全及美观等要求。

绿化的形式和植物的选择配置应与道路的等级、断面形式、宽度，两侧建筑物、构筑物，地上地下的各种管线和设施，人车流量等相结合，协调一致。主要道路及重点部位绿化，还要考虑建筑周围空间环境和整体景观艺术效果，特别是主干道的绿化，栽植整齐的乔木做行道树，体态高耸雄伟，其间配置花灌木，繁花似锦，为工厂（企业）环境增添美景，如图 6-18 所示。

大型工厂（企业）道路有足够宽度时，可增加园林小品，布置成花园式林荫道。绿化设计时，要充分发挥植物的形体美和色彩美，在道路两侧有层次地布置乔灌花草，形成层次分明、色彩丰富、多功能的绿色长廊。

❖ 图 6-18 某工厂主干道绿化

2）厂内铁路绿化

在钢铁、石油、化工、煤炭、重型机械等大型厂矿内除一般道路外，还有铁路专用线，厂内铁路两侧也需要绿化。铁路绿化有利于减弱噪声，保持水土，稳固路基，还可以通过栽植，形成绿篱、绿墙，阻止人流，防止行人乱穿越铁路而发生交通事故。

厂内铁路绿化设计时，植物离标准轨道外轨的最小距离为 8m，离轻便窄轨不小于

5m。前排密植灌木，以起到隔离作用，中后排再种乔木。铁路与道路交叉路口处，每边至少留出 20m 的地方，不能种植高于 1m 的植物。铁路弯道内侧至少留出 200m 的视距，在此范围内不能种植遮挡视线的乔灌木。铁路边装卸原料、成品的场地，可在周边大株距栽植一些乔木，不种植灌木，以保证装卸作业的进行。

8. 工厂（企业）小游园设计

微课：工厂（企业）小游园设计

1）小游园的功能及设计要求

大中型企业，一般规模大，建筑密度比较小，道路两侧、车间周围往往留有大片空地，有的厂内还有山丘、水塘、河道等自然山水地貌。因此，根据各厂的具体情况和特点，在工厂（企业）内因地制宜地开辟建设小游园，运用园林艺术手法，布置园路、广场、水池、假山及建筑小品，栽植花草树木，组成优美的环境，既美化了厂容厂貌，又给厂内职工提供了开展业余文化、体育、娱乐活动的良好场所，有利于职工工余休息、谈心、观赏、消除疲劳，深受广大职工欢迎。

厂内休息性小游园面积一般不会很大，因此设计时要精心布置，小巧玲珑，并结合本厂特点，设置标志性的雕塑或建筑小品，与工厂建筑物、构筑物相协调，形成不同于城市公园、街道、居住小区游园的格调和风貌。如果工厂（企业）远离市区，面积较大，也可将小游园建成功能较齐全、完善的工厂（企业）小花园、小公园。

2）游园的布局形式

游园的布局形式可分为规则式、自然式和混合式 3 种基本形式。设计时可根据其所在位置、功能、性质、场地形状、地势及职工爱好，因地制宜，灵活选择，合理布局，不拘泥于形式，并与周围环境相协调。

3）游园的内容

（1）出入口

出入口应根据游园规模大小、周围的道路情况合理地确定数量与位置。并且在出入口设计时做到自成景观而且有景可观。

（2）场地

主要考虑一些休息、活动的场地。由于工厂（企业）内的职工年龄基本在 18~60 岁，都属于成年人，因此一般不用考虑儿童活动。

（3）园路

园路是小游园的骨架，既是联络休息活动场地和景点的脉络，又是分隔空间和游人散步的地方。具体设计时应做到以下几个方面：主次分明，宽窄适宜；处理精细，独自成景；园林景观沿园路合理展开。

（4）建筑小品

根据游园大小和经济条件，可适当设置一些建筑小品，如亭廊花架、宣传栏、雕塑、园灯、座椅、水池、喷泉、假山、置石等。

（5）植物

工厂（企业）小游园应以植物绿化、美化为主，植物选择配置乔灌与花草相结合，常绿树种与落叶树种相结合，种植类型既可是树林、树群、树丛，也可是花坛、行列式，草坪铺底，或绿篱围边，并且有层次、色彩变化。

4）游园在厂区设置的位置

（1）结合厂前区布置

厂前区是职工上下班必经场所，也是来宾首到之处，又邻近城市街道，小游园结合厂前区布置，既方便了职工游憩，也美化了厂前区的面貌和街道侧旁景观。如北京前进化工厂、广州石油化工总厂等都结合厂前区布置游园，取得了良好的效果。又如，湖北汉川电厂厂前区绿地以植物造景为手段，体现清新、优美、高雅的格调，突出俯视、平视的观赏效果，以美丽的模纹图案，赋予企业特有的文化内涵。该厂厂前区用植物组成两个大型的模纹绿地。一个模纹绿地是以桂花为主景，种植在坡形绿地中央，用大叶黄杨组成图案，金丝桃、锦熟黄杨点缀，片植丰花月季，以雀舌黄杨和白矾石组成醒目的厂标，草坪铺底，形成厂前区空间环境的构图中心和视线焦点。另一个模纹绿地则用大叶黄杨、海桐球、丰花月季、雀舌黄杨、红叶小蘗、美女樱等组成火与电的图案，一圈圈的雀舌黄杨象征磁力线，大叶黄杨组成两个扭动的轴，3 个火样的图案烘托在周边，象征电力工业带动其他工业的发展。整个图案新颖别致，既可从生产办公楼中俯视，又能在环路中平视，充分体现了湖北汉川电厂绿化的节奏感和韵律美。主干道绿化用香樟和鹅掌楸（俗称“马褂木”）做行道树，蚊母球和大叶黄杨绿篱与之相配，形成点、线、面相结合的布局形式，秋天叶形优美的鹅掌楸变黄，在浓绿色的香樟衬托下，色彩鲜明，富有诗情画意。自然式树丛设在周边绿地上，遮挡住不美观之处，并作为背景围合成完整的厂前区绿色空间。以雪松、樱花、白玉兰、红叶李、迎春、凌霄、杜鹃、月季等，形成丰富多彩的、多层次的、季相明显的绿化环境。绿树、鲜花、茵草、景墙、置石、花坛，使单调而呆板的工厂环境富有活力和艺术魅力，如图 6-19 和图 6-20 所示。

（2）结合厂内自然地形布置

工厂（企业）内若有自然起伏的地形或者天然池塘、河道等水体，则是布置游园的好地方，既可丰富游园的景观，又增加了休息活动的内容，也改善了厂内水体的环境质量，可谓一举多得。如首都钢铁公司，利用厂内冷却水池修建了游船码头，开展水上游乐活动。

又如，南京江南光学仪器厂，将一个几乎成为垃圾场的臭水塘疏浚治理，修园路、铺草坪、种花木、置花架、堆假山、建水池，池内设喷泉，成为职工喜爱的游园，如图 6-21 所示。

（3）车间附近布置

车间附近是工人工余休息最便捷之处，根据本车间工人爱好，布置成各有特色的小游园，结合厂内道路和车间出入口，创造优美的园林景观，使职工在花园化的工厂中工作和休息，如图 6-22 所示。

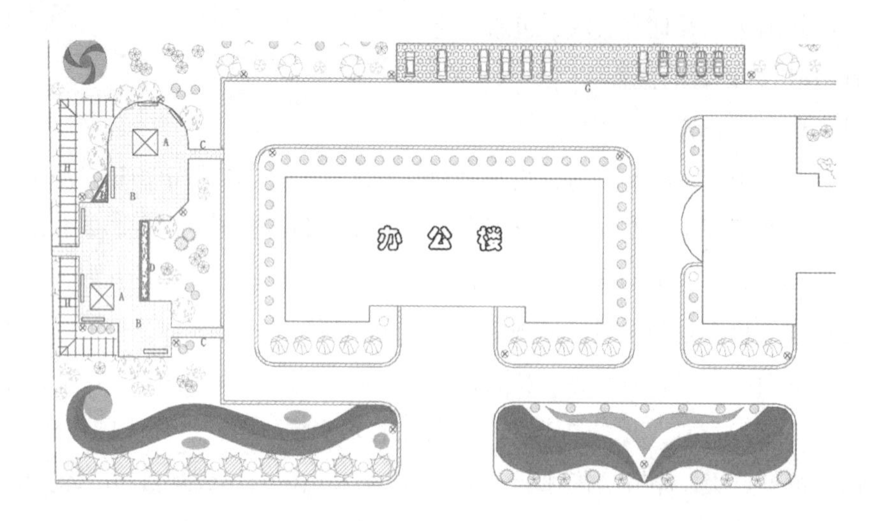

（a）平面图

（b）效果图

❖ 图 6-19　结合厂前区布置的小游园

❖ 图 6-20 某工厂小游园（1）

❖ 图 6-21 某工厂小游园（2）

（4）结合公共福利设施、人防工程布置

游园若与工会、俱乐部、阅览室、食堂、人防工程相结合布置，则能更好地发挥各自的作用。根据人防工程上土层厚度选择植物，土厚 2m 以上可种植大乔木，1.5~2m 厚可种植小乔木或大灌木，0.5~1.5m 厚可种植灌木、竹子，0.3~0.5m 厚可栽植地被植物和草坪，并且注意人防设施出入口附近不能种植有刺或蔓生伏地植物。

❖ 图 6-22　某车间旁休息绿地

9. 工厂（企业）防护林带设计

微课：工厂（企业）防护林带设计

1）功能作用

工厂（企业）防护林带是工厂（企业）绿化的重要组成部分，尤其对产品要求卫生防护很高的工厂（企业）更显得重要。

工厂（企业）防护林带的主要作用是滤滞粉尘、净化空气、吸收有毒气体、减轻污染、保护和改善厂区乃至城市的环境。

2）防护林带的结构

（1）通透结构

通透结构的防护林带一般由乔木组成，株行距因树种而异，一般为 3m × 3m。气流一部分从林带下层树干之间穿过，一部分滑升从林冠上面绕过。据测定，在林带背风一侧树高 7 倍处，风速为原风速的 28%，在树高 52 倍处，恢复原风速。

（2）半通透结构

半通透结构的防护林带以乔木构成林带主体，在林带两侧各配置一行灌木。少部分气流从林带下层的树干之间穿过，大部分气流则从林冠上面绕过，在背风林缘处形成涡旋和弱风。据测定在林带两侧树高 30 倍的范围内，风速均低于原风速。

（3）紧密结构

紧密结构一般是由大小乔木和灌木配置成的林带，形成复层林相，防护效果好。气流遇到林带，在迎风处上升扩散，由林冠上面绕过，在背风处急剧下沉，形成涡旋，有利于有害气体的扩散和稀释。

（4）复合式结构

如果有足够宽度的地带设置防护林带，可将 3 种结构结合起来，形成复合式结构。在邻近工厂（企业）的一侧建立通透结构，邻近居住区的一侧为紧密结构，中间为半通透结构。复合式结构的防护林带可以充分发挥其作用，如图 6-23 所示。

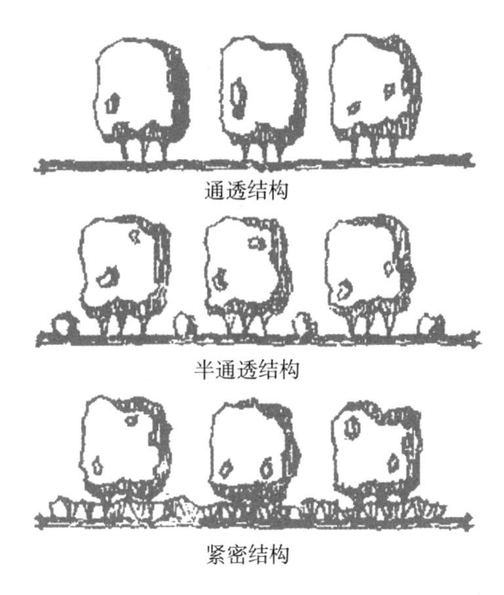

❖ 图 6-23 防护林带的常见结构

3）防护林带的横断面形式

防护林带由于构成的树种不同，而形成的林带横断面的形式也不同。防护林带的横断面形式有矩形、凹槽形、梯形、屋脊形、背风面和迎风面垂直的三角形。矩形横断面的林带防风效果好，屋脊形和背风面垂直的三角形林带有利于气体上升和结合道路设置的防护林带，迎风梯形和屋脊形的防护效果较好，如图 6-24 所示。

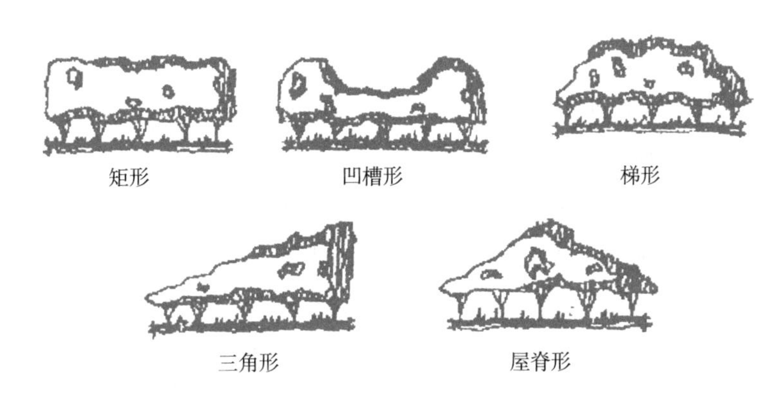

❖ 图 6-24 防护林带的常见横断面形式

4）防护林带的位置

（1）工厂（企业）区与生活区之间的防护林带。

（2）工厂（企业）区与农田交界处的防护林带。

（3）工厂（企业）内分区、分厂、车间、设备场地之间的隔离防护林带。如厂前区与生产区之间，各生产系统为减少相互干扰而设置的防护林带，防火、防爆车间周围起防护隔离作用的林带。

（4）结合厂内、厂际道路绿化形成的防护林带。

5）工厂（企业）防护林带的设计

工厂（企业）防护林带的设计首先要根据污染因素、污染程度和绿化条件，综合考虑，确立防护林带的条数、宽度和位置。

烟尘和有害气体的扩散，与其排出量、风速、风向、垂直温差、气压、污染源的距离及排出高度有关，因此设置防护林带，也要综合考虑这些因素，才能使其发挥较大的卫生防护效果。

通常，在工厂（企业）上风方向设置防护林带，防止风沙侵袭及邻近企业污染。在下风方向设置防护林带，必须根据有害物排放、降落和扩散的特点，选择适当的位置和种植类型。一般情况下，污染物排出并不立即降落，在厂房附近地段不必设置防护林带，而应将其设在污染物开始密集降落和受影响的地段内。防护林带内，不宜布置散步休息的小道、广场，在横穿防护林带的道路两侧加以重点绿化隔离。

在大型工厂（企业）中，为了连续降低风速和污染物的扩散程度，有时还要在厂内各区、各车间之间设置防护林带，以起到隔离作用。因此，防护林带还应与厂区、车间、仓库、道路绿化结合起来，以节省用地。

防护林带应选择生长健壮、病虫害少、抗污染性强、树体高大、枝叶茂密、根系发达的树种。树种搭配上，要常绿树与落叶树相结合，乔木与灌木相结合，阳性树与耐阴树相结合，速生树与慢生树相结合，净化与绿化相结合。

6）工厂（企业）绿地的树种选择

（1）工厂（企业）绿地树种选择的原则

要使工厂（企业）绿地内的树种生长良好，取得较好的绿化效果，必须科学、认真地进行绿化树种选择，原则上应注意识地识树，适地适树。

识地识树就是对拟绿化的工厂（企业）内的绿地环境条件有清晰地认知和了解，包括温度、湿度、光照等气候条件和土层厚度、土壤结构和肥力、pH 等土壤条件，也要对各种园林植物的生物学和生态学特征了如指掌。

适地适树就是根据绿化地段的环境条件选择园林植物，使环境适合植物生长，也使植物能适应栽植地环境。

在识地识树前提下，适地适树地选择树木花草，成活率高，苗木生长茁壮，抗性和耐性就强，绿化效果好。

（2）选择抗污能力强的植物

工厂（企业）中一般或多或少地都会有一些污染，因此，绿化时要在调查研究和测定的基础上，选择抗污能力较强的植物，尽快取得良好的绿化效果，避免失败和浪费，发挥工厂（企业）绿地改善和保护环境的功能。

（3）绿化要满足生产工艺的要求

不同工厂（企业）、车间、仓库、料场，其生产工艺流程和产品质量对环境的要求也不同，如空气洁净程度、防火、防爆等。因此，选择绿化植物时，要充分了解和考虑这些对环境条件的限制因素。

（4）易于繁殖，便于管理

工厂（企业）绿化管理人员有限，为省工节支，应选择繁殖、栽培容易和管理粗放的树种，尤其要注意选择乡土树种。装饰美化厂容，要选择繁衍能力强的多年生宿根花卉。

10. 工厂（企业）绿化常用树种

微课：工厂（企业）绿地的树种选择

1）抗二氧化硫气体的树种（钢铁厂、大量燃煤的电厂等）

抗性强的树种：大叶黄杨、雀舌黄杨、瓜子黄杨、海桐、蚊母、山茶、女贞、小叶女贞、棕榈、凤尾兰、夹竹桃、枸骨、金橘、构树、无花果、枸杞、青冈栎、白蜡、木麻黄、相思树、榕树、十大功劳、九里香、侧柏、银杏、广玉兰、鹅掌楸、柽柳、梧桐、重阳木、合欢、皂荚、刺槐、国槐、紫穗槐、黄杨。

抗性较强的树种：华山松、白皮松、云杉、赤杉、杜松、罗汉松、龙柏、桧柏、石榴、月桂、冬青、珊瑚树、柳杉、栀子花、飞鹅槭、青桐、臭椿、桑树、楝树、白榆、榔榆、朴树、黄檀、腊梅、榉树、毛白杨、丝棉木、木槿、丝兰、桃兰、红背桂、芒果、枣、榛子、椰树、蒲桃、米仔兰、菠萝、石栗、沙枣、印度榕、高山榕、细叶榕、苏铁、厚皮香、扁桃、枫杨、红茴香、凹叶厚朴、含笑、杜仲、细叶油茶、七叶树、八角金盘、日本柳杉、花柏、粗榧、丁香、卫矛、柃木、板栗、无患子、玉兰、八仙花、地锦、梓树、泡桐、香梓、连翘、金银木、紫荆、黄葛榕、柿树、垂柳、胡颓子、紫藤、三尖杉、杉木、太平花、紫薇、银杉、蓝桉、乌桕、杏树、枫香、加杨、旱柳、小叶朴、木菠萝。

反应敏感的树种：苹果、梨、羽毛槭、郁李、悬铃木、雪松、油松、马尾松、云南松、湿地松、落地松、白桦、毛樱桃、贴梗海棠、油梨、梅花、玫瑰、月季。

2）抗氯气的树种

抗性强的树种：龙柏、侧柏、大叶黄杨、海桐、蚊母、山茶、女贞、夹竹桃、凤尾兰、棕榈、构树、木槿、紫藤、无花果、樱花、枸骨、臭椿、榕树、九里香、小叶女贞、丝兰、广玉兰、柽柳、合欢、皂荚、国槐、黄杨、白榆、红棉木、沙枣、椿树、苦楝、白蜡、杜仲、厚皮香、桑树、柳树、枸杞。

抗性较强的树种：桧柏、珊瑚树、栀子花、青桐、朴树、板栗、无花果、罗汉松、桂花、石榴、紫薇、紫荆、紫穗槐、乌柏、悬铃木、水杉、天目木兰、凹叶厚朴、红花油茶、银杏、桂香柳、枣、丁香、假槟榔、江南红豆树、细叶榕、蒲葵、枳橙、枇杷、瓜子黄杨、山桃、刺槐、铅笔柏、毛白杨、石楠、榉树、泡桐、银桦、云杉、柳杉、太平花、蓝桉、梧桐、重阳木、黄葛榕、小叶榕、木麻黄、梓树、扁桃、杜松、天竺葵、卫矛、接骨木、地锦、人心果、米仔兰、芒果、君迁子、月桂。

反应敏感的树种：池柏、核桃、木棉、樟子松、紫椴、赤杨。

3）抗氟化氢气体的树种（铝电解厂、磷肥厂、炼钢厂、砖瓦厂等）

抗性强的树种：大叶黄杨、海桐、蚊母、山茶、凤尾兰、瓜子黄杨、龙柏、构树、朴树、石榴、桑树、香椿、丝棉木、青冈栎、侧柏、皂荚、国槐、柽柳、黄杨、木麻黄、白榆、沙枣、夹竹桃、棕榈、红茴香、细叶香桂、杜仲、红花油茶、厚皮香。

抗性较强的树种：桧柏、女贞、小叶女贞、白玉兰、珊瑚树、无花果、垂柳、桂花、枣树、樟树、青桐、木槿、楝树、枳橙、臭椿、刺槐、合欢、杜松、白皮松、拐枣、柳树、山楂、胡颓子、楠木、垂枝榕、滇朴、紫茉莉、白蜡、云杉、广玉兰、飞蛾槭、榕树、柳杉、丝兰、太平花、银桦、梧桐、乌柏、小叶朴、梓树、泡桐、油茶、鹅掌楸、含笑、紫薇、地锦、柿树、月季、丁香、樱花、凹叶厚朴、黄栌、银杏、天目琼花、金银花。

反应敏感的树种：葡萄、杏、梅、山桃、榆叶梅、紫荆、金丝桃、慈竹、池柏、白千层、南洋杉。

4）抗乙烯的树种

抗性强的树种：夹竹桃、棕榈、悬铃木、凤尾兰。

抗性较强的树种：黑松、女贞、榆树、枫杨、重阳木、乌柏、红叶李、柳树、香樟、罗汉松、白蜡。

反应敏感的树种：月季、十姐妹、大叶黄杨、苦楝、刺槐、臭椿、合欢、玉兰。

5）抗氨气的树种

抗性强的树种：女贞、樟树、丝棉木、腊梅、柳杉、银杏、紫荆、杉木、石楠、石榴、朴树、无花果、皂荚、木槿、紫薇、玉兰、广玉兰。

反应敏感的树种：紫藤、小叶女贞、杨树、虎杖、悬铃木、核桃、杜仲、珊瑚树、枫杨、芙蓉、栎树、刺槐。

6）抗二氧化碳的树种

龙柏、黑松、夹竹桃、大叶黄杨、棕榈、女贞、樟树、构树、广玉兰、臭椿、无花果、桑树、栎树、合欢、枫杨、刺槐、丝锦木、乌桕、石榴、酸枣、柳树、糙叶树、蚊母、泡桐。

7）抗臭氧的树种

枇杷、悬铃木、枫杨、刺槐、银杏、柳杉、扁柏、黑松、樟树、青冈栎、女贞、夹竹桃、海州常山、冬青、连翘、八仙花、鹅掌楸。

8）抗烟尘的树种

香榧、粗榧、樟树、黄杨、女贞、青冈栎、楠木、冬青、珊瑚树、广玉兰、石楠、枸骨、桂花、大叶黄杨、夹竹桃、栀子花、国槐、厚皮香、银杏、刺楸、榆树、朴树、木槿、重阳木、刺槐、苦楝、臭椿、构树、三角枫、桑树、紫薇、悬铃木、泡桐、五角枫、乌桕、皂荚、榉树、青桐、麻栎、樱花、腊梅、黄金树、大绣球。

9）滞尘能力强的树种

臭椿、国槐、栎树、皂荚、刺槐、白榆、杨树、柳树、悬铃木、樟树、榕树、凤凰木、海桐、黄杨、女贞、冬青、广玉兰、珊瑚树、石楠、夹竹桃、厚皮香、枸骨、榉树、朴树、银杏。

10）防火树种

山茶、油茶、海桐、冬青、蚊母、八角金盘、女贞、杨梅、厚皮香、交让木、白榄、珊瑚树、枸骨、罗汉松、银杏、槲栎、栓皮栎、榉树。

11）抗有害气体的花卉

抗二氧化硫：美人蕉、紫茉莉、九里香、唐昌蒲、郁金香、菊、鸢尾、玉簪、仙人掌、雏菊、三色堇、金盏花、福禄考、金鱼草、蜀葵、半支莲、垂盆草、蛇目菊等。

抗氟化氢：金鱼草、菊、百日草、千日红、醉蝶花、紫茉莉、蛇目菊等。

抗氯气：大丽菊、蜀葵、百日草、千日红、醉蝶花、紫茉莉、蛇目菊等。

任务实施方法与步骤

（1）开始设计。调查周边环境。

（2）确定主要方案。工厂（企业）绿地的整体布局和工厂（企业）绿地的植物搭配。

（3）绘制草图。

（4）利用 CAD 和 Photoshop 软件设计。

（5）设定比例。用 A1 图纸输出。

（6）打印图纸。

（7）查找打印图纸的问题。

巩固训练

进行设计时，在把握设计主题的原则下，可以只考虑空间构成以及使用者的活动需要。树种搭配、游憩设施等内容，可在完成空间布局、功能分析以后再进行。

利用课外时间，将课堂上未完成的设计做完，并认真地进行描图，将设计图描绘在图纸上。

自我评价

评价项目	技术要求	分值	评分细则	评分记录
功能分区的提出	功能分区设计合理	20	功能分区是否合理，不合理扣 5~10 分	
设计内容与方法	设计合理并能做到扬长避短	30	设计是否合理，不合理扣 5~10 分；改建后是否扬长避短，没有做到扣 10 分	
设计图整体	图面效果好，有实用价值	30	效果不好扣 5~10 分，实用价值不高扣 5~10 分	
文本说明	条理清晰，说明介绍清楚明白	20	介绍是否清楚明白，不清楚明白扣 5~10 分	

6.3 医疗机构绿地设计

知识和技能要求

1. 知识要求

（1）了解医疗机构绿地设计的基本要求。

（2）掌握医疗机构绿地的设计思路。

（3）掌握园林植物景观的搭配手法。

2. 技能要求

能熟练地进行医疗机构绿地的设计，并绘制局部效果图，标注树种名称，写出设计文本说明。

情境设计

（1）教师准备好医疗机构设计平面图，学生每人一份，识别医疗机构设计平面图的各项内容。

（2）教师提问，让学生分析所发图纸的设计的优点与缺点。

（3）教师在图纸上制定一处地点，学生进行医疗机构绿地设计。

任务分析

该任务主要是让学生学习医疗机构绿地设计，要注意医疗机构的类型，以及医疗机构同其他绿地的区别。设计时要充分考虑医疗机构的立地条件和主导风向，主要污染物以及其他特定要求。

相关知识点

医院绿化的目的是卫生防护隔离、阻滞烟尘、减弱噪声，创造一个优雅、安静的绿化环境，以利于人们防病治病，尽快恢复身体健康。据测定，在绿色环境中，人的体表温度可降低1~2.2℃，脉搏平均减缓4~8次/min，呼吸均匀，血流舒缓，紧张的神经系统得以放松，对高血压、神经衰弱、心脏病和呼吸道疾病都能起到间接的治疗作用。现代医院设计中，环境作为基本功能已不容忽视，具体地说将建筑与绿化有机结合，使医院功能在心理及生理意义上得到更好的落实。

1. 医疗机构绿地的功能和类型

微课：医疗机构绿地的功能

1）医疗机构绿地的功能

随着科学技术的发展和人们物质生活水平的提高，人们对医院、疗养院绿地功能的认知也在逐渐深化，而且医院绿地的功能也变得多样化。但总的来说医院、疗养院绿地的功能还是集中体现在以下几个方面。

（1）改善医院、疗养院的小气候条件

医院、疗养院绿地对保持与创造医疗单位良好的小气候条件的作用非常突出，具体体现在调节温度、湿度，防风、防尘、净化空气。

（2）为病人创造良好的户外环境

医疗单位优美的、富有特色的园林绿地可以为病人创造良好的户外环境，提供观赏、休息、健身、交往、疗养的多功能的绿色空间，有利于病人早日康复。同时，园林绿地作为医疗单位环境的重要组成部分，还可以提高其知名度和美誉度，塑造良好的形象，有效地增加就医量，有利于医疗单位的生存，增加竞争力。

（3）对病人心理产生良好的作用

医疗单位优雅、安静的绿化环境对病人的心理、精神状态和情绪起着良好的安定作用。植物的形态色彩对视觉的刺激，芳香袭人的气味对嗅觉的刺激，色彩鲜艳、青翠欲滴的食用植物对味觉的刺激，植物的茎、叶、花、果对触觉的刺激，园林绿地中的水声、风声、虫鸣、鸟语以及雨打叶片声对听觉的刺激……当住院病人来到绿地里，置身于绿树花丛中，沐浴着明媚的阳光，呼吸着清新的空气，感受着鸟语花香，这种自然疗法，对稳定病人情绪，放松大脑神经，促进康复都有着十分积极的作用。

（4）在医疗卫生保健方面具有积极的意义

绿地是新鲜空气的发源地，而新鲜空气是人时刻离不开的，特别是身患疾病的人，更渴望清新的空气。植物通过光合作用吸收二氧化碳，放出氧气，自动调节空气中的二氧化碳和氧气的比例。植物可大大降低空气中的含尘量，吸收、稀释地面 3~4m 高范围内的有害气体。许多植物的芽、叶、花粉分泌大量的杀菌素，可杀死空气中的细菌、真菌和原生动物。科学研究证明，景天科植物的汁液能消灭流感类的病毒；松树放出的臭氧和杀菌素能抑制杀灭结核菌；樟树、桉树的分泌物能杀死蚊虫、驱除苍蝇；银杏可以分泌一种叫氢氰酸的物质，对人体有保健作用。这些植物都是人类健康有益的“义务卫生防疫员、保健员”。因此，在医院、疗养院绿地中，选择松柏等多种杀菌力强的树种，其意义就显得尤为重要。

（5）卫生防护隔离作用

在医院，一般病房、传染病房、制药间、解剖室、太平间之间都需要隔离，传染病医院周围也需要隔离。园林绿地中经常利用乔木、灌木的合理配置，起到有效的卫生防护隔离作用。

综上所述，医院、疗养院绿地的功能可分为物理作用和心理作用，绿地的物理作用是指通过调节气候、净化空气、减弱噪声、防风防尘、抑菌杀菌等，调节环境的物理性质，使环境处于良性的、宜人的状态。绿地的心理作用则是指病人处在绿地环境中及其对感官的刺激所产生宁静、安逸、愉悦等良好的心理反应和效果。

2）医疗机构的类型

（1）综合性医院

综合性医院一般设有内外各科的门诊部和住院部，医科门类较齐全，可治疗各种疾病。

（2）专科医院

专科医院是设某一个科或某几个相关科的医院，医科门类比较单一，专治某种或某几种疾病。如骨科医院、妇产医院、儿童医院、口腔医院、结核病医院、传染病医院和精神病医院等。传染病医院及需要隔离的医院一般设在城市郊区。

（3）小型卫生院（所）

小型卫生院（所）是指设有内外各科门诊的卫生院、卫生所和诊所。

（4）休养院、疗养院

休养院、疗养院是指用于恢复工作疲劳，增进身心健康，预防疾病或治疗各种慢性病的机构。

2. 医疗机构绿地树种的选择

微课：医疗机构类型和绿地树种的选择

在医院、疗养院绿地设计中，如何根据医疗单位的性质和功能，合理地选择和配置树种，对能否充分发挥绿地的功能起着至关重要的作用。在医院、疗养院绿地设计中，植物的选择应依据以下几个方面进行。

1）选择杀菌力强的树种

具有较强杀灭真菌、细菌和原生动物能力的树种主要有侧柏、圆柏、铅笔柏、雪松、杉松、油松、华山松、白皮松、红松、湿地松、火炬松、马尾松、黄山松、黑松、柳杉、黄栌、盐肤木、锦熟黄杨、尖叶冬青、大叶黄杨、桂香柳、核桃、月桂、七叶树、合欢、刺槐、国槐、紫薇、广玉兰、木槿、楝树、大叶桉、蓝桉、柠檬桉、茉莉、女贞、日本女贞、丁香、悬铃木、石榴、枣、枇杷、石楠、麻叶绣球、枸橘、银白杨、钻天杨、垂柳、栾树、臭椿及蔷薇科的一些植物。

2）选择经济类树种

医院、疗养院还应尽可能地选用果树、药用等经济类树种，如山楂、核桃、海棠、柿树、石榴、梨、杜仲、国槐、山茱萸、白芍药、金银花、连翘、丁香、垂盆草、麦冬、枸杞、丹参、鸡冠花、霍香等。

3. 医疗机构的绿地组成

微课：医疗机构的绿地组成

综合性医院是由各个使用要求不同的部分组成的，在进行总体布局时，按各部分功能要求进行。综合性医院的平面布局分为医务区和总务区，医务区又分为门诊部、住院部和辅助医疗等几部分。其绿地组成如下。

1）门诊部绿地

门诊部是接纳各种病人，对病情进行初步诊断，确定下一步是门诊治疗还是住院治疗的地方，同时也进行疾病防治和卫生保健工作。门诊部的位置，既要便于病人就诊，又要保证诊断、治疗所需要的卫生和安静的条件，因此，门诊部建筑要退后道路红线 10~25m 的距离。门诊部由于靠近医院大门，空间有限，人流集中，加之大门内外的交通缓冲地带和集散广场等，其绿地较分散，经常在大门两侧、围墙内外、建筑周围呈条带状分布。

2）住院部绿地

住院部是病人住院治疗的地方，主要是病房，是医院的重要组成部分，并有单独的出入口。住院部为保障良好的医疗环境，尽可能避免一切外来干扰或刺激（如臭味、噪声等），创造安静、卫生、舒适的治疗环境和休养环境，其位置在总体布局时，往往位于医院中部。住院部与门诊部及其他建筑围合，形成较大的内部庭院，因而住院部绿地空间相对较大，呈团块状和条带状分布于住院部楼前及周围。

3）医院的辅助医疗部门

医院的辅助医疗部门主要由手术室、药房、X 光室、理疗室和化验室等组成，大型医院随门诊部和住院部布置，中小型医院则合用。

4）医院的行政管理部门

医院的行政管理部门主要是对全院的业务、行政和总务进行管理，有的设在门诊楼内，有的则单独设在一幢楼内。

5）医院的总务部门

医院的总务部门属于供应和服务性质的部门，包括食堂、锅炉房、洗衣房、制药间、药库、车库及杂务用房和场院。总务部门与医务部门既有联系，又要隔离，一般单独设在医院中后部较偏僻的一角。

6）其他

此外，还有病理解剖室和太平间，一般单独布置，与街道和其他相邻部分保持较远距离，进行隔离，如图 6-25 所示。

4. 综合性医院绿地设计

综合性医院一般分为门诊部绿化、住院部绿化和其他区域绿化。各组成部分功能不同，绿化形式和内容也有一定的差异。

1）门诊部绿地设计

门诊部靠近医院主要出入口，与城市街道相邻，是城市街道与医院的接合部，人流比较集中，在大门内外、门诊楼前要留出一定的交通缓冲地带和集散广场。医院大门至门诊楼之间的空间组织和绿化，不仅起到卫生防护隔离作用，还有衬托、美化门诊楼和市容街景作用，体现医院的精神面貌、管理水平和城市文明程度。因此，应根据医院条件和场地大小，因地制宜地进行绿地设计，以美化装饰为主。

微课：门诊部绿地设计

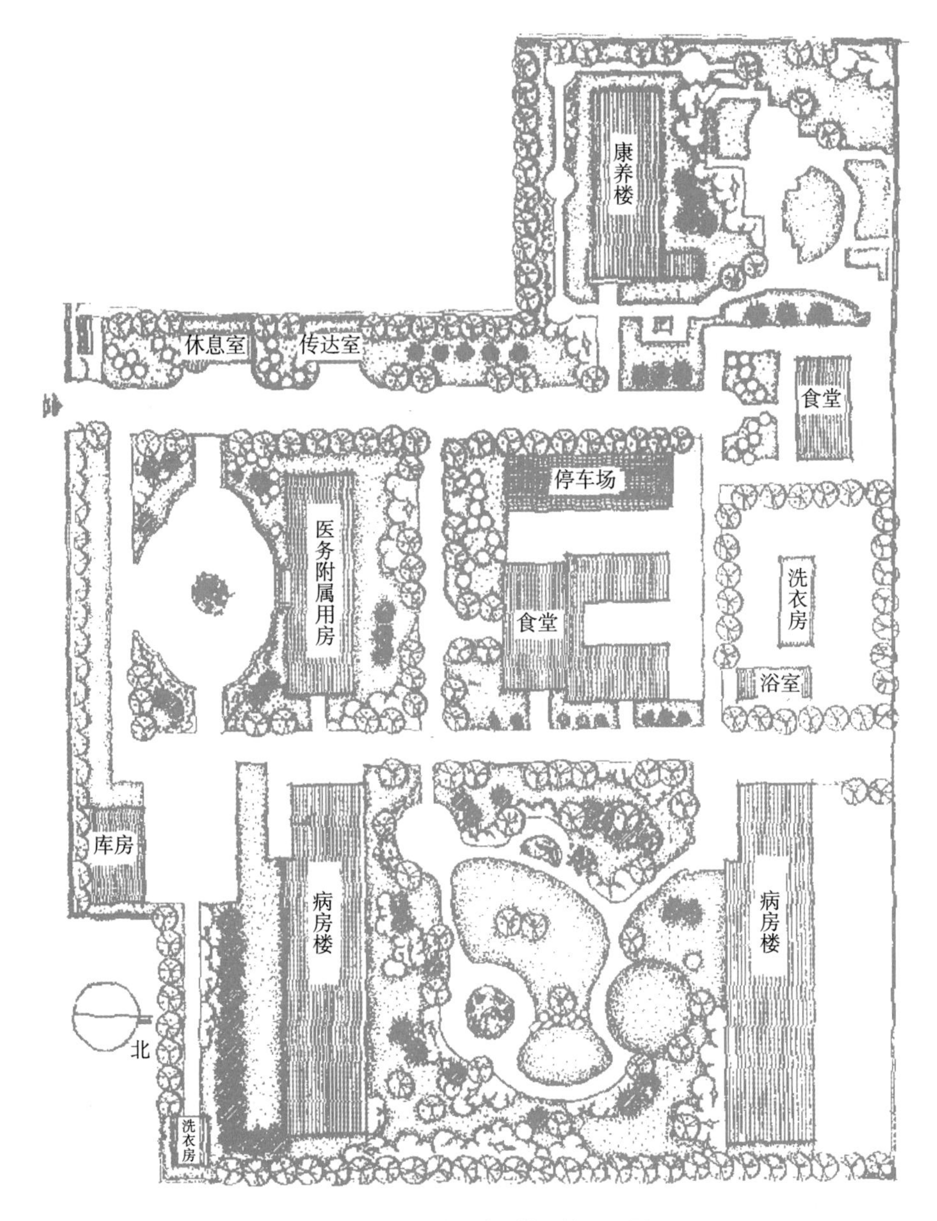

❖ 图 6-25 某医院环境设计平面图

门诊部的绿地设计应注意以下几点。

（1）入口绿地应与街景协调并突出自身特点，种植防护林带以阻止来自街道及周围的的烟尘和噪声污染。医院的临街围墙以通透式为主，使医院内外绿地交相辉映，围墙与大门形式协调一致，宜简洁、美观、大方、色调淡雅。若空间有限，围墙内可结合广场周边做条带状基础栽植。

（2）入口处应有较大面积的集散广场，广场周围可做适当的绿化布置。综合性医院入口广场一般较大，在不影响人流、车辆交通的条件下，广场可设置装饰性的花坛、花台和草坪，有条件的还可设置水池、喷泉和主题雕塑等，形成开朗、明快的格调。尤其是喷泉，可增加空气湿度，促进空气中负离子的形成，有益于人们的健康。喷泉与雕塑、假山的组合，加之彩灯、音乐配合，可形成不同的景观效果。并应注意设置一定数量的休息设施供病人候诊。

广场可栽植整形绿篱、草坪、花开四季的花灌木，节日期间，也可用一两年生花卉做重点美化装饰，或结合停车场栽植高大遮阴乔木。

（3）门诊部的整体格调要求开朗、明快，色彩对比不宜强烈，应以常绿素雅为主。

（4）注意保证门诊楼室内的通风与采光。门诊楼建筑周围的基础绿带，绿化风格应与建筑风格协调一致，美化衬托建筑形象。门诊楼前绿化应以草坪、绿篱及低矮的花灌木为主，乔木应在距建筑 5m 以外栽植，以免影响室内通风、采光及日照。门诊楼后常因建筑物遮挡，形成阴面，光照不足，要注意耐阴植物的选择配置，保证良好的绿化效果，如天目琼花、金丝桃、珍珠梅、金银木、绣线菊、海桐、大叶黄杨、丁香等，以及玉簪、紫萼、书带草、麦冬、白三叶、冷绿型混播草坪等宿根花卉和草坪。

在门诊楼与其他建筑之间应保持 20m 的间距，栽植乔灌木，以达到一定的绿化、美化和卫生隔离效果。

2）住院部绿地设计

住院部位于门诊部后、医院中部较安静地段。住院部的庭院要精心布置，根据场地大小、地形地势、周围环境等情况，确定绿地形式和内容，结合道路、建筑进行绿地设计，创造安静优美的环境，供病人室外活动及疗养。具体应注意以下几点。

微课：住院部绿地设计

（1）绿地总体要求环境优美、安静，视野开阔。

住院部周围有较大面积的绿化场地时，可采用自然式的布局手法，利用原有地形和水体，稍加改造形成平地或微起伏的缓坡和蜿蜒曲折的湖池、园路，并可适当点缀园林建筑小品，配置花草树木，形成优美的自然式庭园。

（2）小游园内的道路起伏不宜太大，应少设台阶，采用无障碍设计，并应考虑一定量的休息设施。住院部周围小型场地在绿化布局时，一般采用规则式构图，绿地中设置整形广场，广场内以花坛、水池、喷泉、雕塑等作中心景观，周边放置座椅、桌凳、亭廊花架等休息设施。广场、小径尽量平缓，采用无障碍设计，硬质铺装，以利于病人出行活动。绿地中种植草坪、绿篱、花灌木及少量遮阴乔木。这种小型场地，环境清洁优美，可供病人坐息、赏景、活动兼作日光浴场，也是亲属探视病人的室外接待处，如图 6-26 所示。

❖ 图 6-26　某医院住院部绿地设计

（3）植物配置方面应注意以下几点。

首先，植物配置要有丰富的色彩和明显的季相变化，使长期住院的病人能感受到自然界季节的交替，调整情绪，提高疗效。其次，在进行植物配置时应考虑夏季遮阴和冬季阳光的需要，选择“保健型”人工植物群落，利用植物的分泌物质和挥发物质，达到增强人体健康、防病、治病的效果。

（4）根据医疗需要，在绿地中，可考虑设置辅助医疗场所。

根据医疗需要，在较大的绿地中布置一些辅助医疗地段，如日光浴场、空气浴场、树林氧吧、体育活动场等，以树丛、树群相对隔离，形成相对独立的林中空间，场地以草坪为主，或做嵌草砖地面。场地内适当位置设置座椅、凳、花架等休息设施。为避免交叉感染，应为普通病人和传染病病人设置不同的活动绿地，并在绿地之间栽植一定宽度的以常绿及杀菌力强的树种为主的隔离带。

（5）一般病区与传染病病区绿地要考虑隔离。

一般病区与传染病病区也要留有 30m 的空间地段，并以植物进行隔离。

3）其他区域绿地设计

其他区域包括辅助医疗的药库、制剂室、解剖室、太平间等，总务部门的食堂、浴室、洗衣房及宿舍区，该区域往往位于医院后部单独设置，绿化要强化隔离作用。绿地设计时应注意以下几个方面。

（1）太平间、解剖室应单独设置出入口，并处于病人视野之外，周围用常绿乔灌木密植隔离。

（2）后勤部门的食堂、浴室及宿舍区也要和住院部有一定距离，用植物相对隔离，为医务人员创造一定的休息、活动环境。

5. 不同性质医院机构对绿化的特殊要求

1）儿童医院绿地设计

儿童医院主要收治 14 岁以下的儿童患者。其绿地除具有综合性医院的功能外，还要考虑儿童的一些特点。如绿篱高度不超过 80cm，以免遮挡儿童视线，绿地中适当设置儿童活动场地和游戏设施。在植物选择上，注意色彩效果，避免选择对儿童有伤害的植物。

儿童医院绿地中设计的儿童活动场地、设施、装饰图案和园林小品，其形式、色彩、尺度都要符合儿童的心理和需要，富有童心和童趣，要以优美的布局形式和绿化环境，创造活泼、轻松的气氛，减少医院和疾病给病儿造成的心理压力。

2）传染病院绿地设计

传染病院主要收治各种急性传染病的病人，为了避免传染，因此更应突出绿地的防护和隔离作用。

传染病院的防护林带要宽于一般医院，同时常绿树的比例要更大，使冬季也具有防护作用。不同病区之间也要相互隔离，避免交叉感染。由于病人活动能力小，以散步、下棋、聊天为主，各病区绿地不宜太大，休息场地距离病房近一些，以方便利用。

3）精神病院绿地设计

精神病院主要收治有精神病的病人，由于艳丽的色彩容易使病人精神兴奋，神经中枢失控，不利于治病和康复。因此，精神病院绿地设计应突出“宁静”的气氛，以白色、绿色调为主，多种植乔木和常绿树，少种花灌木，并选种如白丁香、白碧桃、白月季、白牡丹等白色花灌木。在病房区周围面积较大的绿地中，可布置休息庭园，让病人在此感受阳光、空气和自然气息。

4）疗养院绿地设计

疗养院是具有特殊治疗效果的医疗保健机构，主要治疗各类慢性病，疗养期一般较长，通常在一个月到半年。

疗养院具有休息和医疗保健双重作用，多设于环境优美、空气新鲜，并有一些特殊治疗条件（如温泉）的地段，有的疗养院就设在风景区中，有的单独设置。

疗养院的疗养手段是以自然因素为主，如气候疗法（日光浴、空气浴、海水浴、沙浴等），矿泉疗法，泥疗、理疗与中医相配合。因此，在进行环境和绿地设计时，应结合各种疗养法如日光浴、空气浴、森林浴，布置相应的场地和设施，并与环境相融合，如图 6-27 所示。

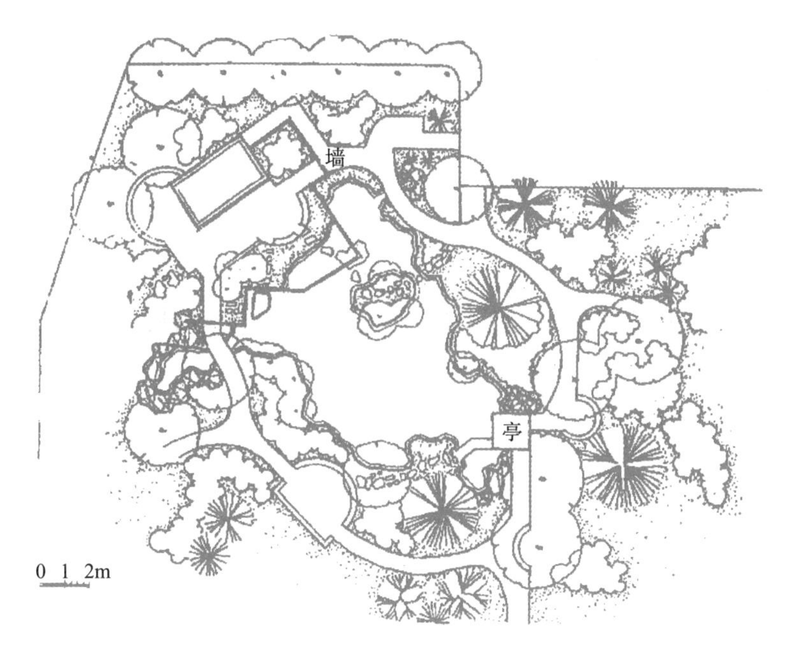

❖ 图 6-27 某疗养院休息绿地

疗养院与综合性医院相比，一般规模与面积较大，尤其有较大的绿化区，因此，更应发挥绿地的功能作用，院内不同功能区应以绿化带加以隔离。疗养院内树木花草的布置要衬托美化建筑，使建筑内阳光充足，通风良好，并防止西晒，留有风景透视线，以供病人在室内远眺观景。为了保持安静，在建筑附近不应种植如毛白杨等树叶声大的树木。疗养院内的露天运动场地、舞场、电影场等周围也要进行绿化，形成整洁、美观、大方、宁静、清新的环境。

任务实施方法与步骤

（1）开始设计。调查周边环境。

（2）确定主要方案。医疗机构绿地的整体布局和医疗机构绿地的植物搭配。

（3）绘制草图。

（4）利用 CAD 和 Photoshop 软件设计。

（5）设定比例。用 A1 图纸输出。

（6）打印图纸。

（7）查找打印图纸的问题。

巩固训练

进行设计时，在把握设计主题的原则下，可以只考虑空间构成以及使用者的活动需要。

树种搭配、游憩设施等内容，可在完成空间布局、功能分析以后再进行。

利用课外时间，将课堂上未完成的设计做完，并认真地进行描图，将设计图描绘在图纸上。

自我评价

评价项目	技术要求	分值	评分细则	评分记录
功能分区的提出	功能分区设计合理	20	功能分区是否合理，不合理扣5~10分	
设计内容与方法	设计合理并能做到扬长避短	30	设计是否合理，不合理扣5~10分； 改建后是否扬长避短，没有做到扣10分	
设计图整体	图面效果好，有实用价值	30	效果不好扣5~10分，实用价值不高扣5~10分	
文本说明	条理清晰，说明介绍清楚明白	20	介绍是否清楚明白，不清楚明白扣5~10分	

模块 7 公园设计

【学习目标】

终极目标

（1）能结合《公园设计规范》(GB 51192—2016)，合理进行综合性公园分区规划、地形设计、园路布局、水景设计、植物种植设计。

（2）能进行滨水绿地景观设计。

（3）能绘制出公园局部景观效果图。

促成目标

（1）了解公园设计规范。

（2）掌握城市公园、滨水绿地的设计要求。

（3）掌握各类专类公园的设计手法。

7.1 综合性公园设计

知识和技能要求

1. 知识要求

（1）掌握综合性公园的基本概念和主要功能。

（2）能准确分析综合性公园的组成和功能特点。

（3）掌握综合性公园总体规划、园路系统、竖向设计等知识。

2. 技能要求

（1）能对提供的综合性公园进行景观分析。

（2）熟练地进行公园的地形设计、水景设计、植物种植设计。

情境设计

（1）教师准备好一份学校附近的含有周边环境的综合性公园地形图。

（2）学生分析该公园的绿地设计要点。

（3）现场踏勘，记录设计所需的数据。

（4）对该公园进行规划设计。

任务分析

该任务主要是让学生学习综合性公园规划设计。城市公园绿地是供市民室外休息、观赏、游览、开展文化娱乐、社交活动及体育活动的优美场所。公园中风景奇丽的山林、姿态多样的树木、宽阔的草坪、五彩的花卉、新鲜湿润的空气，使市民精神振奋、忘却烦恼、消除疲劳，促进身心健康。公园中各种文化、活动设施又为市民提供了游乐、交流、学习、活动、锻炼身体的场所。公园中大面积的树林、绿地、水面能起到净化空气、减少公害、改善环境的效果，同时还是市民防灾避难的有效场所。通过实际踏勘，了解该公园周边环境和公共绿地分布状况，根据公园的立地特点，确定设计的园林形式；根据市民喜好，选择适宜的树种并进行科学的树种搭配；写出设计文本说明。

相关知识点

综合性公园是城市绿地系统的重要组成部分，面积大、环境优美，具有丰富的户外游憩内容、服务项目等，适合各种年龄和职业的市民使用。按其服务范围可分为全市性公园和区级公园。全市性公园为全市居民服务，是全市公共绿地中面积最大、活动内容和游憩服务设施较完善的绿地。区级公园是面积较大、人口较多的城市中，位于某个行政区内为这个区市民服务的公园，其园内也有较丰富的内容和设施，面积根据服务半径和服务人数而定。游乐休憩方面：考虑到各个年龄阶段、不同职业、爱好、习惯等的不同要求，设置各类活动项目、休息服务设施，以满足各种需求。科普教育方面：宣传科学技术新成果，普及自然生物生态知识，寓教于游中，潜移默化地影响游人，提高人们的科学文化知识。政治文化方面：在举办节日游园活动中，宣传党的方针政策、介绍时事新闻，树立人们的爱国爱民的思想，提高人们的政治水平。

1. 规划设计的原则

总体性原则：遵循城市总体绿地系统规划，使公园在全市分布均衡，方便全市各区域人民使用，但各公园要各有变化，富有特色，不相互重复。

微课：综合性公园规划设计的原则

适地性原则：认真调查分析公园所处的地形、地貌、地质情况及周边环境景观，使规划设计能充分利用现状现貌，做到因地制宜、合理布局。

特色性原则：广泛收集公园的历史遗迹、民俗传说及人文资源，充分调查了解本地人民的生活习惯、爱好及乡土人情，使建成后的公园更具有地方特色。

人性化原则：考虑不同性别、不同年龄阶段及不同需求的游人，力求公园内景点及设施做到合理、全面、使用率高。

继承和创新性原则：继承我国优秀的传统造园艺术，吸收国外造园先进经验，创造具有时代风格的公园绿地。

远近兼顾的原则：正确处理近期景观与远期规划的关系。

2. 功能分区规划

功能分区是为了合理地组织游人开展各项活动，避免相互干扰，并便于管理，把各种性质相似的活动内容组织在一起，形成具有一定使用功能和特色的区域。

微课：综合性公园功能分区规划

综合性公园的活动内容、分区规划与公园规模有一定联系，《公园设计规范》规定，综合性公园的规模下限定为 $10hm^2$。综合性公园的功能分区通常有文化娱乐区、观赏游览区、安静休息区、儿童活动区、老年人活动区、体育活动区及园务管理区等。分区规划不能绝对化，应因地制宜，有分有合，全面考虑，尤其是大型综合性公园中，地形多样复杂。当公园面积较小，用地较紧时，明确分区往往会有困难，常将各种不同性质的活动内容做整体的合理安排，有些项目可以做适当的压缩或将一种活动的规模、设施减少合并到功能性质相近的区域中。

1）文化娱乐区

文化娱乐区的特点是活动场所多、活动形式多、参与人数多、比较喧哗，是公园的闹区。该区的主要功能是开展文娱活动、进行科学文化普及教育。区内主要设施有俱乐部、展览馆（廊）、音乐厅、露天剧场、游戏广场、技艺表演场及舞池等。

公园中主要建筑一般都设在文化娱乐区，构成全园布局的重点，但为了保持公园的风景特色，建筑物不宜过于集中，各建筑物、活动设施间要保持一定的距离，通过植物、花草、硬质铺装场地、地形及水体等进行隔离。群众性的娱乐项目常常人流量较大、密度大，而且集散时间相对集中，所以要妥善地组织交通，考虑设置足够的道路广场和生活服务设施，在规划条件允许的情况下接近公园出入口，或在一些大型建筑旁设专用出入口，以快速集散游人。

文化娱乐区的规划，应尽量结合地形特点，创造出景观优美、环境舒适、投资少、效果好的景点和活动区域，如可利用缓坡地设置露天剧场、演出舞台；利用下沉地形开辟下沉式广场供技艺表演、游戏及集体活动用；利用开阔的水面开展水上活动等。

2）观赏游览区

观赏游览区的特点是占地面积大、风景优美、游人密度较小，是游人比较喜欢的区域。该区的主要功能是供人们游览、赏景参观。为达到良好的观赏游览效果，要求游人在区内分布的密度较小，以人均游览面积 100m^2 左右为宜，所以该区在公园中占地面积较大，是公园的重要组成部分。

该区规划时尽量选择利用现有环境优美、植被丰富、地形起伏变化、视野开阔或能临水观景之处，观赏路线在平面布置上宜曲不宜直，立面设计上也要有高低变化，以达到步移景异、层次深远、高低错落、引人入胜之动静结合的观赏景点。

3）安静休息区

在公园中安静休息区占地面积最大，游人密度较小，专供人们休息散步，欣赏自然风景，故应与喧闹的城市干道和公园内活动量较大、游人较稠密的文化娱乐区、体育活动区及儿童活动区等隔离。又由于这一区内大型的公共建筑和公共生活福利设施较少，故可设置在距主要入口较远处，但也必须与其他各区有方便的联系，使游人易于到达。

安静休息区应选择原有树木较多、绿化基础较好的地方。以具有起伏的地形（有高地、谷地、平原）、天然或人工的水面如湖泊、水池、河流甚至泉水瀑布等为最佳，具有这些条件则便于创造出理想的自然风景面貌。

安静休息区内也应结合自然风景设立供游览及休息用的亭、榭、茶室、阅览室、图书馆、垂钓之处等，布置园椅、坐凳。在面积较大的安静休息区中还可配置简单的文娱体育设施，如棋牌室、网球场、乒乓球台、羽毛球场及其他场地，利用水面开展运动量不大的划船等活动。

安静休息区应该是风景优美的地方，点缀在这一区内的建筑，无论从造型上或配置地点上都应该有更高的艺术性，如画龙点睛般使其成为风景构成中不可缺少的一部分。此区由于绿地面积大，植物种类配置的类型也最丰富，充分利用地形和植物形成不同的风景效果，可以创造出比其他区更为清新宁静的园林气氛。

4）儿童活动区

儿童活动区主要供学龄前儿童和学龄儿童开展各种活动。据调查，公园中少年儿童占公园游人量的 15%~30%；这个比例的变化与公园在城市中所处位置、周围环境、居住区的状况有直接关系，在居住区附近的公园，儿童的人数比例较大，离居住区较远的公园儿童的人数比例则相对较小；同时也与公园内儿童活动内容、设施、服务条件有关。

在儿童活动区内可根据不同年龄的儿童进行分区，一般可分为学龄前儿童区和学龄儿童区。主要活动内容和设施有游戏场、戏水池、运动场、障碍游戏、少年宫、少年阅览室、科技馆等。用地最好能达到人均 $50m^2$，并按照用地面积的大小确定所设置内容的多少。用地面积大的在内容设置上可与儿童公园类似，用地面积较小的可只在局部设置游戏场。

5）老年人活动区

随着人口老龄化速度的加快，老年人在城市人口中所占比例日益增大，公园中的老年人活动区在公园绿地中的使用率是最高的，在一些大中等城市，很多老年人已养成了早晨在公园中晨练，白天在公园绿地中活动，晚上和家人、朋友在公园绿地散步、谈心的习惯，所以公园中老年人活动区的设置是不可忽视的问题。

大型公园的老年人活动区或专类老年人公园可以进行分区规划。根据老年人的习惯特点，建立活动区、棋艺区、聊天区、园艺区等区域，同时要注意根据活动内容进行动静分区。

活动区的功能是为老年人从事体育锻炼提供服务。可以建立一个广场，四周设置体育锻炼和器材，使老年人能够进行简单的锻炼。中间为空地，老人们可以举行集体活动，如晨练、扭秧歌等，有条件的可以配置音响喇叭，为老人们活动时配置音乐。广场外围为绿色植被和道路，同时还应设置休息椅等设施。

棋艺区的功能是为爱好棋艺的老年人提供服务。可设置长廊、亭子等建筑设施供其使用，也可以在公园的浓荫地带直接设置石凳、石桌，石桌上可刻上象棋、跳棋、围棋、军棋等各类棋盘。

聊天区是为老年人提供谈天说地、思想交流的场所。可设置茶室、亭子和露天太阳伞等设施。老年人喜爱话家常，聚到一起说说话，解解闷，冬天可以晒晒太阳，夏天可以乘乘凉，可谓其乐融融。

园艺区的功能是为爱好花鸟虫鱼的老年人提供一显身手的机会。老年人大多喜爱花卉鸟类，建立园艺区，可以使他们有展现才能的机会。可以设置垂钓区、遛鸟区、果园等，同时可以聘请有能力的老年人管理公园的绿色植物设施，可谓一举两得。

此外，还可以根据不同城市中老年人的爱好不同设置特色活动区域，如书画区、票友聚会区等。

6）体育活动区

体育活动区是公园内以集中开展体育活动为主的区域，其规模、内容、设施应根据公园及其周围环境的状况而定，如果公园周围已有大型的体育场、体育馆，则公园内就不必开辟体育活动区。

体育活动区常常位于公园的一侧，并设置专用的出入口，以利于大量观众的迅速疏散；体育活动区的设置一方面要考虑其为游人提供体育活动的场地、设施；另一方面还要考虑其作为公园的一部分，需与整个公园的绿地景观相协调。

随着我国城市发展及居民对体育活动参与性的增强，在城市的综合性公园，宜设置体育活动区；该区是属于相对较喧闹的功能区域，应与其他各区有相应分隔，以地形、树丛、丛林进行分隔较好；区内可设置场地相应较小的篮球场、羽毛球场、网球场、门球场、武术表演场、大众体育区、民族体育场地、乒乓球台等，如资金允许，可设置室内体育场馆，但一定要注意建筑造型的艺术性；各场地不必同专业体育场一样设专门的看台，可以缓坡草地、台阶等作为观众看台，更能增加人们与大自然的亲和性。

7）园务管理区

园务管理区是为公园经营管理的需要而设置的专用区域。一般设置有办公室、值班室、广播室及水、电、煤、通信等管线工程建筑物和构筑物、维修处、工具间、仓库、堆场杂院、车库、温室、棚架、苗圃、花圃、食堂、浴室、宿舍等。以上按功能可分为管理办公部分、仓库部分、花圃苗木部分、生活服务部分等。

园务管理区一般设在既便于公园管理，又便于与城市联系的地方，园务管理区四周要与游人有所隔离，对园内园外均要有专用的出入口。由于园务管理区属于公园内部专用区，规划布局要考虑适当隐蔽，不宜过于突出，影响景观视线。除以上公园内部管理、生产管理外，公园还要妥善安排对游人的生活、游览、通信、急救等的管理，解决游人饮食、休息、生活、购物、租借、寄存、摄影等服务。所以在公园的总体规划中，要根据游人的活动规律，选择在适当地区、安排服务性建筑与设施。在较大的公园中，可设有1~2个服务中心点为全园游人服务，服务中心点应设在游人集中、停留时间较长、地点适中的地方。另外，再根据各功能区中游人活动的要求设置各区的服务中心点，主要为局部区域的游人服务，如钓鱼活动区可考虑设置租借鱼具、购买鱼饵的服务设施。

3. 出入口的确定

微课：出入口的确定

公园出入口的位置选择和处理是公园规划设计中的一项主要工作。它不但影响游人是否能方便地前来游览，影响城市街道的交通组织，而且在很大程度上还影响公园内部的规划和分区。

公园入口一般分为主要入口、次要入口和专用入口3种。主要入口是公园大多数游人出入公园的地方，一般直接或间接通向公园的中心区。它的位置要求明显，面对游客入园的人流方向，直接和城市街道相连，但要避免设于几条主要街道的交叉路口上，以免影响城市交通组织。次要入口是为方面附近居民使用、为园内局部地区或某些设施服务的，主次入口都要有平坦的、足够的用地来修建入口处所需的设施。专用入口是为园务管理需要而设的，不供游览使用，其位置可稍偏僻，以方便管理又不影响游人活动为原则。

主要出入口的设施一般包括以下3个部分，即大门建筑（售票房、小卖部、休息廊等）、入口前广场（汽车停车场、自行车存放处）和入口后广场。次要出入口的设施则依据规模及需要而进行取舍。

入口前广场的大小要考虑游人集散量的大小，并与公园的规模、设施及附近建筑情况相适应。目前，建成的公园主要入口前广场的大小差异较大，长宽在（12~50）m×（60~300）m，但以（30~40）m×（100~200）m 的居多。公园附近已有停车场的市内公园可不另设停车场。而市郊公园因大部分游人是乘车或骑车来公园的，所以应设停车场和自行车存放处。

入口后广场位于大门入口之内，面积可小些。它是从园外到园内集散的过渡地段，往往与主路直接联系，这里常布置公园导游图和游园须知等。

出入口作为游人对公园的第一个视线焦点，是给游人留下的第一个印象，故在设计时要充分考虑到它对城市街景的美化作用以及对公园景观的影响。

出入口的布局形式也多种多样，其中常见的布局手法包括以下几种。

（1）欲扬先抑。这种手法适用于面积较小的园子，通常是在入口处设置障景，或者是通过强烈的空间开合的对比，使游人在入园以后有豁然开朗之感。苏州的留园、西安的曲江春晓园均在入口处采用这种手法。

（2）开门见山。通常面积较大的园子或追求庄严、雄伟的纪念性园林多采用这种手法。

（3）外场内院。这种手法一般是以公园大门为界，大门外为交通场地，大门内为步行内院。

（4）T 字形障景。进门后广场与主要园路 T 字形连接，并设障景以引导。

4. 园路的布局

园路是园林的组成部分，起着组织空间、引导游览、交通联系并提供散步休息场所的作用。它像脉络一样，把园林的各个景区连成整体。园林道路本身又是园林风景的组成部分，蜿蜒起伏的曲线、丰富的寓意、精美的图案，都给人以美的享受。园路的布局要从园林的使用功能出发，根据地形、地貌、风景点的分布和园务管理活动的需要综合考虑，统一规划。园路需因地制宜、主次分明，有明确的方向性。

微课：园路的布局

1）园路的类型

园路分为主干道、次干道、专用道和游步道。

（1）主干道是全园的主要道路，连接公园各功能分区、主要活动建筑设施、风景点，要求方便游人集散。通常路宽为 4~6m，纵坡为 8% 以下，横坡为 1%~4%。

（2）次干道是公园各区内的主道，引导游人到各景点、专类园，自成体系，组织景观。对主路起辅助作用，考虑到游人的不同需要，在园路布局中，还应为游人由一个景区到另一个景区开辟捷径。

（3）专用道多为园务管理使用，在园内与游览路分开，应减少交叉，以免干扰游览。

（4）游步道为游人散步使用，宽为 1.2~2m。

2）园路的布置

园路的布置在西方园林中多采用规则式布局，园路笔直宽大，轴线对称，呈几何形。中国园林多以山水为中心，园林也多为自然式布局，园路讲究含蓄；但在庭院、寺庙园林或在纪念性园林中，多采用规则式布局。园路的布置应考虑以下几个方面。

（1）园路的回环性。园林中的路多为四通八达的环形路，游人从任何一点出发都能游遍全园，不走回头路。

（2）疏密适度。园路的疏密度同园林的规模、性质有关，在公园内道路大体占总面积10%~12%，在动物园、植物园或小游园内，道路网的密度可以稍大，但不宜超过 25%。

（3）因景筑路。将园路与景的布置结合起来，从而达到因景筑路、因路得景的效果。

（4）曲折性。园路随地形和景物而曲折起伏，若隐若现，"路因景曲，景因曲深"，造成"山重水复疑无路，柳暗花明又一村"的情趣，以丰富景观，延长游览路线，增加层次景深，活跃空间气氛。

（5）多样性和装饰性。园林中路的形式是多种多样的，而且应该具有较强的装饰性。在人流聚集的地方或庭院中，路可以转化为场地；在林间或草坪中，路可以转化为步石或休息岛；遇到建筑，路可以转化为"廊"；遇到山地，路可以转化为盘山道、蹬道、石级、岩洞；遇到水，路可以转化为桥、堤、汀步等。路又以它丰富的体态和情趣来装点园林，使园林因路而引人入胜。

3）园路线形设计

园路线形设计应与地形、水体、植物、建筑物等结合，形成完整的风景构图，创造连续展示园林景观的空间或欣赏前方景物的透视线。主路纵坡宜小于 8%，横坡宜小于 3%，山地公园的园路纵坡应小于 12%，超过则应做防滑处理。

路的转折应衔接通顺，符合游人的行为规律，若遇到建筑、山水、陡坡等障碍时产生的弯道，其弯曲弧度要大，且外侧高，内侧低。

微课：建筑的设置与地形处理

5. 建筑的设置

公园中建筑的作用主要是创造景观、开展文化娱乐活动等，其建筑形式要与所处区域的性质功能相协调，全园的建筑风格也应保持统一。

主要建筑物通常会成为全园的主景，设置时要考虑其规模、大小、形式、风格及位置，使其具有绝对中心的地位；次要建筑物是供游人休憩、赏景之用，设计时应与地形、山石、水体、植物等其他造园要素统一协调，形式风格上主要以通透、实用、造景为主，突出主景和园中点景；管理和附属建筑则是园内必不可少的设施，在体量上应以够用为宜，形式风格上则以简洁、清淡为宜。

6. 地形处理

公园地形处理，应以公园绿地需要为主题，充分利用原地形、景观，创造出自然、和谐的景观骨架。结合公园外围城市道路规划标高及部分公园分区内容和景点建设要求进行，要以最少的土方量丰富园林地形。

规则式园林的地形设计，主要是应用直线和折线，创造不同高程平面的布局。规则式园林中水体主要以长方形、正方形、圆形或椭圆形为主要造型。由于规则式园林的直线和折线体系的控制，高程高的平面所构成的平台，又继续了规则平面图案的布置。近年来，欧美国家下沉式广场应用普遍，起到良好的景观和使用效果。

自然式园林的地形设计，首先要根据公园用地的地形特点，一般包括原有水面或低洼沼泽地、城市中河网地、地形多变且起伏不平的山林地等几种形式。无论上述哪种地形，基本的手法即《园冶》中所讲的“高方欲就亭台，低凹可开池沼”的“挖湖堆山”法。即使一片平地，也可“平地挖湖”，将挖出的土方堆成人造山。

公园中地形设计还应与全园的植物种植规划紧密结合。公园中的块状绿地，密林和草坪应在地形设计中结合山地、缓坡创造地形；水面应考虑水生植物、湿生植物、沼生植物等不同的生物学特性创造地形。山林坡度应小于33%，草坪坡度不应大于25%。

地形设计还应结合各分区规划的要求，如安静休息区、老年人活动区等都要求有一定的山林地、溪流蜿蜒的小水面，或利用山水组合空间造成局部幽静环境。而文化娱乐区，地形不宜过于复杂，以便开展大量游人短期集散活动。儿童活动区不宜选择过于陡峭、险峻地形，以保证儿童活动的安全。公园地形设计中，竖向控制应包括下列内容：山顶标高、最高水位标高、常水位标高、最低水位标高、水底标高、驳岸顶部标高等。为保证公园内游人游园安全，水体深度一般控制在1.5~1.8m。硬底人工水体的近岸2.0m范围内的水深不得大于0.7m，超过者应设护栏。无护栏的园桥、汀步附近2.0m范围以内，水深不得大于0.5m。

下沉式广场是地形设计中的典型应用形式，该形式主要适应于地形高差变化大的地段，利用底层开展各种演出活动，周围结合地形情况设计不同形式的台阶，围合而成下沉式露天广场。另外，应用广泛的还有公园绿地中的低下沉，即下沉2、3、4级台阶，大小面积随意，形式多变，可设计成方形、圆形、流线形、折线形等丰富多彩的共享空间，可供游人聚会、议论、交谈或独坐。即使无人，下沉式广场也不影响景观，交通方便，是提供小型或大型广场演出、聚集的好形式。

7. 给排水处理

微课：公园给排水处理

给水根据灌溉、湖池水体大小、游人饮用水量、卫生和消防的实际供需确定。给水水源、管网布置、水量、水压应做配套工程设计，给水以节约用水为原则，设计人工水池、喷泉、瀑布。喷泉应采用循环水，并防止水池渗漏，取用地下水或其他废水，以不妨碍植物生长和污染环境为准。给水灌溉设计应与种植设计配合，分段控制，浇水龙头和喷嘴在不使用时应与地平。饮水站的饮用水和天然游泳池的水质必须保证清洁，符合国家规定的卫生标准。我国北方冬季室外灌溉设备、水池，必须考虑防冻措施。木结构的古建筑和古树的附近，应设置专用消防栓。

排水污水应接入城市活水系统，不得在地表排泄或排入湖中，雨水排放应有明确的引导去向，地表排水应有防止径流冲刷的措施。

8. 植物的种植设计

微课：植物的种植设计

植物组群类型及配置，应根据当地的气候状况、园外的环境特征、园内的立地条件，结合景观构想、防护功能要求和当地居民游赏习惯确定，应做到充分绿化和满足多种游憩及审美的要求。

综合性公园的植物种植设计应注意以下几个方面。

1）全面规划，重点突出，远期和近期相结合

公园的植物配置规划，必须从公园的功能要求出发来考虑，结合植物造景要求、游人活动要求、全园景观布局要求来进行布置安排。公园用地内的原有树木，应因地制宜尽量利用，利用其尽快形成整个公园的绿地植物骨架。在重要地区如主入口、主要景观建筑附近、重点景观区主干道的行道树，宜选用移植大苗来进行植物配置；其他地区，则可用合格的出圃小苗；快生与慢长的植物品种相结合种植，以尽快形成绿色景观效果。

规划中注意在近期植物应适当密植，待树木长大长高后可以移植或疏伐。

2）突出公园的植物特色，注重植物品种搭配

每个公园在植物配置上应有自己的特色，突出某一种或某几种植物景观，形成公园的绿地植物特色。如杭州西湖的孤山（中山）公园以梅花为主景，曲院风荷以荷花为主景，西山公园以茶花、玉兰花为主景，花港观鱼以牡丹花为主景，柳浪闻莺以垂柳为主景，这样各个公园绿地植物形成了各自的特色，成为公园自身的代表。

全园的常绿树与阔叶树应有一定的比例，一般在华北地区常绿树占30%~40%，落叶树占60%~70%；华中地区，常绿树占50%~60%，落叶树占40%~50%；华南地区，常绿树占70%~80%，落叶树占20%~30%，这样做到四季景观各异，保证四季常青。

3）公园植物规划注意植物基调及各景区的主调、配调

全园在树种选择上，应该有1~2个树种作为全园的基调，分布于整个公园中，在数量上和分布范围上占优势；全园还应视不同的景区突出不同的主调树种，形成不同景区的不同植物主题，使各景区在植物配置上各有特色而不雷同。

公园中各景区植物除了有主调以外，还应有配调，以起到烘云托月、相得益彰的陪衬作用。全园的植物布局，既要达到各景区各有特色，相互之间又要统一协调，因而需要有基调树种贯通全园，达到多样统一的效果。如北京颐和园以油松、侧柏作为基调树种遍布全园每一处，但在每一个景区中都有其主调树种，后山湖区以油松作为基调，夏天以海棠，秋天以平基槭、山楂作为主调，并结合丁香、连翘、山桃、桧柏等少量的树种作为配调，使整个后山湖区四季常青、季相景观变化更替。

4）植物规划充分满足使用功能要求

根据人们对公园绿地游览观赏的要求，除了用建筑材料铺装的道路和广场外，整个公园应全部由绿色植物覆盖起来。地被植物一般选用多年生花卉和草坪，某些坡地可以用匍匐性小灌木或藤本植物。现在草坪的研究已经达到较高的科技水平，其抗性、绿期也大大提高，所以把公园中一切可以绿化的地方都和草坪结合是可以实现的。

从改善小气候方面来考虑，冬季有寒风侵袭的地方，要考虑防风林带的种植，主要建筑物和活动广场，在进行植物景观配置的时候也要考虑创造良好小气候的要求。

全园中的主要道路，应利用树冠开展、树形较美的乔木作为行道树。一方面形成优美的纵深绿色植物空间；另一方面也起到遮阴的作用。

在文化娱乐区、儿童活动区，为创造热烈的气氛，可选用红、橙、黄等暖色调植物花卉；在安静休息区或纪念区，为了保证自然肃穆的气氛，可选用绿、紫、蓝等冷色调植物花卉。公园近景环境绿化可选用强烈对比色，以求醒目；远景绿化可选用简洁的色彩，以求概括。在公园游览休息区，要形成一年四季季相动态构图，春季观花，夏季浓荫，秋季观红叶，冬季有绿色丛林，以利于游览欣赏。

为了夏季能在林荫下划船，公园中应开辟有蔽阴的河流，河流宽度不得超过20m，岸上种植高大的乔木如垂柳、毛白杨、丝棉木、水杉等喜水湿树种，夏季水面上林荫成片，可开展划船、戏水活动，如北京颐和园的后溪河每到夏天便吸引了众多的游人坐游船。在游憩亭榭、茶室、餐厅、阅览室、展览馆的建筑物西侧，应配植高大的蔽阴乔木，以抵挡夏季西晒。

5）四季景观和专类园的设计是植物造景的突出点

“借景所藉，切要四时”，春、夏、秋、冬四季植物景观的创作是比较容易出效果的。植物在四季的表现不同，游人可尽赏其各种风采，春观花、夏纳阴、秋观叶品果、冬赏干观枝。结合地形、建筑、空间变化将四季植物因地制宜地搭配在一起便可形成特色植物景观。

以不同植物种类组成专类园，在公园的总体规划中是不可缺少的内容，尤其枝繁叶茂、花色绚丽的专类园是游人乐于游赏的地方。在北京的园林中，常见的专类园有牡丹园、月季园、丁香园、蔷薇园、槭树园、菊园、竹园、宿根花卉园等。江、浙、沪一带常见的花卉园有杜鹃园、桂花园、梅园、木兰园、山茶园、海棠园、兰园等。在气候炎热的华南地区，夜生活比较活跃，通常选择带香味的植物开辟夜香花园。利用植物不同的花色、叶色组成各种色彩不同的专类园也日益受到人们的喜爱，如红花园、白花园、黄花园、紫花园等。

6）注意植物的生态条件，创造适宜的植物生长环境

按生态环境条件，植物可分为陆生、水生、沼生、耐寒喜高温及喜光耐阴、耐水湿、耐干旱、耐瘠薄等类型，那么选择合适的植物使之在不同的环境条件下种植达到良好的生长状态是很必要的。

如喜光照充足的梅、松、木棉、杨、柳；耐阴的罗汉松、山楂、棣棠、珍珠梅、杜鹃；喜水湿的柳、水杉、水松、丝棉木；耐瘠薄的沙枣、柽柳、胡杨等。不同的生态环境下选用不同的植物品种则易形成该区域的特色。

9. 广州越秀公园规划设计分析

广州越秀公园位于广州市区北部，园内的越秀山是广州名胜古迹之一，有相传的南越王朝越王台遗迹和建于明代的镇海楼。辛亥革命后，孙中山先生创议将越秀山辟为公园。1951 年，扩大公园面积，开挖人工湖，现已成为市内最大的综合性公园，面积 80.4hm^2，如图 7-1 所示。

广州越秀公园分为 5 个区（见图 7-2），分别如下。

（1）古迹纪念区。以镇海楼为中心，东有美术馆、海员亭，南有孙先生读书治事处碑（越秀楼故址）、中山纪念碑，还有博物馆、鸦片战争烈士纪念碑奠基处等。

（2）北秀湖区。以北秀湖为中心，湖心岛上由水榭、竹亭、茶廊等组成安静休憩景点。湖北为活动区，设有溜冰场、各类运动室、游泳场，以及花卉馆、听雨轩服务部等。

（3）南秀湖区。以南秀湖为中心，为垂钓区。木壳岗顶矗立五羊塑像。桂花遍植的桂花岗顶筑有远眺亭。

（4）东秀湖区。以东秀湖为中心，湖心有小岛和休息亭，西部有南音茶座和转车、滑

车道。规划拟建剧场、演出台等。

（5）蟠龙岗炮台区。以蟠龙岗山顶为中心，为全园制高点，可眺望全城景色，拟建楼台及休息轩廊，结合山石、泉水，成为幽静休息景点。岗顶有鸦片战争重要遗址——四方炮台。

❖ 图 7-1 广州越秀公园平面图

公园大部分是山地，山峦起伏，规划布局根据原有基础，利用地形地貌组织分区和充实园景。低凹地，结合排洪挖湖，构成以东秀、南秀、北秀 3 湖为核心的景区。岗峦高处设置纪念性景点——镇海楼、五羊塑像、中山纪念碑、四方炮台等。

由于公园有历史悠久的名胜古迹，且在不同时期设置有多种文体设施，所以各种类型的建筑并列，形象较为多样，但有些景区显得比较散乱。就游憩性建筑而言，早期的大多是传统的古典形式，后期的有所革新，有南方通透轻巧的特色。建筑空间与绿化环境较为融合。

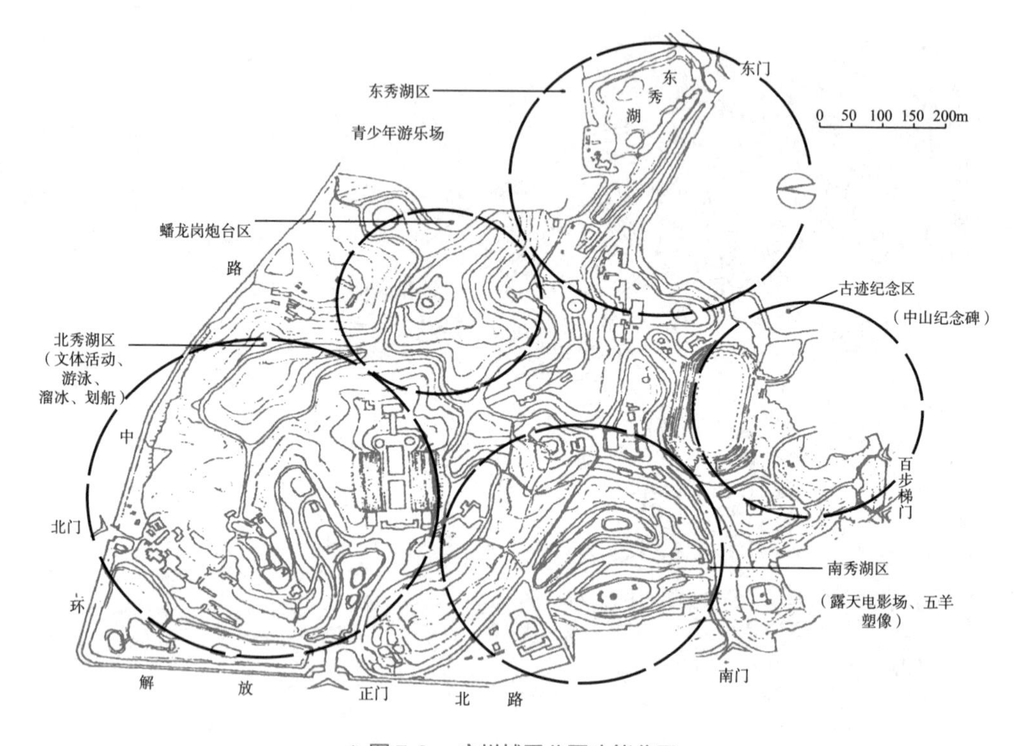

❖ 图 7-2　广州越秀公园功能分区

绿化规划的意图是表现“四季分明”的大园林特色。春色是杜鹃、月季、紫荆、木棉、油桐等，布置在越秀山及镇海楼、五羊塑像一带；夏色是红花楹、紫薇、玉兰、夹竹桃、鸡冠花、米兰、荷花、红蒲桃等，散布全园，并在南秀湖区配以棕榈，湖边种植荷花；秋色是羊蹄甲、秋海棠、菊等，主要布置在北秀湖区，桂花、杜鹃，布置在桂花岗；冬色是炮仗花、木芙蓉、大红花、枫香、漆树等，布置在四方炮台区。

任务实施方法与步骤

（1）开始设计。调查周边环境。

（2）确定主要方案。公园绿地的整体布局和公园绿地的植物搭配。

（3）绘制草图。

（4）利用 CAD 和 Photoshop 软件设计。

（5）设定比例。用 A1 图纸输出。

（6）打印图纸。

（7）查找打印图纸的问题。

巩固训练

进行设计时，在把握设计主题的原则下，重点考虑分区规划、竖向设计以及使用者的活动需要。树种搭配、游憩设施等内容，可在完成空间布局、功能分析以后再进行。

利用课外时间，将课堂上未完成的设计做完，并认真地进行描图，将设计图描绘在图纸上。

自我评价

评价项目	技术要求	分值	评分细则	评分记录
功能分区的提出	功能分区设计合理	20	功能分区是否合理，不合理扣5~10分	
设计内容与方法	设计合理并能做到扬长避短	30	设计是否合理，不合理扣5~10分； 改建后是否扬长避短，没有做到扣10分	
设计图整体	图面效果好，有实用价值	30	效果不好扣5~10分，实用价值不高扣5~10分	
文本说明	条理清晰，说明介绍清楚明白	20	介绍是否清楚明白，不清楚明白扣5~10分	

7.2 城市滨水公园设计

知识和技能要求

1. 知识要求

（1）掌握城市滨水公园的基本概念和主要功能。

（2）能准确分析城市滨水公园的组成和功能特点。

（3）掌握城市滨水公园总体规划、园路系统、竖向设计等知识。

2. 技能要求

（1）能对提供的城市滨水公园进行景观分析。

（2）能熟练地进行滨水公园的地形设计、水景设计、植物种植设计。

情境设计

（1）教师准备好一份学校附近的含有周边环境的城市滨水公园地形图。

（2）让学生分析该公园的绿地设计要点。

（3）现场踏勘，记录设计所需的数据。

（4）对该公园进行规划设计。

任务分析

该任务主要是让学生学习城市滨水公园规划设计。滨水景观是城市中最具生命力与变化的景观形态，是城市中理想的生境走廊，也是最高质量的城市绿线。公园中大面积的树林、绿地、水面能起到净化空气、减少公害、改善环境的效果，同时还是市民防灾避难的有效场所。一个完整的滨水绿带景观是由水面、水滩和水岸林带等组成，这种空间结构为鱼类、鸟类、昆虫类、小型哺乳类动物及各种植物提供了良好的生存环境以及迁徙廊道，是城市中可以自我保养和更新的天然花园。通过实际踏勘，了解该公园周边环境和公共绿地分布状况，根据公园的立地特点，确定设计的园林形式；根据市民喜好，选择适宜的树种并进行科学的树种搭配；写出设计文本说明。

相关知识点

目前，城市中的滨水公园大多为带状绿地，以带状水域为核心，以水岸绿化为特征。滨水公园的景观设计，应确定其总体功能定位，在此基础上考虑土地使用功能是否恰当，是否需要调整，确定景观布局的方式，进而改善相关河道与道路的关系。滨水公园范围的确定不仅指基地本身的范围，还应包括从空间、景观、视线分析得到的景观范围。

1. 规划设计的原则

滨水绿带景观设计在整个景观设计中属于比较复杂的一类，牵涉诸多方面的问题，不仅有陆地上的，还有水里的，更有水陆交接地带（湿地）的，与景观生态的关系极为密切。要想滨水绿带景观设计取得较为理想的成效，应该遵循以下原则。

微课：城市滨水公园规划设计的原则

1）系统与区域原则

城市滨水绿地建设要站在滨水绿地之外，从整个城市绿地系统乃至整个城市系统等更高级的系统出发去研究问题。江河的形成是一个自然力综合作用的过程，这种过程构成了一个复杂的系统，系统中某一因素的改变都将影响景观面貌的整体。所以在进行滨水景观规划建设时，首先应把滨水绿地作为一个系统来考虑，从区域的角度，以系统的观点进行全方位的规划，而不应该把河道与大的区域空间分割开来，单独考虑。

2）生态设计原则

水岸和湿地往往是原生植物保护地，以及鸟类和动物的自然食物资源地与栖息地。在滨水绿带的规划中，应该依据景观生态学原理，模拟自然江河岸线的自然生态群落结构，以植物造景为主体，强调以乡土树种为主，保护滨水绿带的生物多样性，形成水陆结合的生态网络，构架城市生境走廊，促进自然循环，实现景观的可持续发展。

3）多功能兼顾原则

城市滨水公园的建设不单纯是营建园林景观效果这一问题，还有解决水运、防洪、改善水域生态环境、改进江河湖泊的水质、提升滨水地区周边土地的经济价值等一系列问题。仅从某一角度出发，会有失偏颇，造成损失，因此必须统筹兼顾，整体协调。所以必须在满足基本使用功能的前提下，合理考虑景观、生态等需求，把滨水绿地建设成多功能兼顾的复合城市公共空间，以满足现代城市生活多样化的需求。

4）景观与文化相结合原则

自然景观整治与文化景观（人文景观）保护相结合，是城市滨水绿地体现城市历史文化底蕴、突出滨水绿地文化内涵和地方景观特色的重要手段。特别是对一些具有深厚历史文化的名城，充分挖掘城市历史文化特色，利用园林景观表现手法加以表达，保持城市历史文脉的延续性，是滨水绿地生态规划设计的重要原则，它对恢复和提高滨水景观的活力，增强滨水绿地的地方特色、文化性、趣味性等均有十分重要的意义。

2. 滨水空间的处理与竖向设计

微课：滨水空间的处理与竖向设计

1）空间的处理

作为“水陆边际”的滨水绿地，多为开放性空间，其空间的设计往往兼顾外部街道空间景观和水面景观，人的站点及观赏点位置处理有多种模式，其中有代表性的包括以下几种：外围空间（街道）观赏；绿地内部空间（道路、广场）观赏、游览、休憩；临水观赏；水面观赏、游乐；水域对岸观赏等。为了取得多层次的立体观景效果，一般在纵向上，沿水岸设置带状空间，串联各景观节点（一般每 300~500m 设置一处景观节点），构成纵向景观序列。

2）地形设计

竖向设计考虑带状景观序列的高低起伏变化，利用地形堆叠和植被配置的变化，在景观上构成优美多变的林冠线和天际线，形成纵向的节奏与韵律；在横向上，需要在不同的高程安排临水、亲水空间，滨水空间的横断面处理要综合考虑水位、水流、潮汛、交通、景观和生态等多方面要求，所以要采取一种多层复式的横断面结构。这种复式的横断面结构分成外低内高型、外高内低型、中间高两侧低型等几种。低层临水空间按常水位来设计，每年汛期来临时允许淹没。这两级空间可以形成具有良好亲水性的游憩空间。高层台阶作为千年一遇的防洪大堤。各层空间利用各种手段进行竖向联系，形成立体的空间系统。

3. 滨水公园水系的设计

微课：滨水公园水系设计和驳岸处理

江、河、湖、海水系是大地景观生态的主要基础设施，在规划设计时应尽量去维护和恢复水系的自然形态。

1）保持水系的自然形态

水草丛生、游鱼戏水的自然水系，水床起伏多变，基质或泥沙丰富多样，水流或缓或急，形成了多种多样的生境组合，从而为多种水生植物和其他生物提供了适宜的环境，是生物多样性的景观基础，还可减低河水流速，蓄洪涵土，削弱洪水的破坏力，尽显自然形态之美。此外，水、土、植物、动物、微生物之间形成的物质和能量循环系统，可使水体具有很好的自净能力。

2）保持水系的连续性

当水流穿过城市的时候，应尽量保持水系的连续性。这样做的优点是用于休闲与美化的水不在于多，而在于动、在于自然，同时流水的水质较好，能防止生境被破坏，使鱼类及其他生物的迁徙和繁衍过程不受阻，有利于下游河道的景观。

4. 滨水公园驳岸的处理

滨水绿地陆域空间和水域空间通常存在较大高差，由于景观和生态的需要，要避免传统的块石驳岸平直生硬的感觉，临水空间可以采用以下几种横断面形式进行处理。

1）自然缓坡型

自然缓坡型通常适用于较宽阔的滨水空间，水陆之间通过自然缓坡地形，弱化水陆的高差感，形成自然的空间过渡，地形坡度一般小于基址土壤自然安息角。临水可设置游览步道，结合植物的栽植构成自然弯曲的水岸，形成自然生态、开阔舒展的滨水空间。

2）台地型

对于水陆高差较大，绿地空间又不很开阔的区域，可采用台地型弱化空间的高差感，避免生硬的过渡。即将总的高差通过多层台地化解，每层台地可根据需要设计成平台、铺地或者栽植空间，台地之间通过台阶沟通上下层交通，结合种植设计遮挡硬质挡土墙砌体，形成内向型临水空间。

3）挑出型

对于开阔的水面，可采用挑出型处理形式，通过设计临水或水上平台、栈道满足人们亲水、远眺观赏的要求。临水平台、栈道地表标高一般参照水体的常水位设计，通常根据水体的状况，高出常水位 0.5～1.0m，若风浪较大区域，可适当抬高，在安全的前提下，尽量贴近水面为宜。挑出的平台、栈道在水深较深区域应设置栏杆，当水深较浅时，可以不设栏杆或使用坐凳栏杆围合。

4）引入型

引入型是指将水体引入绿地内部，结合地势高差关系组织动态水景，构成景观节点。其原理是利用水体的流动个性，以水泵为动力，将下层河、湖中的水抽到上层绿地，通过瀑布、溪流、跌水等水景形式再流回下层水体，形成水的自我循环。这种利用地势高差关系完成动态水景的构建比单纯的防护性驳岸或挡土墙的做法要科学、美观得多，但由于造价和维护等原因，只适用于局部景观节点，不宜大面积使用。

5. 道路系统的布局

微课：滨水公园道路系统的布局

滨水绿地内部道路系统是构成滨水绿地空间框架的重要手段，是联系绿地与水域、绿地与周边城市公共空间的主要方式，现代滨水绿地道路的设计就是要创造人性化的道路系统，除了可以为市民提供方便、快捷的交通功能和观赏点外，还能提供合乎人性空间尺度、生动多样的时空变换和空间序列。

1）提供人车分流、和谐共存的道路系统，串联各出入口、活动广场、景观节点等内部开放空间和绿地周边街道空间

人车分流是指游人的步行道路系统和车辆使用的道路系统分别组织、规划，一般步行道路系统主要满足游人散步、动态观赏等功能，串联各出入口、活动广场、景观节点等内部开放空间，主要由游览步道、台阶蹬道、步石、汀步、栈道等几种类型组成；车辆道路系统（一般针对于较大面积的滨水绿地考虑设置，一般小型带状滨水绿地采用外部街道代替）主要包括机动车道路（消防、游览、养护等）和非机动车道路，主要连接与绿地相邻的周边街道空间，其中非机动车道路主要满足游客利用自行车、人力车游乐、游览和锻炼的需求。规划时宜根据环境特征和使用要求分别组织，避免相互干扰。很多滨水绿地，由于湖面开阔，沿湖游览路线除考虑步行散步观光外，还要考虑无污染的电瓶游览车道满足游客长距离的游览需要，做到各行其道，互不干扰。

2）提供舒适、方便、吸引人的游览路径，创造多样化的活动场所

绿地内部道路、场所的设计应遵循舒适、方便、美观的原则。舒适是要求路面局部相对平整，符合游人使用尺度；方便是要求道路线形设计尽量做到方便快捷，增加各活动场所的可达性。现代滨水绿地内部道路考虑观景、游览趣味与空间的营造，平面上多采用弯曲自然的线形组织环形道路系统，或采用直线和弧线、曲线相结合，道路与广场结合等形式串联入口和各节点以及沟通周边街道空间，立面上随地形起伏，构成多种形式、不同风

格的道路系统；而美观是绿地道路设计的基本要求，与其他道路相比，园林绿地内部道路更注重路面材料的选择和图案的装饰以达到美观的要求，一般这种装饰是通过路面形式和图案的变化获得，通过这种装饰设计，创造多样化的活动场所和道路景观。

3）提供安全、舒适的亲水设施和多样的亲水步道，增进人际交往

滨水绿地是自然地貌特征最为丰富的景观绿地类型，其本质的特征就是拥有开阔的水面和多变的临水空间。对其内部道路系统的规划可以充分利用这些基础地貌特征创造多样化的活动场所，诸如临水游览步道、伸入水面的平台、码头、栈道以及贯穿绿地内部各节点的各种形式的游览道路、休息广场等，结合栏杆、坐凳、台阶等小品，提供安全、舒适的亲水设施和多样的亲水步道，以增进人际交往和创造个性化活动空间。具体设计时应结合环境特征，在材料选择、道路线形、道路形式与结构等方面分别对待，材料选择以当地乡土材料为主，以可渗透材料为主，增进道路空间的生态性，增进人际交往与地域感。

6. 景观建筑及小品的设置

微课：景观建筑及小品的设置

滨水绿地为满足市民休息、观景以及点景等功能要求，需要设置一定的景观建筑、小品。一般常用的景观建筑类型包括亭、廊、花架、水榭、茶室、码头、牌坊（楼）、塔等，常用景观小品包括雕塑、假山、置石、坐凳、栏杆、指示牌等。

滨水绿地中建筑、小品的类型与风格的选择主要根据绿地的景观风格的定位来决定；反之，滨水绿地的景观风格也正是通过景观建筑、小品加以体现的。滨水绿地的景观风格主要包括古典景观风格和现代景观风格两大类。

1）古典景观风格建筑及小品

古典景观风格的滨水绿地往往以仿古、复古的形式，体现城市历史文化特征，通过对历史古迹的恢复和城市代表性文化的再现来表达城市的历史文化内涵，该种风格通常适用于一些历史文化底蕴比较深厚的历史文化名城或历史保护区域。例如，扬州市古运河滨河风光带的规划，由于扬州是拥有 2000 多年历史的国家历史文化名城，加之古运河贯穿城市的历史保护区域，所以该滨河绿地的景观风格定位是以体现扬州“古运河文化”为核心，通过古运河沿岸文化古迹的恢复、保护建设，再现古运河昔日的繁华与风貌，滨河绿地内部与周边建筑均以扬州典型的“徽派”建筑风格为主。

2）现代景观风格建筑及小品

对于一些新兴的城市或区域，滨水绿地景观风格的定位，往往根据城市建设的总体要求会选择现代风格的景观，通过雕塑、花架、喷泉等景观建筑、小品加以体现。例如，上海黄浦江陆家嘴一带的滨江绿地和苏州工业园区金鸡湖边的滨湖绿地等，虽然上海、苏州

同样为历史文化名城，但由于浦东和苏州工业园区均为新兴的现代城市区域，所以在景观风格的选择上以现代景观风格为主，通过现代风格的景观建筑、小品来体现城市的特征和发展轨迹。

总之，滨水绿地景观风格的选择，关键在于与城市或区域的整体风格的协调。建筑及小品的设置也应该体量小巧、布局分散，能融于绿地大环境之中，才能设计出富有地方特色的、有生命力的作品来。

微课：植物生态群落的种植设计

7. 植物生态群落的种植设计

植物是恢复和完善滨水绿地生态功能的主要手段，以绿地的生态效益作为主要目标，在传统植物造景的基础上，除了要注重植物观赏性方面的要求外，还要结合地形的竖向设计，模拟水系自然过程所形成的典型地貌特征（如河口、滩涂、湿地等）创造滨水植物适生的地形环境，以恢复城市滨水区域的生态品质为目标，综合考虑绿地植物群落的结构。另外，在滨水生态敏感区引入天然植被要素，比如在合适地区建设滨水生态保护区，以及建立多种野生生物栖息地等，建立完整的滨水绿色生态廊道。

1）绿化植物品种的选择

除常规观赏植物的选择外，要注重培育地方性的耐水性植物或水生植物。

要高度重视水滨的复合植被群落，它们对河岸水际带和堤内地带这样的生态交错带尤其重要。

植物品种的选择要根据景观、生态等多方面的要求，在适地适树的基础上，还要注重增加植物群落的多样性。

利用不同地段自然条件的差异，配置各具特色的人工群落。

2）尽量采用自然式设计，模仿自然生态群落的结构

植物的搭配。地被、花草、低矮灌木与高大乔木的层次和组合，应尽量符合水滨自然植被群落的结构特征。

在水滨生态敏感区引入天然植被要素，比如，在合适地区植树造林恢复自然林地，在河口和河流分合处创建湿地，转变养护方式培育自然草地，以及建立多种野生生物栖身地等。

这些仿自然生态群落具有较高的生产力，能够自我维护，方便管理且具有较高的环境效益、社会效益和美学效益。同时，在消耗能源、资源和人力上具有较高的经济性。

任务实施方法与步骤

（1）开始设计。调查周边环境。

（2）确定主要方案。滨水公园的整体布局和滨水绿地的植物搭配。

（3）绘制草图。

（4）利用 CAD 和 Photoshop 软件设计。

（5）设定比例。用 A1 图纸输出。

（6）打印图纸。

（7）查找打印图纸的问题。

巩固训练

进行设计时，在把握设计主题的原则下，重点考虑分区规划、竖向设计以及使用者的活动需要。树种搭配、游憩设施等内容，可在完成空间布局、功能分析以后再进行。

利用课外时间，将课堂上未完成的设计做完，并认真地进行描图，将设计图描绘在图纸上。

自我评价

评价项目	技术要求	分值	评分细则	评分记录
功能分区的提出	功能分区设计合理	20	功能分区是否合理，不合理扣 5~10 分	
设计内容与方法	设计合理并能做到扬长避短	30	设计是否合理，不合理扣 5~10 分； 改建后是否扬长避短，没有做到扣 10 分	
设计图整体	图面效果好，有实用价值	30	效果不好扣 5~10 分，实用价值不高扣 5~10 分	
文本说明	条理清晰，说明介绍清楚明白	20	介绍是否清楚明白，不清楚明白扣 5~10 分	

模块 8 园林景观设计创新创业指导

随着人们生活质量和生活水平的不断提高，绿化及生态环境成为新追求，不仅房地产开发企业在市场竞争中竞相打起了“绿化牌”“景观牌”“生态环境牌”，一些企事业单位也越来越注重环境景观设计，使之“既要与城市环境协调，又要让员工和客户舒畅”，那些既懂得园林绿化景观设计和花卉苗木养护，又懂得“绿色经济”经营管理的人才具有广泛的就业前景。

创新是一个民族的灵魂，是社会不断发展进步的不竭动力。随着社会的发展，时代的进步，需求创新理念的紧迫性在风景园林设计中也日益显露出来。造园在遵循古代方法的同时也可以借鉴西方的表现形式，两者互不排斥。古今结合、古为今用、洋为中用，是必然的发展趋势。对古今中外的造园史、造园术以及它们的美学思想、历史文化条件进行探讨，继承传统，汲取精华，取西方园林之长，补中国园林之短，融中国文化思想之内涵与西方现代之观念，创造中国特色的现代园林，沿着民族文化的文脉，以严谨的态度进行设计。纯粹的模仿和复制往往是不成熟的，对西方及古典园林一知半解而妄加抄袭拼凑是不可取的。只有端正态度，融会贯通，方可运用自如，创造出更精彩、层次更高的新园林，适应时代的发展。

8.1 创新思维

20 世纪 80 年代以来，社会现代化导致了现代艺术的创作成为时代的主流。现代园林要符合当代人的生活方式，以表达当代人的精神与心理状态、审美情趣为己任，反映出时代的特征。这是一个朝气蓬勃、功业辉煌的时代，再也不是追求“超然避世”“淡泊宁静”的时代了。今天的文化表现的一个基本特征就是多变性和不确定性。只有创新和发展才能使传统的园林模式走出困境，赋予其新的生命。它能够具有现代的形式与内涵，也能够与现代园林协调同步发展。

1. 材料技术发展是风景园林硬质景观创新的基础和保证

新材料、新技术正广泛应用于现代园林置石中。利用水泥、灰泥、混凝土、玻璃钢、有机树脂、GRC（低碱度玻璃纤维水泥）等做材料进行“塑石”的方法正在现代园林中兴起。塑石的优点是造型随意、多变，体量可大可小，色彩可多变，重量轻，节省石材，节省开支。具有现代气息的塑石作品特别适用于施工条件受限制或承重条件受限制的地方，如屋顶花园。其缺点是寿命短，“人工味”较浓。解决这个缺点，可用少量天然石材与塑石配合进行造型设计，用植物进行修饰，真中含假，假中有真，既节省石材，又减少了塑石的“人工味”，不失为一个良策。随着科技日益进步，塑石材料、技术也会大有改进，塑石定会更加贴近天然山石本色，达到“假”石宛如“真”石的境界。我国南方地区的塑山水平较高，加上气候湿润，石面润泽，而且假山塑后不久，石面便滋生青苔等，经其修饰更加真假难辨，而北方气候干燥，在阳光的暴晒下，石面的水泥感更显强烈。在现代科学、技术的发展所带来的崭新课题中，期望得到一个新型的、现代的、民族的塑石艺术的导向和启示。

2. 新形势、新内容、新风格山石景观的探索

现代艺术的研究指出，只求满足于美的经典定义并不能产生真正的艺术品。一件真正的艺术作品还要能激发兴趣，启迪深思。这些刺激来自创新，也就是我们视觉器官看到新的、以往没有过的现象的一种感受。

大自然是创作的源泉，假山是对自然地貌的艺术再现，只有认识自然、了解自然、掌握自然规律才能产生优秀的假山作品。对自然的感受来自融身其中的体验。虽然古典假山限于石材及施工技术条件等，在景观的创作方面有一定的局限性。但现代施工技术及人造石材料的发展逐渐使创造多变的丰富的山石景观成为可能。特别是对于大规模、大体量石山的创作，可使创作者从自然地貌形态特征及组合特点中吸取到创作的灵感。对于园林艺术创作的发挥来说，天地是广阔的，可运鬼斧神工、夺天地造化，而只有自然地貌才是永恒的、唯一的创作源泉。

人们对自然地貌景观规律进一步的认知、理解、掌握，必然会丰富山石景观的创作。同时，自然地貌的形象美万象纷呈。雄、奇、险、秀、幽、奥、旷等都是形象美的表现。每一类岩石地貌都有其独特的风格。研究自然地貌的形态风格，并探究其风格形成的原因，非常有益于不同风格山石景观的创造。假山作为现代园林建设的物质要素之一，虽然用石材料少，结构简单，对施工技术也没有很专门的要求，但要达到以少胜多、以简胜繁，量少质高却非易事。在实践中，我们应明确置石目的、布局特点，反复推敲假山的方案，把

假山置石与各种园林要素配合起来，创造一个统一的、又具有独到之处的空间环境，这样才能真正达到“虽由人作，宛自天开”的艺术境界。

3. 生态治理与恢复的创新方法

运用生态学原理对城市边缘区内河流与水域进行生态治理、对废弃工业园区以及荒地进行再利用与生态修复，并将保护生态环境与景园创造结合在一起。例如，在对河域进行修复和利用时，要运用因循自然、生态优先的理念对其水体边界进行规划，通过对河岸与滩地的自然改造与修复，并在两岸留出边界林地等，形成以河流为系统、以河流边界的滩地为公园带的带状绿化系统。这种恢复与改造可以使污水横流、泛滥成灾的河流转变为由自然过程来控制的、具有吸引力和自然活力的地方。

4. 结合农业产业的创新途径

欧洲的一些乡村地区看上去就像一座大花园，那些自然的乡村田园风光、错落有致的村舍、有高高尖顶的小教堂一起构成了一幅幅美丽的画卷。同样，中国传统的村落中从门前潺潺流过的溪水，白墙灰瓦，竹楼、圆楼、吊脚楼等无一不给人一种优美的意境享受。多数大中城市的边缘区，除了已开发的大量的住宅、工厂、大学城、主题公园等人工及半自然的环境外，还有大量的乡村环境，结合农业产业，创造既能提供一定生产功能又能满足观赏与休闲度假需求的环境场所，如观光农业园区、都市农业园等，从而就近满足了都市居民回归自然田园、亲近自然的本性需求，同时，也能够让都市走进乡村，乡村融入都市，实现城乡共融。

5. 绿化工程创新建设

绿化工程创新建设管理同样需要与时俱进。根据不同的项目、不同时期的不同特点，不断注入新的内涵，使绿化项目的管理模式更具可操作性，进一步提高管理效率。作为建设单位负责项目从立项到竣工、移交直至审计的全过程，其管理的观念和方法至关重要。首先，应从管理的思路上进行创新。时间证明，拘泥于一成不变管理模式是行不通的。时代在变，对管理的要求也在不断变化。思路创新则来源于观念的管理总结，来源于对国内外先进的管理理念和手段学习与提炼。其次，管理的方式也应进行创新。从被动到主动、从简单到规范、从松散到科学。只有将管理的方式更具适应性，才能将管理者从繁重的工作中解脱出来。此外，由于社会新科技产品带来了更多的便利，因此在管理的手段中也需要进行不断创新。同时，具有一定的透明度，参建方相互制约和监督，避免了主观意愿的影响，创造了全新的思维方式。

6. 景观设计中的“伪创新”

纵观现代园林景观设计，考虑的主要是功能的适用，以及艺术、装饰、形式的变化，追求的是适用的效果和视觉的美感。这些固然很重要，可以满足人们休闲、娱乐和审美的需要，但难以满足人的精神文化需要。况且，从功能和艺术形式上打造的园林，是很容易被学习、模仿、复制的。像这样打造园林，容易雷同，导致“千园一面”的效果。例如，很多楼盘在景观设计时设置网球场、高尔夫推杆场，结果基本都是空置着。有的把房子造到山顶上，把山脚下的湖填堆，再在山上建人工水池、喷泉、广场；有的城市楼盘园林盛行的异域风情，将蒲葵、椰枣等南亚的植物移植园区等以上这些做法，与自然山水、田园风光大相径庭。现代园林注重功能，讲究艺术美及形式美，但很多园林的文化建设却极其肤浅。园林文化不仅体现在项目完工后碑石等诗文上，还贯穿整个园林的立意、规划、设计、施工建设的全过程。创新要以人为本，首先要看对象。创新必须与当地城脉、地脉和文脉协调，以国人的天然美为准，建文化园，即为园林找魂铸魂。

园林是满足人对自然环境需求的生态、文化、景观、文化内涵、游览休息的综合要求，是园林设计为人民利益服务的综合体现。现代园林建设要适应当今人民的需求和社会生活需要，它不应是新的物质技术去模仿旧的形式，迎合旧的审美习惯，而应适应现代社会审美要求，充分发挥新物质、新技术条件作用下的新形式和新风格，完成自然与艺术、传统与创新的协调。

8.2 创业案例

刚毕业的园林类专业学生，会很快找到一份收入不错的稳定工作，而创业意味着风险，意味着基本没有退路，你怎样下这个决心呢？很多敢于迈出创业道路的学生，有一个共同点——勇气。就跟学游泳一样，怕呛水而不敢下去，那只能永远在岸上看，就算你不行，那也得试试再说，也许成功就在眼前。

1. 有自主创业的勇气

自主创业成立设计公司难吗？应该说不算难。前期不需要大量资金投入，几个人几台计算机就可以开工了，但是如果没有什么过硬的社会关系那你只有靠过硬的技术去争取市场了，这个所谓的过硬的技术是指你的方案设计具有较强的竞争力，或者你的施工图无懈可击，又或者你也不会画图但就善于用理论说服甲方，那其实也算一门技术。

在技术学习方面，实践中学习最重要！在大量的实践中多用心，反过来带着问题再去看书学习，这样的提高是最快的——我有个朋友对我说“工作学一年，顶在学校学三年”，这话有点偏激，但也有一定的道理，学习就是理论实践相结合的过程，不可偏废。如果你目前还是学生，建议尽可能多的参加实际项目或是设计竞赛，“多做 + 多想”是一切学习的秘诀。

2. 如何选择合伙人

刚开始筹建公司大多数人都会心里没底，都会拉一个或几个朋友一起合伙，利益共享、风险共担。那么选什么样的合伙对象呢？最重要的是以下 3 点。

（1）选人品好、能力强、工作卖力的人作为合作伙伴。

（2）选和自己优势互补的人。比如，你设计能力强，不善于公关，那就找个善于交际的合伙人。

（3）选价值观相近的人，最好有共同理想，这一点很重要，否则早晚分道扬镳。

3. 如何招聘员工

开公司肯定会面临招聘员工的问题，不少设计公司在最初阶段，创业者是自己又当老板又当员工，并且临时找一些朋友来帮忙。但在经过一段时间的发展后，就必须找一部分固定员工了。公司员工可以由朋友推荐，园林这个圈子不大，相信你也会认识不少朋友，加上目前工作也不是很好找，找几个设计师相信困难不大，但是优秀的人才可不是一时能招到的。

什么是好的员工呢？很简单——能干又踏实，这样的人很快就能独当一面，如果只能二选一，我个人还是首选能干的，毕竟我们要的是好的作品。

设计公司是属于智力型产业，人员的素质决定了公司的水平，人员招到后，平时要多加强培训工作，尽可能每周举办一次专题讲座或是沙龙。与设计相关的书籍资料要定期购买，这上边不要图省钱或图省事，员工水平提高越快，公司发展越快，你作为老板也就越省心。

4. 如何管理公司

公司刚成立的时候就把各种规章制度建立完善是没有必要的，管理就像给人做衣服，小孩子就要穿小尺码的，给他个大号的反而有害，要量体裁衣。公司管理也是这样，遇到问题再根据情况制定规章，慢慢完善就可以了。管理的学问很大，但一开始最关键的是公平，中国人都是“不患寡而患不均”，你作为“老大”必须一碗水端平了，否则没有人会服你的。

5. 如何保持竞争力

作为小公司，生存不是那么容易的，经常会遇到“骗方案”的事情。在甲方还只是有意向、没有签订具体合同之前都是说得比唱得好听，千万不要盲目相信。要做有限的设计前的准备工作，对于第一次找上门的甲方，可以用两三天做个草案，但在进入实质性设计前必须收取一定的预付款。设计公司在合作的过程中是弱势群体，一旦开始设计，在没有拿到回款之前，公司的设计成果是一文不值的。深谙此道的甲方很可能会因为各种原因不要你的图，或是拿走电子版就杳无音信，这一点一定要切记。

6. 如何平衡专业原则和客户利益

设计公司实际运营中，自己的专业原则和客户利益，哪个重要？如果不是危害到社会或是生态环境的情况下，客户利益是要尽可能去服从的，哪怕他要很俗的设计，你如果能做到就尽量满足，但是要记住，你还有一个责任就是提高全社会的审美，需要做的比他要的稍微理想化一些，如果你无视甲方意见要坚持过于理想化的设计，那么对方就会换个他认为听话的设计师，那一切都是空谈了。

参考文献

[1] 黄东兵 . 园林规划设计 [M]. 北京：中国科学技术出版社，2003.

[2] 胡长龙 . 城市园林绿化设计 [M]. 上海：上海科学技术出版社，2004.

[3] 贾建中 . 城市绿地规划设计 [M]. 北京：中国林业出版社，2001.

[4] 赵建民 . 园林规划设计 [M]. 3 版 . 北京：中国农业出版社，2015.

[5] 董晓华 . 园林规划设计 [M]. 北京：高等教育出版社，2005.

[6] 周初梅 . 园林规划设计 [M]. 重庆：重庆大学出版社，2006.

[7] 黄东兵 . 园林绿地规划设计 [M]. 北京：高等教育出版社，2001.

[8] 卢新海 . 园林规划设计 [M]. 北京：化学工业出版社，2005.

[9] 钟训正 . 建筑画环境表现与技法 [M]. 北京：中国建筑工业出版社，2005.

[10] 赵春仙，周涛 . 园林设计基础 [M]. 北京：中国林业出版社，2006.

[11] 上海市建设和交通委员会 . 城市绿地设计规范 [M]. 北京：中国计划出版社，2007.

[12] 建设部城市建设研究院 . 园林基本术语标准 [M]. 北京：中国建筑工业出版社，2002.

[13] 徐峰 . 城市园林绿地设计与施工 [M]. 北京：化学工业出版社，2002.

[14] 梁永基，王莲清 . 居住区园林绿地设计 [M]. 北京：中国林业出版社，2001.

[15] 唐学山 . 园林设计 [M]. 北京：中国林业出版社，1997.

[16] 王汝诚 . 园林规划设计 [M]. 北京：中国建筑工业出版社，1999.

[17] 黄东兵 . 园林规划设计 [M]. 北京：高等教育出版社，2002.

[18] 胡长龙 . 园林规划设计 [M]. 北京：中国农业出版社，2002.

[19] 封云，林磊 . 公园绿地规划设计 [M]. 北京：中国林业出版社，2004.

[20] 杨向青 . 园林规划设计 [M]. 南京：东南大学出版社，2004.

[21] 丰田幸夫 . 风景建筑小品设计图集 [M]. 黎雪梅，译 . 北京：中国建筑工业出版社，1999.